U0162288

梅文鼎全集

第五册

（清）梅文鼎 著
韓琦 整理

黄山書社

歷算叢書輯要卷三十六

環中黍尺三

初數次數法 加減代乘除之法從初數次數而生故先論之

上卷之法用角旁兩正弦相乘今則兼用兩餘弦故別之爲初數次數其法有二其一次數與對弧餘弦相加其一相減也相加又有二一鋭角一鈍角也相減有四或餘弦內減次數或次數內減去餘弦而又各分鋭角鈍角也

約法　三邊求角

對邊大 象限以上
- 兩邊同類 —— 次數與餘弦相加 —— 鈍角
- 兩邊異類
  - 餘弦大內減次數 —— 鈍角
  - 次數大內減餘弦 —— 鋭角

對邊小象限以下
- 兩邊異類——次數與餘弦相加
- 兩邊同類
  - 餘弦大內減次數——角銳
  - 次數大內減餘弦——角鈍

角求對邊

鈍角
- 兩邊異類——得數與次數相加——對邊大象限以上
- 兩邊同類
  - 得數大內減次數——對邊大象限以上
  - 次數大內減得數——對邊小象限以下

銳角
- 兩邊同類——得數與次數相加——對邊小象限以下
- 兩邊異類
  - 得數大內減次數——對邊小象限以下
  - 次數大內減得數——對邊大象限以上

餘弦次數相加例　銳角法鈍角法各一

丁乙丙形　有三邊求乙鋭角　角旁大弧丁乙（正弦辛戊。餘弦己戊。）小弧丙乙（正弦丙癸。餘弦己癸。）兩正弦相乘全數除之成初得數戊庚。又以兩餘弦相乘全數除之成次得數戊丑（即卯己。）乃以次得數卯己加對弧之餘弦己戊成卯戊（即申戊。）

一　初得數　戊庚

二　次得數與對弧餘弦相并　申戊

三　半徑　亥己

四　角之餘弦　己乾

以餘弦檢表得乙鋭角之度。

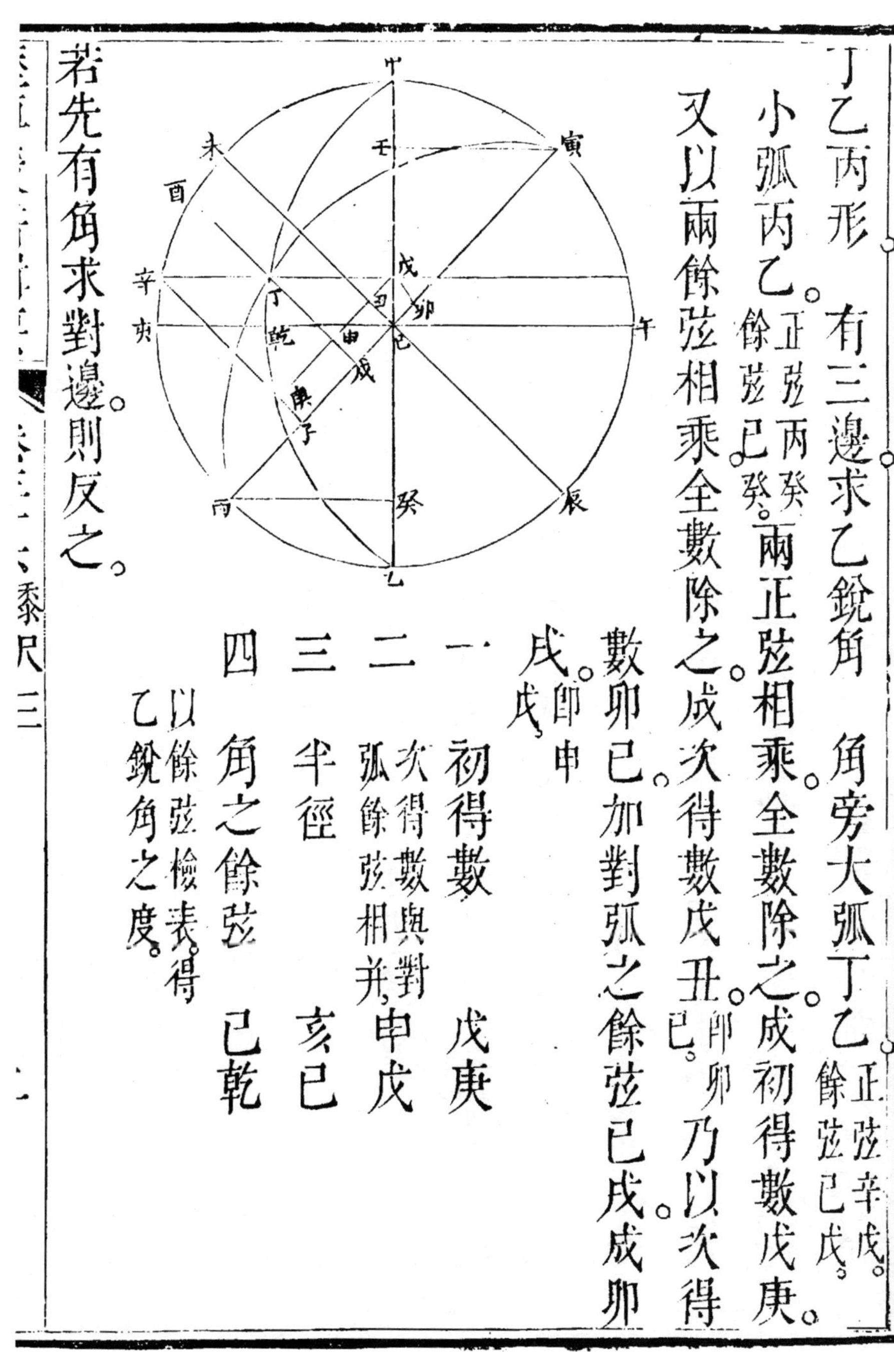

若先有角求對邊則反之。

一　半徑　　亥巳

二　角之餘弦　巳乾

三　初得數　戊庚

四　次得數與對。申戊以次得數戊丑減之，得弧餘弦相并。對弧餘弦丑申，即巳戊。

論曰：辛戊正弦與亥巳半徑同爲乙丁弧所分，則辛戊全與丁戊分若亥巳全與乾巳分也。而辛戊弦與丁戊小弦又若戊庚句與申戊小句也，故戊庚與申戊必若亥巳與乾巳。若用丁甲丙形，其算並同。何以明之？甲丁者，乙丁半周之餘。甲丙者，乙丙半周之餘。其所用正弦並同，又同用丁丙爲對角之弧，甲角又同乙角，皆以乾巳爲餘弦故也。

右係對邊小於象限，角旁弧異類，故其法用加而爲鈍角。

仍用前圖取丁甲寅三角形　有三邊求甲鈍角　角兩旁弧同類。對角邊大爲寅丁其正弦酉戊餘弦戊己。旁弧丁甲其正弦辛戊餘弦己戊　又旁弧寅甲其正弦寅壬餘弦壬己

初得數戊庚（半徑除兩正弦矩。）次得數卯己（半徑除兩餘弦矩。）

所用三率與前銳角形並同亦以卯己加己戊成申戊爲三率所得四率乾己亦爲甲角之餘弦（末以餘弦檢表得度以減半周。餘爲甲鈍角之度。）

若先有甲鈍角求對邊丁寅則反用其率一半徑亥己二角餘弦乾己三初數戊庚四申戊末以次數戊丑去減得數甲戊餘丑申爲對弧餘弦

論曰對弧寅丁係過弧與銳角形對弧丁丙相與爲半周之正餘度同用酉戊爲正弦戊己爲餘弦角旁弧丁甲即乙丁半周

之餘度同用辛戊爲正弦戊巳爲餘弦甲寅弧又與乙丙弧等度其正弦壬寅同癸丙餘弦壬巳同癸巳故加減數並同所異者對弧大而兩旁弧又同類故爲鈍角

若用寅乙丁形其算並同以同用丁寅對弧而兩弧在角旁者寅乙爲寅甲半周之餘丁乙爲丁甲半周之餘所用之正弦餘弦並同故也甲角同乙角皆以乾巳餘弦度轉減半周爲其度

右係對邊大于象限而角旁兩弧同類故用加而爲鈍角

正餘交變例

若角旁兩邊以象限相加減而用其餘弧則正弦餘弦之名互易而所得初數次數不變三率之用亦不變

解曰弧小以減象限得餘弧弧大以象限減之而用其餘亦餘

弧也其故何也凡過弧與其減半周之餘度同用一正弦故過弧內減象限之餘即反爲過弧之餘弧亦曰剩弧而此剩弧之正弦即過弧之餘弦也

若兩弧內一用餘度則其初數次數皆爲正弦乘餘弦半徑除之之數然其數不變何也一弧既用餘度則本弧之正弦變爲餘弧之餘弦而其又一弧仍係本度則正弦不變然則先所用兩正弦相乘爲初數者今不變而爲餘乘正乎次數倣此

試仍以前圖明之丁乙丙形任以乙角旁之乙丁弧（即辛乙）內減去亥乙象弧其剩弧亥辛之正弦戊巳即乙辛過弧之餘弦也又亥辛之餘弦辛戊即過弧乙辛之正弦也然則先以辛戊正弦乘丙癸正弦者今不變爲辛戊餘弦乘丙癸正弦乎然但變

其名爲餘乘正而辛戊之數不變則其所得之初數戊庚亦不變也次數倣論

若角旁兩弧俱改用餘弧則初數變爲兩餘弦相乘次數變爲兩正弦相乘蓋以正變餘餘變正而所得之初數次數不變

試仍以前圖明之丁乙丙形乙角旁兩弧乙丁改用辛亥義見前乙丙改用丙亥皆餘弧也則丙癸辛戊兩正弦皆變餘弦丙癸爲丙亥弧餘弦辛戊爲辛亥弧餘弦癸己戊己兩餘弦皆變正弦癸己爲丙亥弧正弦戊己爲辛亥弧正弦然則先以兩正相乘者今爲兩餘然雖變兩餘而其爲丙癸與辛戊者不變故其所得之初數戊庚亦不變也次數倣論

凡弧度與半周相減之餘則所用之正弦同餘弦亦同

凡弧度與象限相減之餘則所用之正弦變餘弦餘弦變正

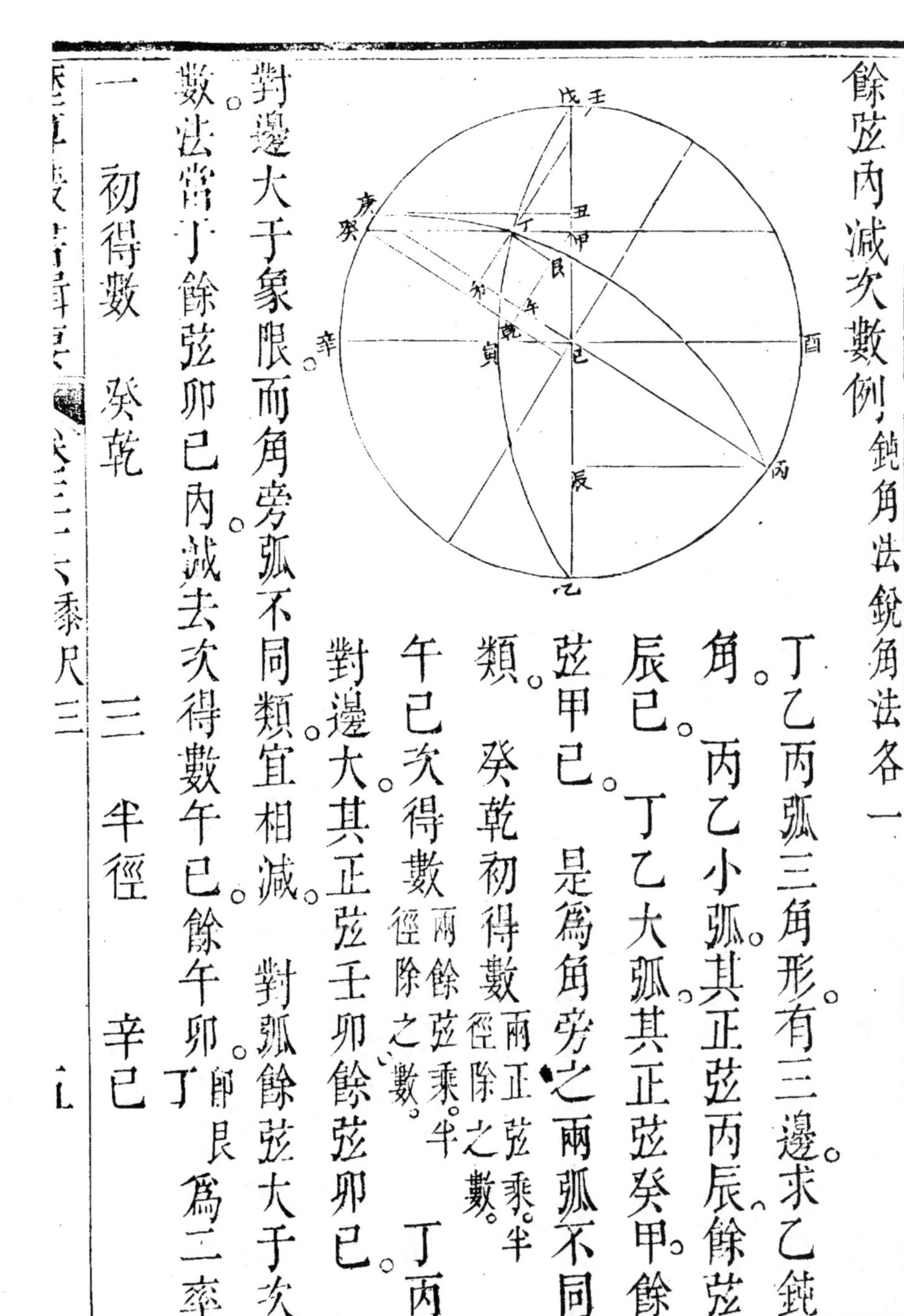

餘弦内減次數例鈍角法銳角法各一

丁乙丙弧三角形有三邊求乙鈍角。丙乙小弧其正弦丙辰餘弦辰巳。丁乙大弧其正弦癸甲餘弦甲巳。是為角旁之兩弧不同類。

癸乾初得數兩正弦乘半徑除之數。

午巳次得數兩餘弦乘半徑除之數。

丁丙對邊大其正弦壬卯餘弦卯巳。

對邊大于象限而角旁弧不同類宜相減。對弧餘弦大于次數法當于丁餘弦卯巳内減去次得數午巳餘午卯即艮丁為二率。

一　初得數　癸乾

三　半徑　辛巳

二　次得數減餘弦　艮丁　四　角餘弦　寅巳

對邊大角旁弧異類。而次數小。減對弧餘弦。其角爲鈍。宜以四率寅巳撿餘弦表得度。以減半周。餘爲乙鈍角之度。即寅酉大矢之度。

若先有乙鈍角求對弧。則反用其率。以一率與三率。二率與四率。更易求之。

既得艮丁。乃以次數加之。成卯巳餘弦。檢表得度。以減半周。得丁丙對邊之度。

凡過弧與其減半周之餘度。同用一餘弦。故以餘弦檢表得度。以減半周。即得過弧。

若丁戊庚三角形。係銳角形。有三銳角。此有三邊求戊角。　戊庚小邊。其正弦庚丑。餘弦丑巳。　丁戊次小邊。其正弦癸甲。餘弦甲巳。是爲角旁弧同類。　初得數癸乾。半徑除兩正弦矩。　次得數午巳。半徑除兩餘弦矩。丁庚對邊小其正弦壬卯餘弦卯巳。對邊小于象限而角旁弧同類宜相減　次數午巳小于對弧餘弦卯巳以午巳去減卯巳餘卯午丁。即艮

一　初得數	癸乾	三　半徑	辛巳
二　次得數減餘弦	艮丁	四　角餘弦	寅巳

對邊小角旁弧同類而次數小去減餘弦其角為銳宜以四率寅巳檢餘弦表得戊銳角之度

若先有戊銳角度求對邊丁庚則反用其率一率與三率。二率與四率。更易之。

以所得艮丁加次數午巳檢餘弦表得丁庚對邊之度　因銳角角旁弧同類次數小於餘弦得數後宜加次數為對邊餘弦

論曰丁戊庚形與丁乙丙形為相易之形故丁戊為丁乙減半

周之餘。戊庚等乙丙。此兩弧所用之正弦餘弦並同。則初數次數亦同矣。而丁庚對弧亦丁丙對弧減半周之餘。則所用餘邊又同。加減安得不同。

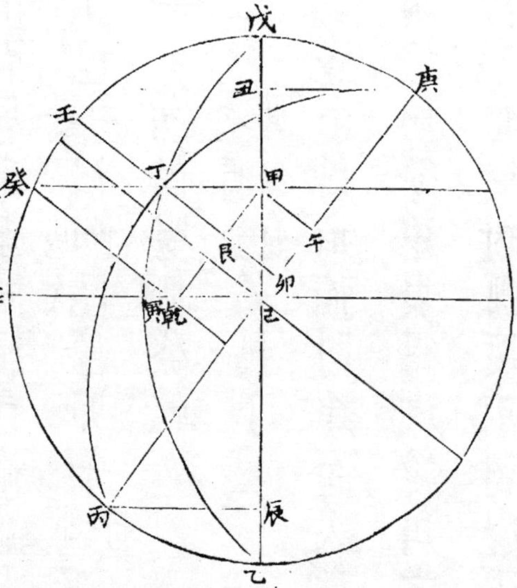

次數內轉減餘弦例（鋭角法鈍角法各一）

丁乙丙形。三邊求乙角。（角係鋭）丙乙小邊。正弦辰丙。餘弦辰已。丁乙大邊。正弦癸甲。餘弦甲已。是爲角旁之兩邊不同類。初得數甲乾（半徑除兩正弦矩）。次得數午已。（半徑除兩餘弦矩。）丁丙對邊大。正弦壬卯。餘弦卯已。對邊大而角旁弧不同類。宜相減。次數午已大

於對弧餘弦卯己法當子午己丙減卯己餘午卯即甲艮為二率

一　初得數　甲乾　三　半徑　辛己

二　餘弦減次數之餘　甲艮　四　角餘弦　寅己

對邊大角旁弧異類而次數大受對弧餘弦之減其角為鈍宜以四率寅己檢餘弦表得乙鈍角之度即寅辛矢度

若先有乙角而求對邊丁丙則反用其率以一率與三率二率與四率更易求之

末以所得甲艮轉減次數午己得對弧餘弦卯己檢表得度以減半周為對弧丁丙度

若丁戊庚形三邊求戊角係鈍角　戊庚小邊正弦丑庚餘弦丑己　丁戊次小邊正弦癸甲餘弦甲己　是為角旁兩弧同類

初數甲乾半徑除兩正弦矩　次數午己半徑除兩餘弦矩　丁庚對邊小

正弦壬卯餘弦卯己　對邊小而角旁兩弧同類宜相減次數午己大於對邊餘弦卯己當于午己內減卯己餘午卯即甲艮。

一　初得數　甲乾　三　半徑　辛己

二　餘弦減次數之餘　甲艮　四　角餘弦　寅己

對邊小角旁弧同類而次數大內減去餘弦其角爲鈍宜以四率寅己檢餘弦表得度以減半周得戊鈍角之度

若先有戊鈍角而求對邊丁庚則反用其率即得甲艮末以甲艮轉減次數午己得對弧餘弦卯己檢表得對弧丁庚之度

一係半渾圓面所成斜三角形左右皆相對如左銳角者右必鈍也對邊左小者右必大也角旁之邊左爲同類者右必異類也。角旁兩弧一居圓周一居圓面此圓面弧綫左右所同用也而圓周之弧左右有大小故同于左者不同于右。

加減法（以代乘除）

初數次數並以乘除而得。今以總弧存弧之餘弦加減而半之，與乘除之所得脗合。法簡而妙，而甲數乙數之用亦從此生矣。

總法曰：凡兩弧相并為總弧，相減為存弧。（存弧一曰較弧。）總弧存弧各取其餘弦，以相加減，成初數次數。　法曰：視總弧過象限，則總存兩餘弦相加；總弧不過象限，則相減，皆折半為初數。（即原設兩弧之正弦相乘，半徑除之之數。）以初數轉減存弧餘弦，即為次數。（即原設兩弧之餘弦相乘，半徑除之之數。）又法：（總弧過象限，兩餘弦相減；不過象限，則相加，並折半為次數。）又法：（初數以相加成者，以總弧餘弦減；初數以相減成者，以總弧餘弦加。並加減初數為次數，亦同。）

又取總弧存弧之正弦相加減，成甲數乙數。　法曰：以總存兩正弦相加折半為甲數，（即原設大弧正弦乘小弧餘弦，半徑除之之數。）總存兩正弦相減折半爲乙數。即原設小弧正弦乘大弧餘弦半徑除之之數。又法。以存弧正弦減甲數。其餘爲乙數。亦同。又法。以甲數減總弧正弦。即得乙數。

圖式一

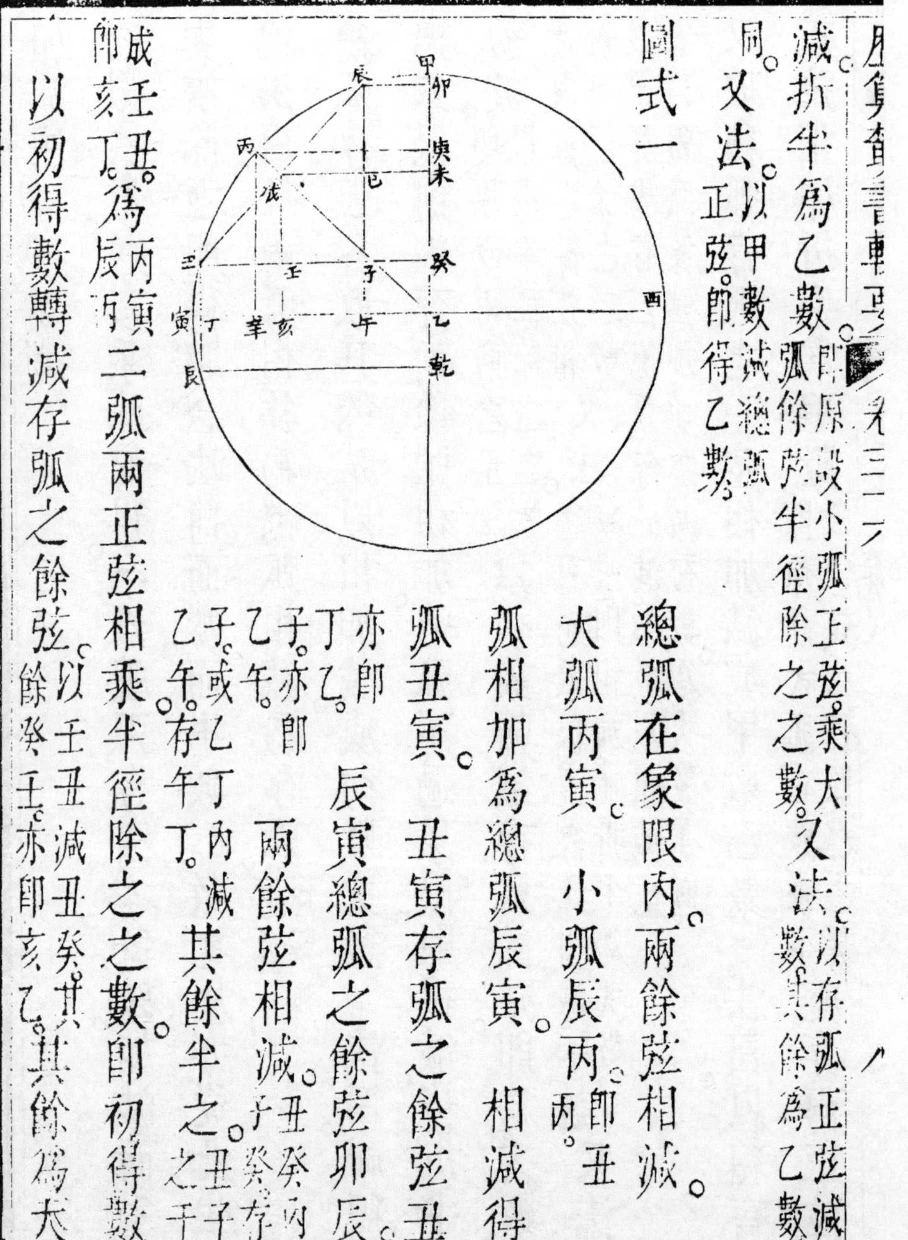

總弧在象限內兩餘弦相減。

大弧丙寅。小弧辰丙。即丑丙。二弧相加爲總弧辰寅。相減得存弧丑寅。丑寅存弧之餘弦丑癸。亦即丁乙。辰寅總弧之餘弦卯辰。即癸子。亦即乙午。兩餘弦相減。丑癸內減子癸。存丑子。或乙丁內減乙午。存午丁。其餘半之。丑子半之于壬。成壬丑。即亥丁。爲丙寅辰丙二弧兩正弦相乘半徑除之之數。即初得數也。

以初得數轉減存弧之餘弦。以壬丑減丑癸。其餘癸壬。亦即亥乙。其餘爲大小

二弧兩餘弦相乘半徑除之之數即次得數也

論曰丙辛大弧之正弦也丑戊小弧之正弦也以句股形相似之故乙丙半徑弦與丙辛正弦股若丑戊正弦小弦與丑壬初得數也小股其半而得者何也曰辰戊同丑戊則戊己亦同丑壬而壬子即己戊則子丑者初得數壬丑之倍數故半之即得

辛乙大弧之餘弦也戊乙小弧之餘弦也乙丙半徑弦與辛乙餘弦句若戊乙餘弦小弦與亥乙次得數也小句又以存弧餘弦內兼有初得次得兩數故減初得次也丑癸餘弦內有丑壬初數癸壬次數故減丑壬即得癸壬也或于乙丁內減亥丁得亥乙並同

又丑寅存弧之正弦丑丁即午子或癸乙辰寅總弧之正弦辰午即卯乙兩正弦相加半之為大弧正弦乘小弧餘弦半徑除之之數即

甲數也。以甲數轉減總弧之正弦。以午巳減辰午。其餘巳辰。亦卽卯未。是爲大弧餘弦乘小弧正弦半徑除之之數。卽乙數也。

論曰。乙辛大弧之餘弦也。辰戊小弧之正弦也。以兩句股形同比例之故。丙乙半徑與乙辛餘弦。若辰戊正弦與辰巳乙數也。又丙辛大弧之正弦也。戊乙小弧之餘弦也。而丙乙半徑與丙辛正弦。若戊乙餘弦與戊亥甲數也。又以總弧正弦內兼有甲乙兩數。故減乙得甲。減甲亦得乙矣。辰午正弦內。有辰巳乙數。巳午甲數。故減辰巳得巳午。若減巳午。亦必得辰巳。

若以酉丙爲大弧。丙丑爲小弧。則其總弧酉丑。正弦丑丁。餘弦丑癸。其存弧辰酉。正弦辰午。餘弦卯辰。但互易存總之名。其他並同。

論曰。凡過象限之弧。與其減半周之餘弧。同用一正弦。如丙酉過弧以減半周得丙寅所用正弦丙辛餘弦乙辛皆丙酉弧與丙寅弧之所同也故但易總存之名而正餘加減之用不變。

又法　凡過象限之弧卽截去象限用其餘度如法加減但以總弧爲存弧存弧爲總弧而總存之餘弦爲正弦正弦爲餘弦。如酉丙過弧截去酉甲象限只用丙甲爲大弧與丙丑小弧相加減則丑甲爲總弧其正弦丑癸餘弦丑丁而辰甲爲存弧其正弦卯辰餘弦辰午是總存正餘名皆互易也。

法以總存兩正弦相減而其餘折半爲甲數。丑癸內減卯辰。餘丑子。半之得丑壬爲甲數。仍以甲數轉減總弧正弦。甲數丑壬。轉減丑癸。其餘癸壬。卽乙數。是其名雖易而其實不易也但橫易爲直。

論曰過弧去象限而用之則過弧之正弦爲餘餘弦爲正矣故

加減而得之數皆兩弧之正弦乘餘弦乘正而非復正乘正餘乘餘之數也何也過弧之正餘互易而小弧之正餘如故也如丙酉過弧去象限爲丙甲則其正弦丙庚即過弧之餘弦也丙庚即辛乙故其餘弦庚乙即過弧之正弦也庚乙即丙辛故而小弧丙丑之正弦丑戊餘弦戊乙皆如舊故先得之丑壬爲大弧餘弦丙辛乘小弧正弦丑戊而丙乙半徑除之也非兩正弦相乘也乙數轉減正弦而得之亥乙即癸壬亦即戊未爲大弧正弦辛乙乘小弧餘弦戊乙而半徑除之也非兩餘弦相乘也

又論曰元法依圖直看直者正弦橫者餘弦又法正餘互易則圖當橫看變立體爲眠體本以總存兩餘弦加減者變爲兩正弦加減然其數並同

又論曰又法是用大弧之餘度而小弧則用元度何以言之歷書如測星條用星之赤緯即去極之餘度也其用赤道高則極去天頂之元度也然而赤緯在南者則是于星去極度截去象限之數也何以亦爲餘度曰過弧既與其減半周之餘度同一正弦則此減半周之餘度亦即正弧也然則此截去象限而餘者非即正弧之餘度乎大弧過象限若干度與不及象限若干度其正弦並同故加減可通爲一法

約法　兩弧俱用本度或俱用餘度相加減以取總存二弧是兩正或兩餘也則用總存兩餘弦加減法取初得數惟視總存二弧俱在一象限則相減或分跨兩象限則相加皆以初數減存弧之餘弦爲次得數　若兩弧內有一過弧則總弧之正弦

小於存弧而餘弦反大。當以初數減總弧之餘弦爲次數。若一弧用本度。一弧用餘度相加減。以取總存之弧。是一正一餘也。則用總存兩正弦加減法。其加減皆視兩正弦原法。或加或減取甲數。即以甲數減總弧正弦。餘爲乙數。若過弧去象限而用其剩度。與餘度同法。凡餘度是以本度減象限而得名。今反以象限減過弧。故別之曰剩。若兩俱剩弧。與兩餘弧同法。若只一剩弧。與一正一餘同法。

又按凡存弧之餘弦內。兼有兩正弦相乘兩餘弦相乘兩數。即初次兩得數也。凡總弧之正弦內。兼有此正弦乘彼餘弦。彼正弦乘此餘弦之數。即甲乙兩數也。故易其名以別之也。

圖式二　大弧寅丙。正弦丙辛。餘弦辛乙。小弧辰丙。即丑丙。正弦辰戊。即丑戊。餘弦戊乙。二弧相加爲總弧辰寅。正弦辰午。餘

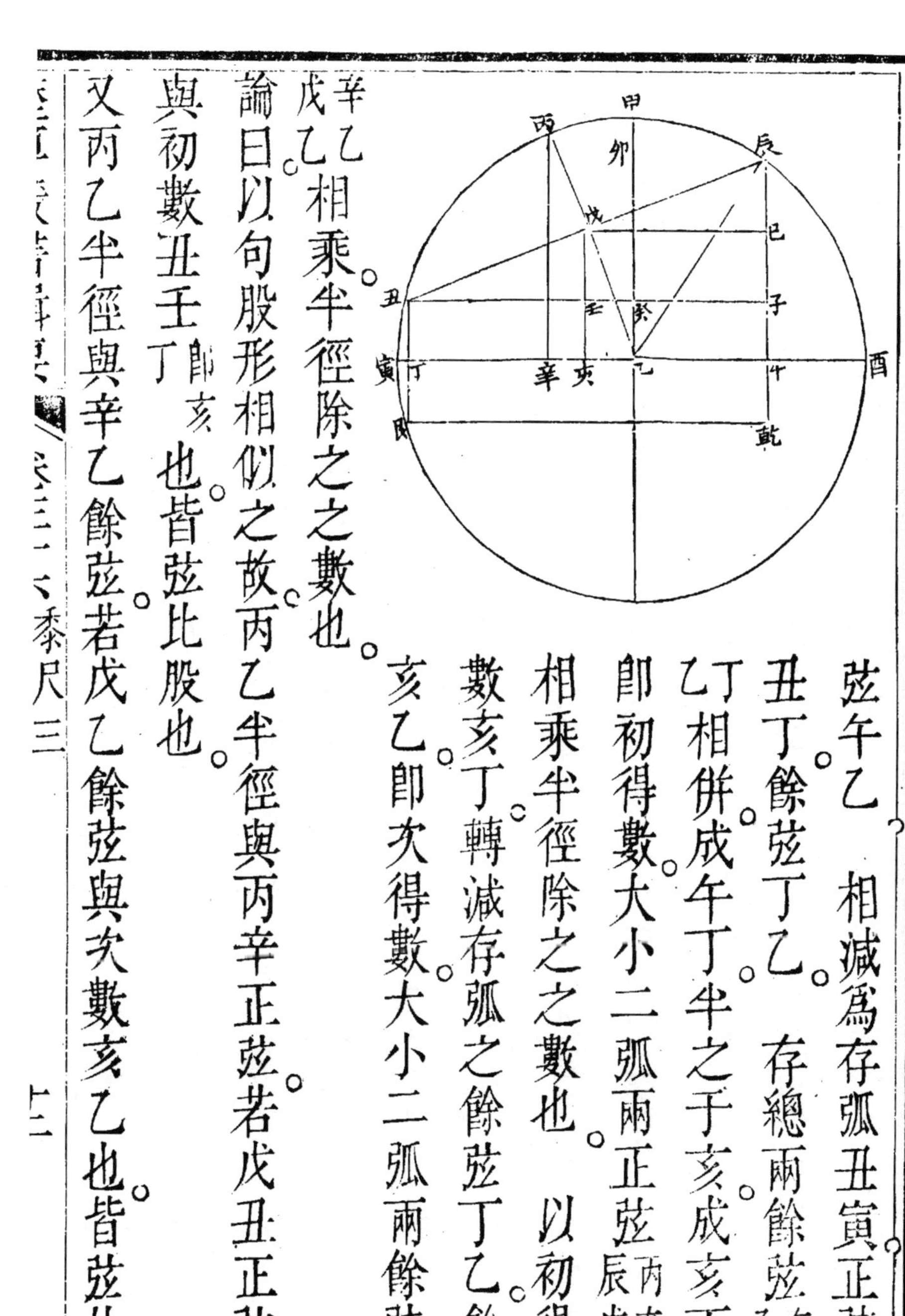

弦午乙○相減為存弧丑寅正弦○丑丁餘弦丁乙○存總兩餘弦午乙丁乙相併成午丁○半之于亥戌亥丁○即初得數○大小二弧兩正弦丙辛辰戌相乘半徑除之之數也○以初得數亥丁轉減存弧之餘弦丁乙○餘亥乙即次得數○大小二弧兩餘弦辛乙戊乙○相乘半徑除之之數也○

論曰以句股形相似之故○丙乙半徑與丙辛正弦○若戊丑正弦與初數丑壬即亥丁也○皆弦比股也○又丙乙半徑與辛乙餘弦○若戊乙餘弦與次數亥乙也○皆弦比

句也。

又存弧正弦丑丁與總弧正弦辰午相加成辰乾。以午乾等丁艮，亦即丑丁也。折半得巳午。即戊亥。辰子折半為巳子。乾折半為午子。合之成巳午。子為甲數大弧正弦丙辛乘小弧餘弦戊乙半徑丙乙除之也。以甲數巳午轉減總弧正弦辰午餘辰巳為乙數大弧餘弦辛乙乘小弧正弦辰戊半徑丙乙除之也。

若用酉丙過弧為大弧丙丑為小弧則其總弧酉丑存弧酉辰但互易存總之名其他並同以過弧酉丙所用之正弦丙辛餘弦辛乙即丙寅弧所同用故也。

又法于酉丙過弧內截去象限酉甲只用其賸弧甲丙則甲丙反為小弧丙丑反為大弧。說見前條。

圖式三

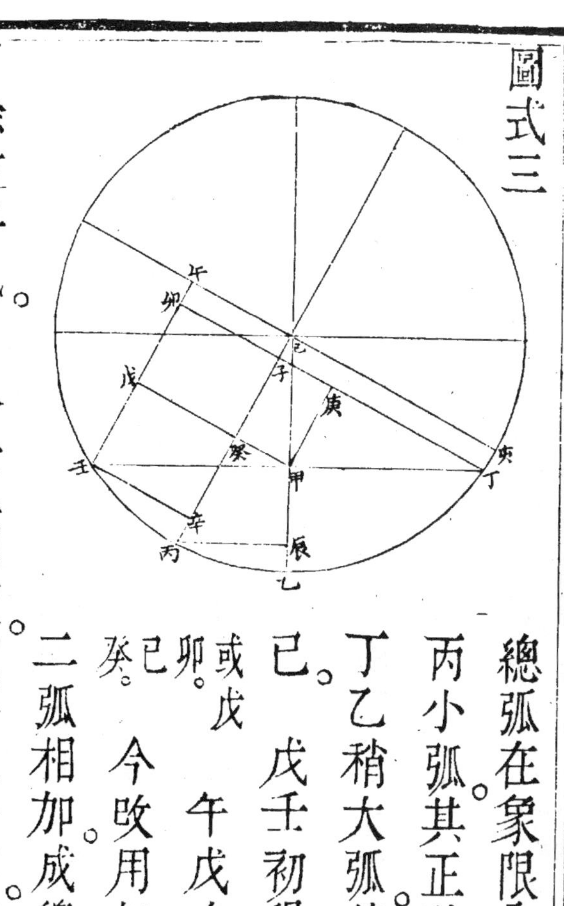

總弧在象限內兩餘弦相減。乙丙小弧其正弦丙辰餘弦辰已。丁乙稍大弧其正弦丁甲餘弦甲已。戊壬初得數。兩正弦相乘。半徑除也。即庚甲。或戊卯。午戊次得數。兩餘弦相乘。半徑除也。即已癸。今改用加減以省乘除。以二弧相加成總弧丁丙其正弦子丁餘弦子已。又二弧相較成存弧壬丙其正弦壬辛。即午已。餘弦辛已。即壬午。于存弧之餘弦辛已內。減去總弧之餘弦已子。存子辛半之于癸。得子癸及辛癸。皆初得數也。亦即戊壬也。或于壬午丙戊午卯。半之于戊。得卯戊及戊壬。亦同。亦即庚甲也。又于存弧餘弦辛已內仍減去初得數辛癸存癸已即次得數也。壬午丙減戊壬存午戊亦同。

此因總弧在象限內故以總弧餘弦減存弧餘弦求初數是初數小于次數。　其句股比例同前論。

又丁庚爲甲數。丁甲大弧正弦乘辰己小弧餘弦半徑除之也。亦即庚卯即甲戊。　子庚爲乙數。辰丙小弧正弦乘甲己大弧餘弦半徑除之也即癸甲。　今改用加減法以存弧正弦子卯壬。即辛　加總弧正弦子丁成卯丁而半之于庚得丁庚爲甲數。亦即庚卯。即戊甲。　仍于總弧正弦丁子內減去甲數丁庚存子庚即癸甲。爲乙數。

此亦總弧在象限內亦總存兩正弦相加求甲數是甲數大于乙數。　其句股比例同前論。

一係　凡兩弧內無過弧則存弧之餘弦大故其中有初次兩

數而總弧則正弦大故其中有甲乙兩數雖兩數相加能令總弧跨過象限此理不變餘弦仍係存弧大正弦仍係總弧大

圖式四

總弧過象限兩餘弦相加　乙丙

小弧正弦辰丙餘弦辰已　乙丁

過弧正弦丁甲餘弦甲已　初得

數戊丁（半徑除兩正弦矩即子癸亦即癸辛亦即庚甲）

次得數癸已（半徑除兩餘弦矩）

今用加減代乘除以二弧相加成

總弧丁丙正弦丁子餘弦子已　乃以總存兩

又二弧相較成存弧壬丙正弦壬辛餘弦辛已

餘弦相加成子辛（子已加辛已）而半之于癸得子癸及癸辛（亦即丁戊即庚）

甲。初得數也。又以初數子癸轉減總弧之餘弦子已餘癸已次得數也。此因總弧跨過象限。故兩餘弦相加。求初數。是初數大于次數。其句股比例同前。又甲數丑甲小弧餘弦辰已乘過弧正弦丁甲半徑除之也。乙數癸甲小弧正弦辰丙乘過弧餘弦甲已半徑除之也。今用加減總存兩正弦相加戌丑戌癸戌與正弦丁子等。丑癸與正弦辛壬等。故以相加。即戌丑。半之于甲得丑甲亦即甲戌為甲數。仍以甲數丑甲轉減存弧正弦丑癸餘癸甲為乙數或總弧正弦癸戌減甲數甲戌。亦得乙數癸甲。此亦總弧跨象限外。仍係總存兩正弦相加求甲數甲數仍大于乙數。其句股比例同前。

一係　凡兩弧內有過弧者總弧之餘弦反大故初次兩數皆在總弧餘弦內而總弧之正弦反小故甲乙兩數皆在存弧正弦內也。此必原有一過弧。始用此例。非謂總弧過象限也。觀圖自明。

終

歷算叢書輯要卷三十七

環中黍尺四

甲數乙數用法（黃赤道經緯相求）

黃赤二道經緯相求用斜弧三角形以星距黃極爲一邊星距北極爲一邊并兩極之距爲三邊此本法也今不用距極度而用其餘度（距極度本爲緯度之餘今用三角形以距極度爲邊故緯度皆爲餘度）徑取黃緯爲一邊（此先有黃緯而求赤緯也若先有赤道而求黃道即用赤緯爲邊）二至之黃赤大距爲一邊（黃赤大距原與兩極之距等）而取二邊之總存兩正弦爲用以加減省乘除故在本法爲初數次數者别之爲甲乙數焉甲數乙數不止爲求黃赤而舉此爲式其理特著故命之曰甲數乙數用法實黃赤相求簡法矣

第一圖　黄緯小於黄赤大距甲數大乙數小

有黄道經緯求赤道緯

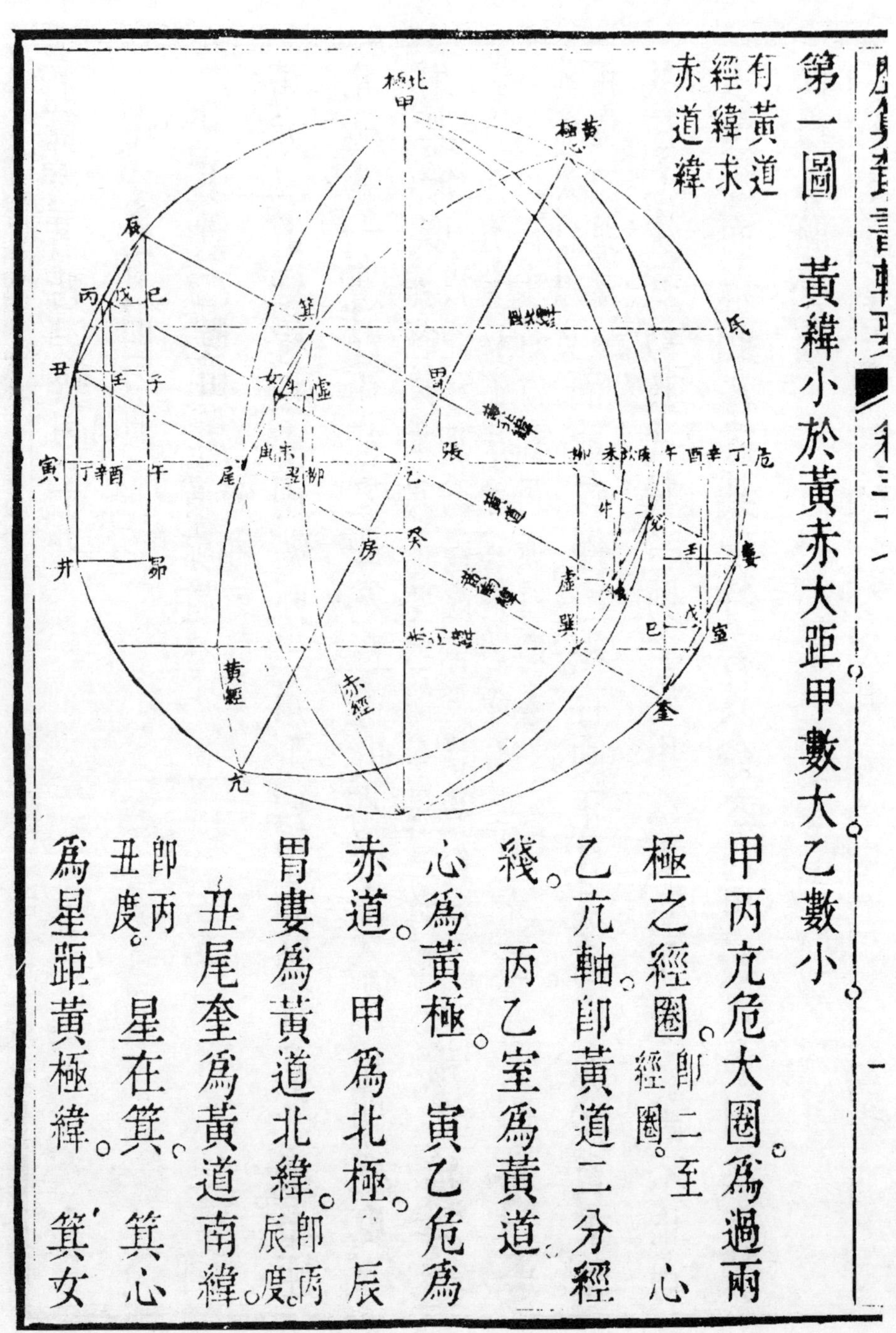

甲丙亢危大圈爲過兩極之經圈。卽二至經圈。心乙亢軸卽黄道二分經綫。丙乙室爲黄道。心爲黄極。寅乙危爲赤道。甲爲北極。辰胃婁爲黄道北緯。卽丙辰度。丑尾奎爲黄道南緯。卽丙丑度。星在箕。箕心爲星距黄極緯。箕女爲星距黃道緯。（即丙辰度。）甲心箕銳角爲黃道經度其餘弦女乙。

甲心爲兩極相距（二十三度卅一分半）寅丙爲夏至距緯（同甲心度。）

今求甲箕爲星距北極緯度　其餘弧箕翌爲星距赤道緯（即氐危之度。）用甲心箕三角形有心角。（黃道經。）有心箕弧（星距黃極緯。）有甲心弧。（爲兩極之距。）而求對角弧甲箕。（星赤道北極緯。）依加減代乘除改用寅丙夏至距（即心甲。）辰丙黃道緯。（即心箕之餘箕女又即丙丑度。）寅丙辰丙相加爲總弧辰寅其正弦辰午　又相減爲較弧丑寅其正弦丑丁（亦即丁井亦即午昴亦即子午。）以丑丁正弦（即午昴。）加辰午正弦成辰昴折半得己午甲數（己子爲辰子之半。子午爲子昴之半。合之成己午。）甲數（己午）轉減正弦（辰午）餘辰己爲乙數。　或以丑丁正弦（即子午）減辰午正弦餘辰子折半得辰己爲乙數以乙數轉減總弧正弦辰午得己午爲甲數亦同。

法爲丙乙黃道半徑與女乙心角餘弦。若巳午甲數與斗未也。用四率求之。

論曰。丙乙半徑與女乙餘弦。原若辰胄與箕胄。辰胄者箕心黃緯之正弦。卽距等圈半徑。因箕心角綫過箕至女。分辰胄正弦于箕。亦分丙乙半徑于女。故丙乙與女乙。若辰胄與箕胄。皆全與分比例。而辰胄同戊乙。箕胄同斗乙。皆弦也。戊酉乙大句股。以戊乙爲弦。戊酉爲句。斗未乙小句股。以斗乙爲弦。斗未爲句。戊酉同己午斗未皆句也。則其比例等。故丙乙一率與女乙二率。能若戊乙與斗乙。亦卽若己午三率與斗未四率。

以乙數辰巳卽箕虛。加斗未卽虛柳。成箕柳卽所求赤道緯度正弦。檢表得箕翌度爲赤緯在北。卽氐危。

若先有赤緯黃緯而求黃經。心角則互用其率。以三四爲一二。

假如前圖星在尾爲黃道南緯。則所用之甲數乙數並同。所得之四率斗未亦無不同。而赤緯迥異。

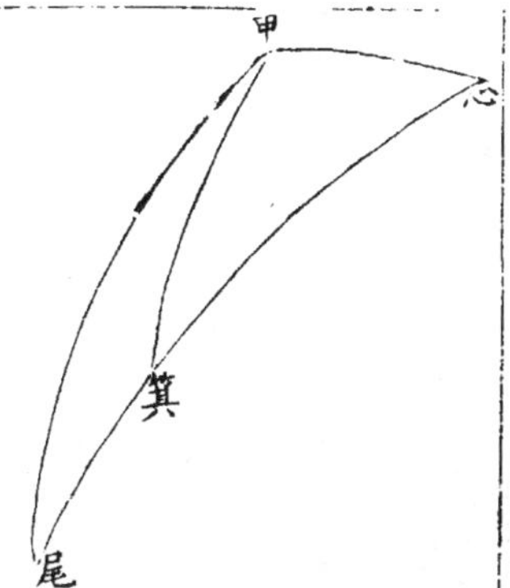

何以言之。曰心不在箕而在尾。則心甲弧兩極距度心角黃道經度皆不變。唯尾心弧大于箕心。故甲心箕三角形變爲甲心尾三角形。而所求對角之甲尾弧亦大于甲箕。故赤緯異也。

然則所用之甲數乙數又同何也。曰尾心爲過弧。則用在女尾。尾心內。減去女心象限。女尾爲黃道南緯。與箕女北緯同度。亦即同正弦。則相加爲總弧。相減爲較弧。亦同。而甲乙數不得不同矣。而三率算法亦必同矣。但所得斗未視黃緯在北則用加。在南則用減。緯度迥異。理勢自然也。

以乙數辰巳減四率斗未。減盡無餘。爲星正當赤道。無緯度。

論曰。此因乙數與四率同大。故減盡也。減盡則甲尾正九十度。

而星在赤道無緯也亦有四率小於乙數者則當以四率轉減乙數用其餘爲緯度正弦在赤道南

又論曰星在箕爲黃道北在尾爲黃道南然所得赤緯皆在北者以箕尾經度皆在夏至前後兩象限中也故所得四率在赤道北而加乙數則北緯大減乙數則北緯小皆北緯也惟四率轉減乙數則變爲南緯此亦惟黃南緯星又近二分則雖在夏至前後象限中而有南緯

亦有無四率者心角必九十度其星必在黃道二分經度無角度餘弦爲次率故亦無第四率可求但以乙數爲用視星在南北卽以乙數命爲南北緯度之正弦

假如前圖中有星在胃是在北也卽以乙數胃張卽辰巳命爲赤道北緯之正弦若星在房是在南也卽以乙數乙癸亦卽辰巳命爲

赤道南緯之正弦

又有所得四率北反用減南反用加者。心角必爲鈍角。其星必在冬至前後兩象限其角度餘弦必爲大矢內減象限之餘。則所得第四率。在赤道之外。外即南也而加減後所得皆赤道之南緯也故加減皆反。求北緯以加。而南緯必減者。星在北也。求北緯以減。而南緯必加者星在南也。蓋所得第四率。原係在北在南兩星緯度之中數。星在北在南。皆主黃道言。

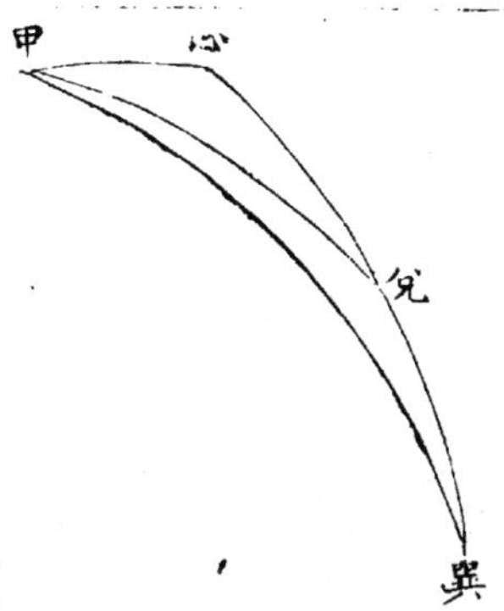

假如前圖中有星在兌爲黃道北而甲心兌三角形心爲鈍角。其餘弦艮乙爲艮丙大矢內減象限之餘故所得第四率未斗在赤道之外爲赤道南緯此南緯是黃道軸距赤道軸。而兌星在黃道之北則其南緯正弦。小于未斗。故必以乙數牛斗。即辰己。亦即奎已減之其餘牛未同兌庚。即兌星赤道南緯之正弦。

若星在巽。同用心鈍角爲甲心巽三角形。艮乙餘弦。四率未斗。在赤道外並同。但巽星又在黃道南。則其南緯大于未斗四率。故必以乙數虛巽即辰巳。亦即斗未。加之。成巽柳。即巽星南緯之正弦。

亦有四率小於乙數者。則以四率轉減乙數。用其餘爲北緯。

又論曰。星在兌。爲黃道北。在巽。爲黃道南。然所得赤緯皆在南者。以兌巽經度皆在冬至前後兩象限中也。故所得四率在赤道南。而以乙數減則南緯小。以乙數加則南緯大。皆南緯也。惟四率轉減乙數者。則變爲北緯。此亦必黃北緯星。又近二分。故雖在冬至前後象限中。而仍有北緯。

凡以乙數及四率相加減成緯度者。並主緯度之正弦而言。後倣此。

總論曰。凡乙數皆南北兩赤緯度相減折半之數。甲數則兩緯度之中數也。如箕女與女尾兩黃緯同度。而不能以女庚為兩赤緯弦之中數者。弧度有斜正故也。而所得四率。即所求星南北兩緯正弦中數。故與甲數為比例。

凡所得四率。星在夏至前後兩象限。四率在赤道北。星在冬至前後兩象限。四率在赤道南。

凡總弧正弦內兼有甲數乙數。不論黃南黃北並同一法。但視黃緯之大小。

若黃緯小于黃赤大距。則以總存兩正弦相併而半之為甲數。

若黃緯大于黃赤大距。則以總存兩正弦相減而半之為甲數。

並以甲數轉減總弧正弦為乙數。

又法。黃緯小於黃赤大距。以總存兩正弦相減而半之。則先得乙數。黃緯大於黃赤大距。以總存兩正弦相併而半之。亦先得乙數。並以乙數轉減總弧正弦為甲數。

求赤緯約法

凡星有黃緯之南北。有黃經之南北。黃經南北。即南六宮北六宮。星在夏至前後。先得之黃經爲銳角。是經在北也。星在冬至前後。先得之黃經爲鈍角。是經在南也。若星之黃緯南北與黃經同者。其赤緯南北亦與黃緯同。法用四率乙數相加爲緯度正弦。加惟一法。

星在黃道北。又係夏至前後兩象限。先得黃經銳角。是經緯同在北。則赤緯亦在北。　星在黃道南。又係冬至前後兩象限。先得黃經鈍角。是經緯同在南。則赤緯亦在南。

若星之黃緯南北與黃經異者。赤緯有同有異。皆四率乙數相減爲赤緯正弦。減有二法。

但視乙數大。受四率轉減者。赤緯之南北與黃緯同。　如星在黄道北而在冬至前後兩象限黄經角鈍是緯北而經南也而乙數大受四率轉減則赤緯仍在北　星在黄道南而在夏至前後兩象限黄經角鋭是緯南而經北也而乙數大受四率轉減則赤緯仍在南

若乙數小去減四率者赤緯之南北與黄緯異　如星在黄道北而在冬至前後黄經角鈍爲緯北經南而乙數又小去減四率則赤緯變而南　星在黄道南而在夏至前後黄經角鋭爲緯南經北而乙數又小去減四率則赤緯變而北

若星在黄道軸正當二分經度其角必九十度無餘弦亦無四率但以乙數爲用　星在北即以乙數爲赤道北緯正弦　星在南即以乙數爲赤道南緯正弦

若遇乙數四率相減至盡者其星正當赤道無緯度

第二圖 黃緯大於黃赤大距甲數小乙數反大

有黃道經緯求赤緯

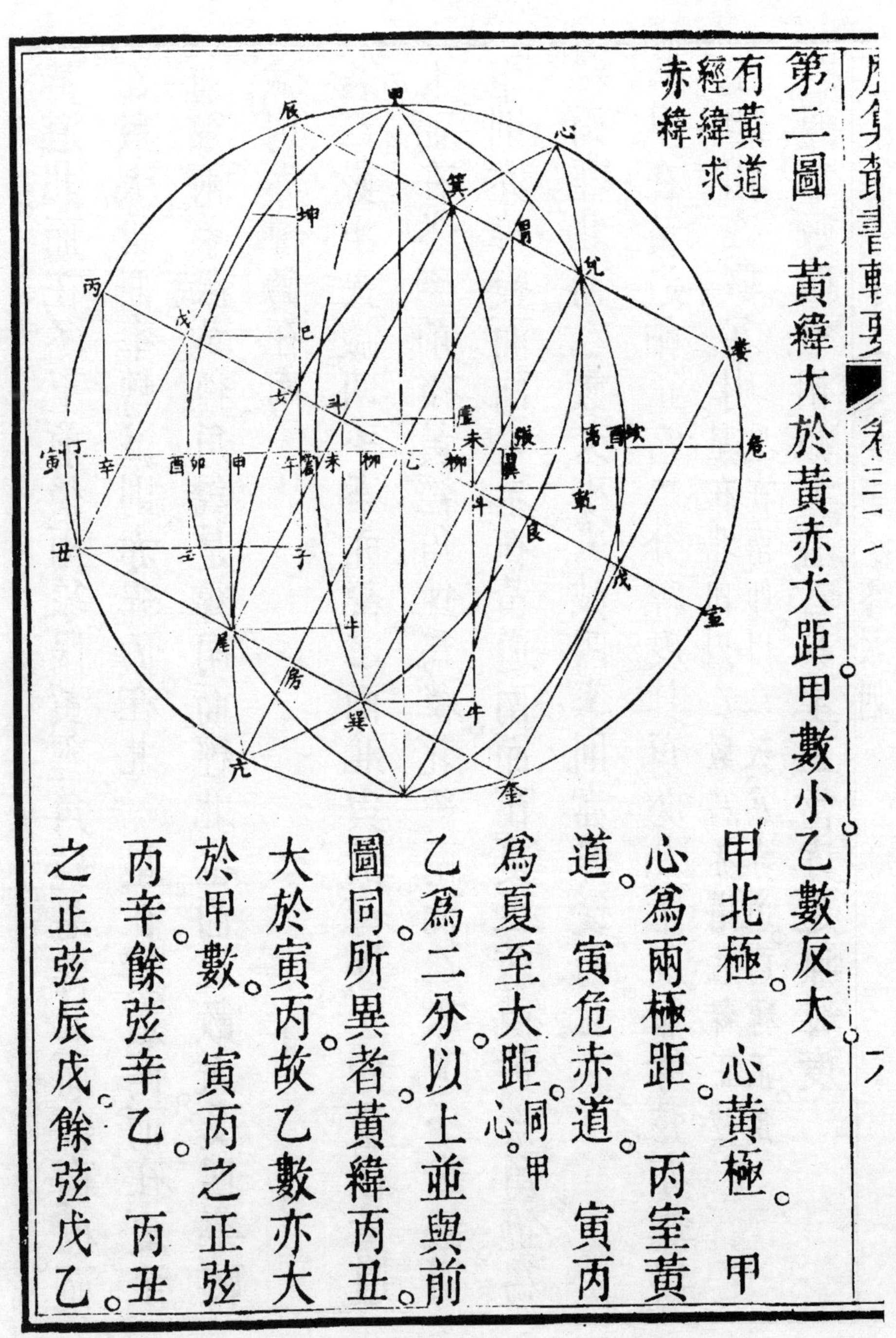

甲北極。心黃極。甲心為兩極距。丙室黃道。寅危赤道。寅丙為夏至大距。同甲心。乙為二分。以上並與前圖同。所異者黃緯丙丑大於寅丙。故乙數亦大於甲數。寅丙之正弦丙辛。餘弦辛乙。丙丑之正弦辰戊。餘弦戊乙。

甲數戊酉乃寅丙正弦乘丙丑餘弦半徑除之也法爲丙乙半徑與正弦丙辛若戊乙餘弦與甲數戊酉

乙數辰巳或巳子或戊壬乃辛乙餘弦乘辰戊正弦半徑除之也法爲丙乙半徑與餘弦辛乙若辰戊正弦與乙數辰巳

假如星在箕爲在黃道北箕心爲距黃極之度其餘箕女黃道北緯也有箕心甲心兩極距二邊有心銳角黃經用甲心箕三銳角弧形求赤緯甲箕爲對角之弧依加減代乘除改用寅丙辰丙二弧相加爲總弧辰寅其正弦辰午相減成較弧寅丑其正弦丑丁即午子以丑丁正弦加辰午正弦成辰子折半于巳爲乙數辰巳即子巳以辰巳轉減總弧正弦辰午得巳午爲甲數即戊酉

本法以丑丁減辰午折半得巳午爲甲數　甲數巳午轉減辰

午得辰巳爲乙數

法爲半徑丙乙一率與餘弦女乙二率若甲數戊酉三率與斗未四率也

右係黃緯在北而心爲鋭角黃經亦在北法宜用加以斗未加乙數箕虛戌箕柳爲赤緯正弦查表得箕翌赤緯度在赤道北

若先有黃赤緯度而求黃經則互用其率亦同前式以一二爲三四

假如前圖星在尾爲在黃道南則所用之甲數乙數及所得之四率並同惟赤緯異

論曰星不在箕而在尾則甲心箕三鋭角形變爲甲心尾三角形而心尾弧大于心箕故所求對角之甲尾弧亦大于甲箕而赤緯大異　心尾大于心箕而甲數乙數悉同者因

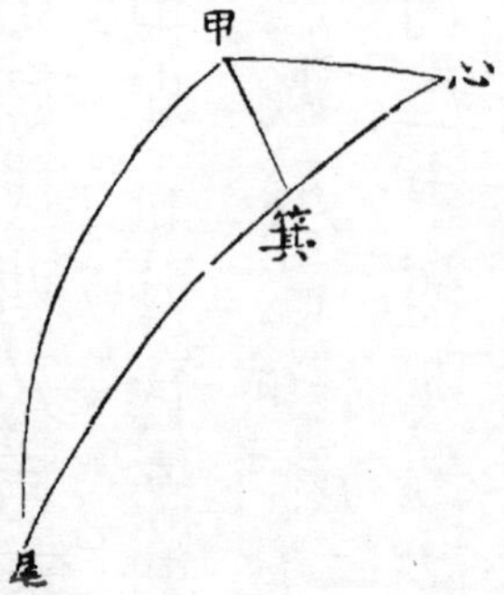

用餘弧則女尾南緯與女箕北緯同度故也　其四率斗未亦同但黃緯在南而心爲銳角是緯南而經北法當用減以斗未轉減乙數斗牛得餘未牛（卽尾申）爲赤緯正弦查表得尾卯緯度在赤道南

論曰此係乙數跨赤道故乙數內兼有赤緯及四率之數而以四率轉減亦得赤緯

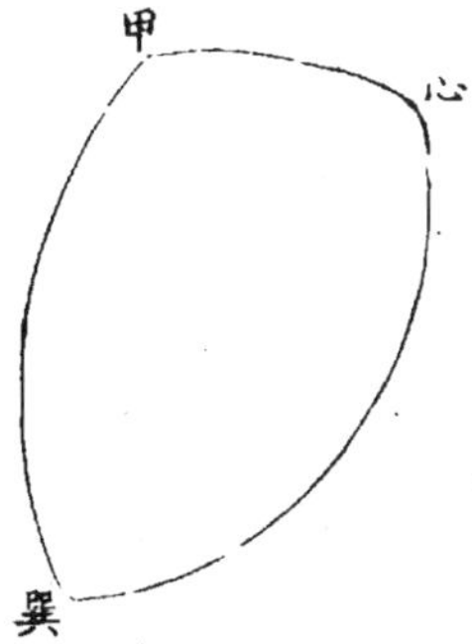

假如前圖星在巽則所用之甲數乙數亦同惟四率巽（因巽艮黃緯卽室奎之度與丙丑同故甲數酉戌與戌酉同大而乙數斗牛兌乾並同辰巳）又巽星在黃道南而心爲鈍角星在秋分後春分前黃經亦在南則赤緯亦在南法當用加

求得四率未斗以加乙數斗牛（即辰己）成未牛爲赤緯正弦（即柳巽）

查表得震巽緯度在赤道南

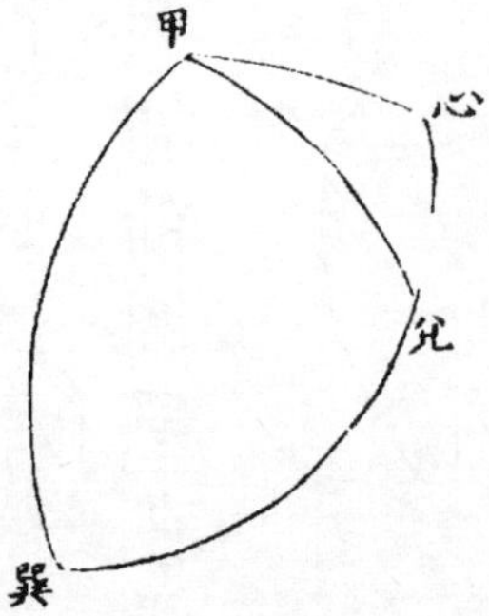

假如前圖星在兌爲黃道北所用之甲數乙數四率並同惟赤緯異（兌艮北緯與巽艮南緯並同丙丑之度故甲數乙數同甲心巽與甲心兌兩鈍角形同用心鈍角故四率亦同惟心兌弧小于心巽故所求對角弧甲兌亦小于甲巽而赤緯異）

右係黃緯在北而心爲鈍角是秋分後春分前爲緯北而經南法當用減以未斗轉減乙數兌乾得餘兌離爲赤緯正弦查表得兌坎緯度在赤道北

第三圖　赤緯大于二極距甲數小乙數大

有黄緯赤緯求赤經

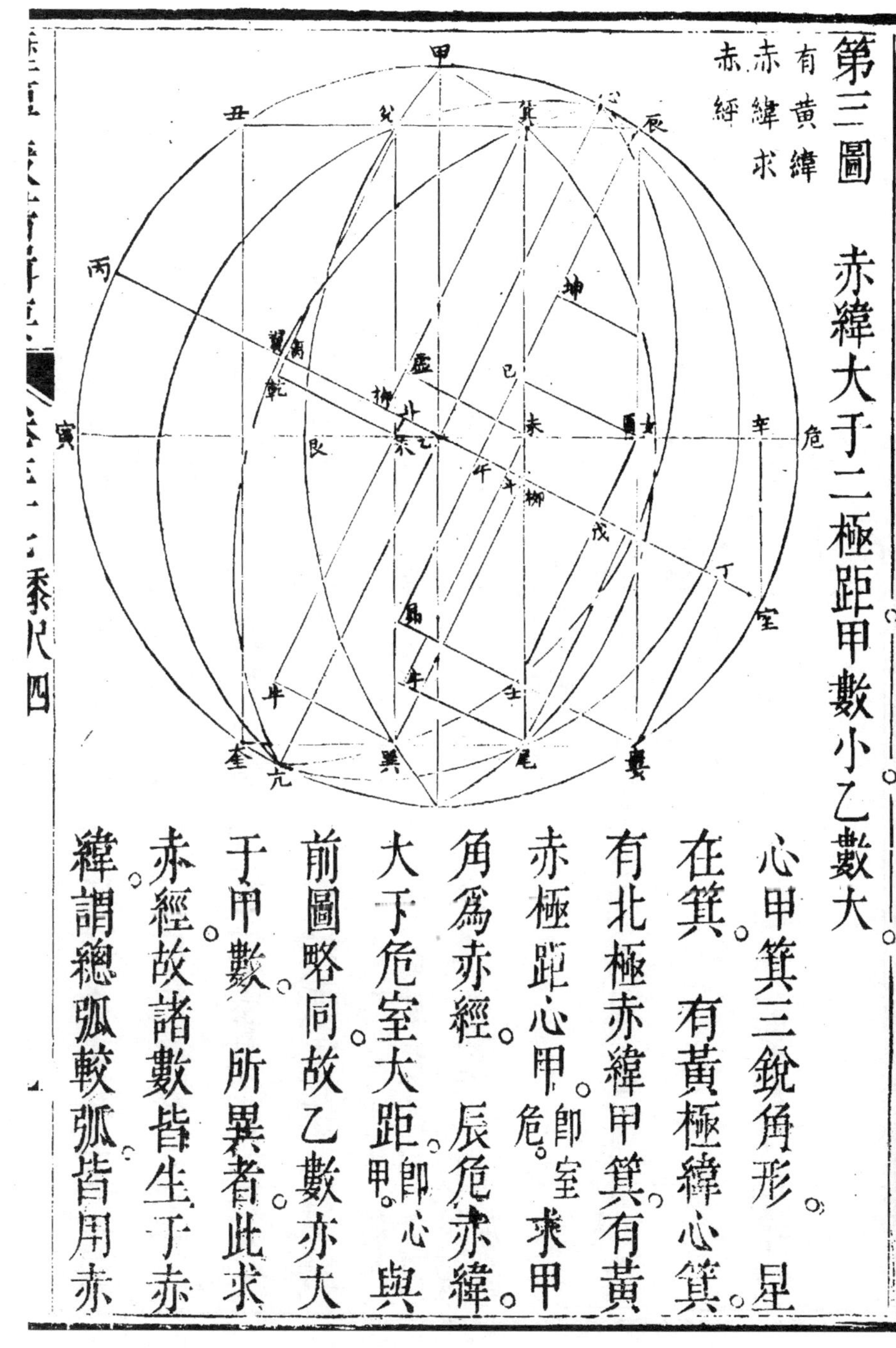

心甲箕三銳角形。星在箕。　有黄極緯心箕。有北極赤緯甲箕有黄赤極距心甲。即室危。求甲角爲赤經。　辰危赤緯大于危室大距。即心甲。與前圖畧同故乙數亦大于甲數。　所異者此求赤經故諸數皆生于赤緯謂總弧較弧皆用赤緯也。而加減正弦反在黃道矣。室危兩極距之正弦室辛，餘弦辛乙。辰危赤緯即箕女。爲甲箕距北極之餘。之正弦辰酉，餘弦酉乙。依加減代乘除，改用辰危、室危相加爲總弧辰室，其正弦辰午。又相減爲較弧婁室，其正弦婁丁。即午昴。又以較弧正弦午昴減總弧正弦辰午。餘數半之，得巳午爲甲數。即戊酉也。法于辰午內截減辰坤。如午昴其餘坤午半之于巳。即得巳午。甲數轉減辰午正弦，餘辰巳爲乙數。或以甲數巳午。加較弦午昴。成巳昴乙數亦同。箕虛及未牛並同。皆乙數也。又以箕翌黃緯之正弦箕柳與乙數箕虛相減，得虛柳即未斗以爲次率。因箕柳黃緯大。乙數箕虛小。故于黃緯正弦內減乙數。得未斗。法爲甲數戊酉一率與未斗二率，若酉乙與未乙，亦即若危乙半徑三率與甲角之餘弦女乙四率也。

論曰赤道經度春分至秋分（北六宮）為鈍角秋分至春分（南六宮）為鋭角其角與黃經正相反此係星在箕是赤緯在北也而黃緯亦北兩緯同向宜相減成次率而乙數小于黃緯必以乙數減黃緯而得末斗乙數減黃緯而緯在北赤經必南六宮為鋭角查表得度為甲角度即赤經也在秋分後以所得減三象限在冬至後以所得加三象限皆命為其星距春分赤道經度

若星在尾用甲心尾三角形則以黃緯正弦反減乙數為次率（末牛乙數大于黃緯斗牛故以斗牛反減末牛得末）

心　甲　箕　尾　斗

餘率並同

論曰此係星在尾是赤緯在南也而黃緯亦並在南兩緯同向宜相減而成次率而乙數大于黃緯宜于乙

數內轉減去黃緯成未斗也乙數大受黃緯轉減而緯在南赤經必赤在南六宮爲銳角

甲 心 兌

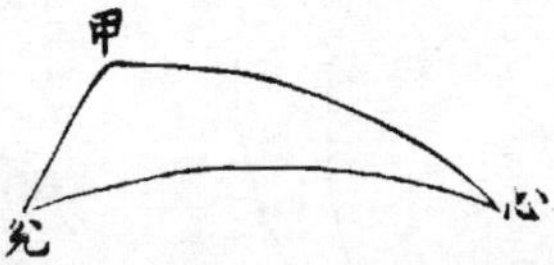

假如前圖星在兌用心甲兌三角形有心兌邊星距黃極有甲兌邊星距北極有心甲邊兩極距

求甲鈍角爲赤道經度

因赤緯同故甲數乙數同

星在兌赤緯在北黃緯亦在北緯同向北宜相減而乙數大以黃緯轉減之得斗未爲次率乙數兌乾內減去黃緯兌離餘離乾即斗未乙數大受黃緯轉減而赤緯在北必赤經亦在北六宮爲鈍角求得四率艮乙查餘弦表得度用減半周爲甲鈍角即赤經也在春分後以象限減鈍角度在夏至後以鈍角度與三象限相

減皆命爲星距春分赤道經度

假如星在巽用心甲巽三角形有心巽邊距黃極有甲巽邊距北極有甲心邊距兩極求甲鈍角爲赤經

甲數乙數並同

惟心在巽是赤緯南也黃緯亦南也兩緯並南宜相減成次率

乙數小黃緯大故以乙數減黃緯得斗未斗牛黃緯卽柳巽也內減乙數未牛餘卽斗未矣

乙數小去減黃緯而赤緯在南赤經必在北

六宮爲鈍角

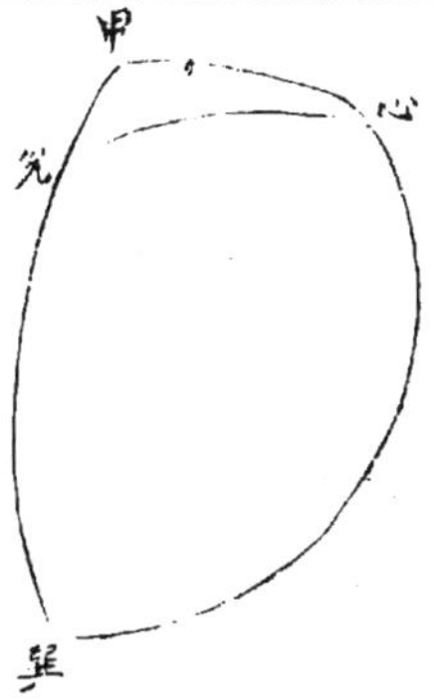

求得四率艮乙查餘弦表得度春分後減象限夏至後加象限皆命爲距春分赤經

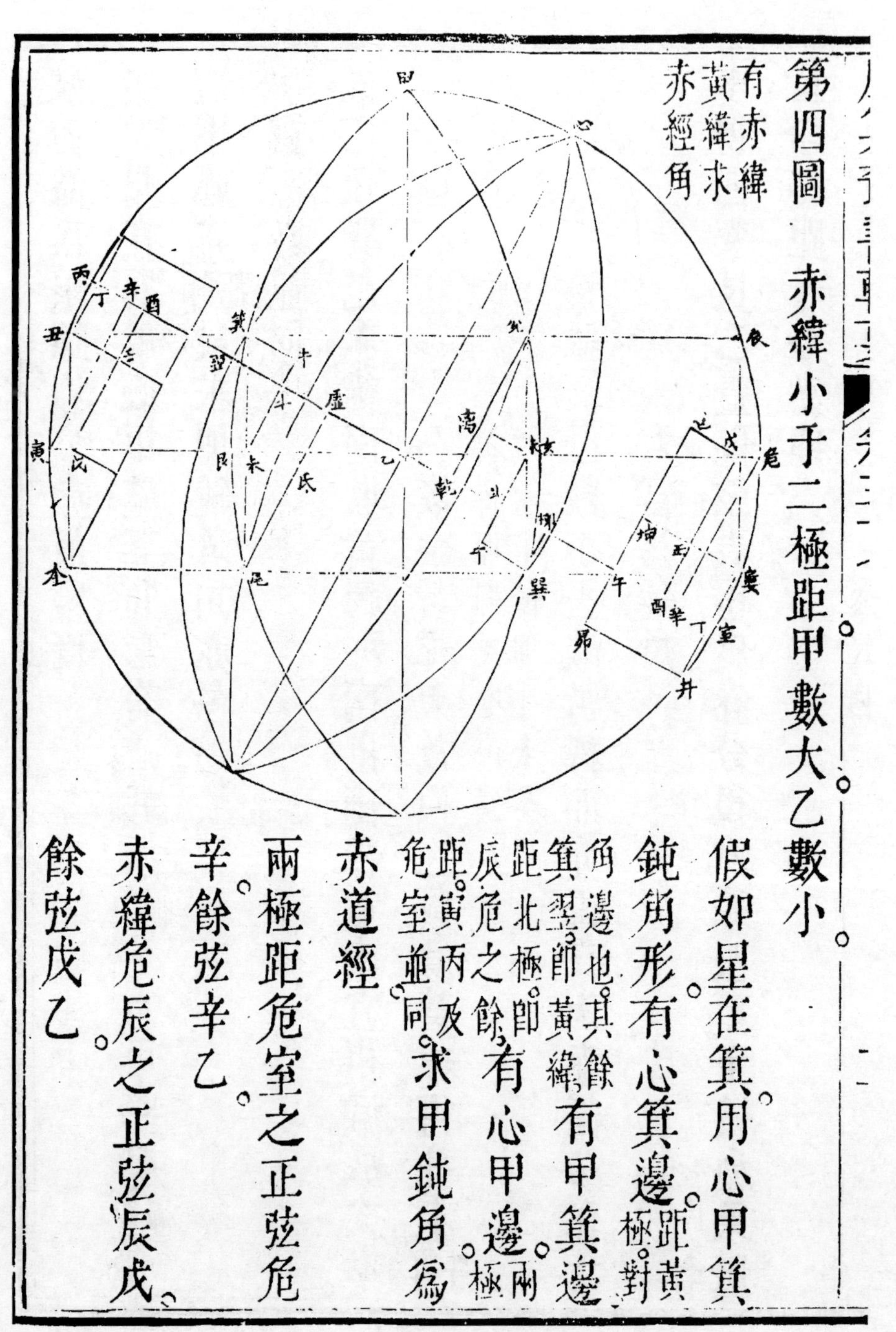

第四圖 赤緯小于二極距甲數大乙數小

有赤緯黃緯求赤經角

假如星在箕。用心甲箕鈍角形。有心箕邊。距黃極。對角邊也。其餘箕翌。卽黃緯。有甲箕邊。距北極。卽辰危之餘。有心甲邊。兩極距。寅丙及危室並同。求甲鈍角。為赤道經

兩極距危室之正弦危辛。餘弦辛乙。

赤緯危辰之正弦辰戊。餘弦戊乙。

依加減代乘除以辰危危室兩弧相加爲總弧辰室其正弦辰午又相減爲較弧婁室其正弦婁丁（或丁卄即午昴）以總弧正弦辰午加較弧正弦午昴成辰昴而半之爲甲數已午（已坤爲辰坤之半坤午爲坤昴之半合之爲已午）即戊酉

又以甲數已午轉減正弦辰午得辰已爲乙數（亦即戊壬）星在箕爲赤緯北而黃緯亦在北兩緯同向宜相減而乙數大當以黃緯轉減之成斗未爲次率（午未乙數內減牛斗黃緯餘斗未）乙數大受黃緯反減而緯在北赤經在北六宮爲鈍角

法爲甲數酉戌（一率）與乙數減餘斗未（二率）若赤道半徑寅乙（三率）與甲角餘弦艮乙（四率）也以艮乙查餘弦得度春分後用減象限夏至後加象限命爲距春分經度

若星在尾用心甲尾三角形則為南緯而黃緯亦南兩緯同向宜相減成次率而乙數小于黃緯故以乙數減黃緯成斗未虛尾黃緯內減乙數氐尾餘虛氐即斗未其甲數乙數等算並同　乙數小去減黃緯而緯在南赤經必在北六宮為鈍角

若星在兌用心甲兌三角形兌為北緯而黃緯亦北兩緯同向宜相減成次率而乙數小于黃緯故以乙數減黃緯成未斗兌乾黃緯內減乙數兌離餘離乾即未斗甲數乙數並同　乙數小去減黃緯而緯在北赤經反在南六宮為銳角

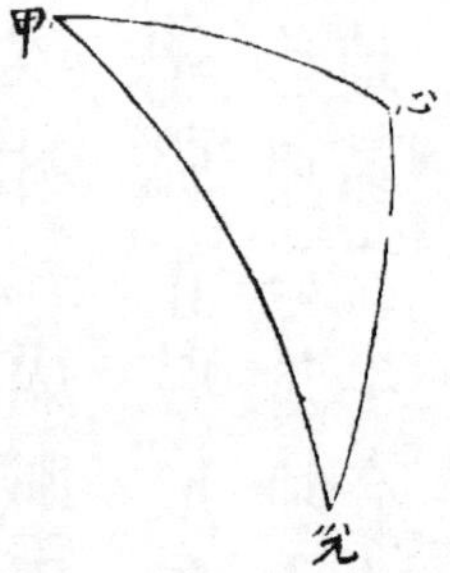

求得四率女乙查餘弦得度秋分後減三象限冬至後加三象

限命爲距春分赤經下同

若星在巽用心甲巽三角形赤緯南黄緯亦南兩緯同向宜相

減成次率而乙數大以黄緯轉減之成未斗未牛乙數內減黄緯斗牛即柳巽其餘即未斗

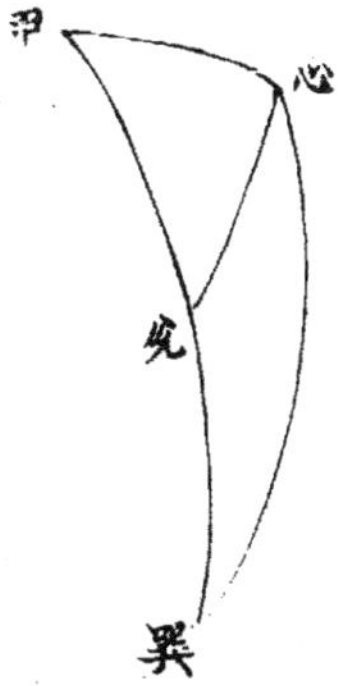

乙數大受黄緯轉減而緯在南赤經即在南

六宫爲鋭角

環中黍尺五

加減捷法

用加減則乘除省矣今惟用初數則次數亦省又凿求矢度省餘弦則角之鋭鈍得矢自知邊之大小加較即顯無諸擬議之煩故稱捷法

如法角旁兩弧度相加爲總相減爲存視總弧過象限以總存兩餘弦相加不過象限則相減並折半爲初數　若總弧過兩象限與過象限法同其餘弦仍相加過三象限與在象限內同其餘弦仍相減若存弧亦過象限則反其加減總弧過象限或過半周宜相加今反以相減若總弧過於三象限宜相減今反以相加並以兩餘弦同在一半徑相減不然則加也

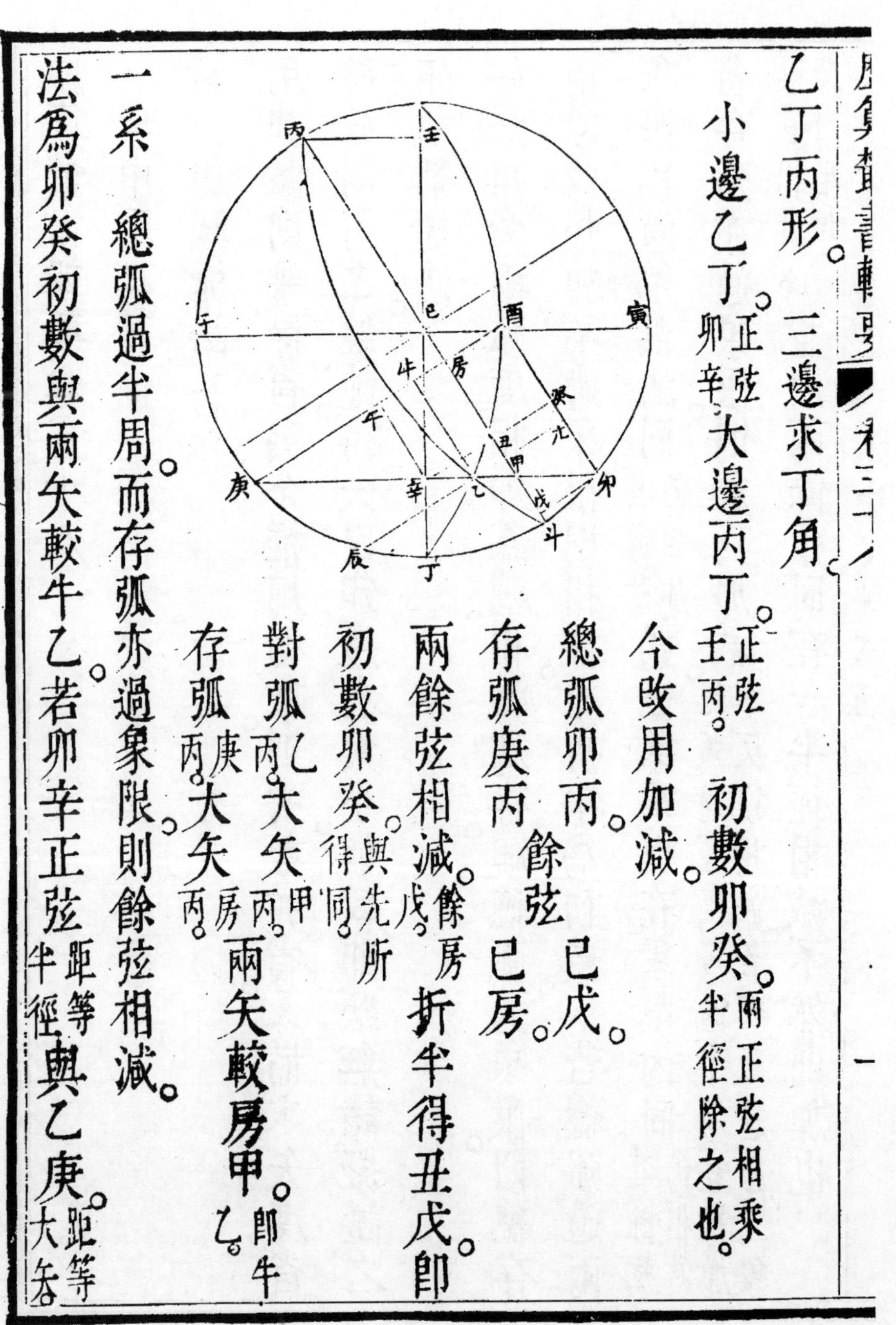

乙丁丙形。三邊求丁角。

小邊乙丁。正弦卯辛。大邊丙丁。正弦壬丙。初數卯癸。兩正弦相乘半徑除之也。

今改用加減。

總弧卯丙。餘弦巳戊。

存弧庚丙。餘弦巳房。

兩餘弦相減。餘房戊。折半得丑戊。即初數卯癸。與先所得同。

對弧乙丙。大矢甲丙。

存弧庚丙。大矢房丙。兩矢較房甲。即牛乙。

一系。總弧過半周。而存弧亦過象限。則餘弦相減。

法爲卯癸初數與兩矢較牛乙。若卯辛正弦距等半徑。與乙庚距等大矢。

亦即若寅巳半徑。與角之大矢酉子。

若先有丁鈍角。而求乙丙對邊。則反用其率。法為半徑寅巳與角之大矢酉子。若初數卯癸與兩矢較午乙。以所得兩矢較午乙加存弧大矢房丙得乙丙對邊大矢甲丙。

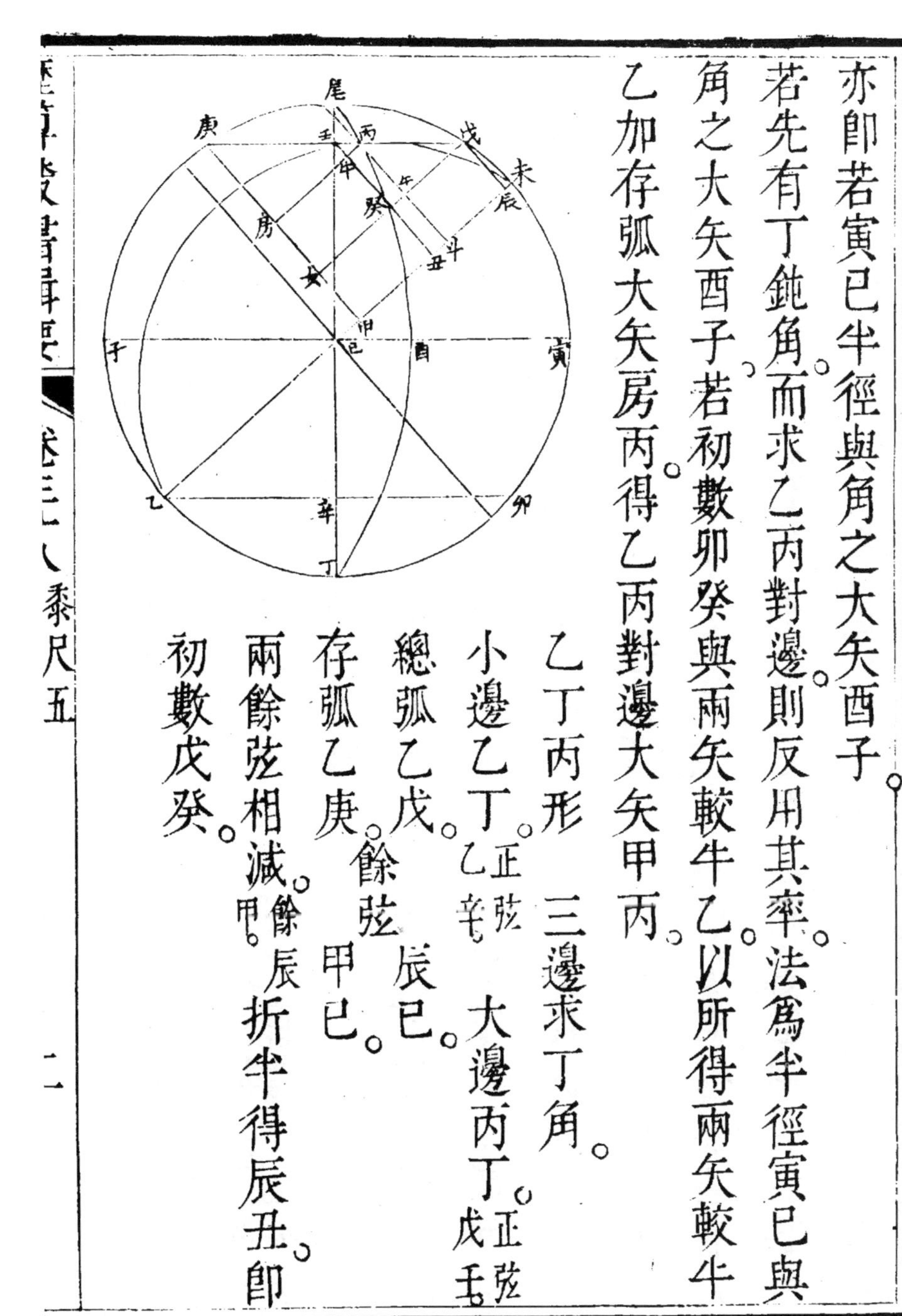

乙丁丙形　三邊求丁角。

小邊乙丁。乙辛正弦。　大邊丙丁。戊壬正弦。

總弧乙戊。辰巳。

存弧乙庚。餘弦甲巳。

兩餘弦相減。甲餘辰。折半得辰丑。即初數戊癸。

對弧乙丙大矢斗乙。兩矢較斗甲。
存弧乙庚大矢甲乙。
法爲初數戊癸與兩矢較斗甲。若戊壬正弦距等半徑與丙庚。距等大矢
亦即若寅巳半徑與角之大矢酉子。
論曰。此移小邊于外周。如法求之。所得並同。其故何也。先有之
角及角旁二邊並同。則諸數悉同矣。然則句股之形不同。何也。
曰。前圖是用乙丁小弧之正弦爲徑。分大矢之比例。則所用句
股是丁丙大弧之正弦。此圖是用丁丙大弧正弦爲徑。分大矢
比例。則所用句股是乙丁小弧正弦。故句股形異也。然句股形
既異。而所得初數何以復同。曰。此三率之精意也。初數原爲兩
正弦相乘。半徑除之之數。前圖用大弧正弦偕半徑爲句與弦。

而小弧正弦用爲大矢分徑之比例。是以大弧正弦爲二率。而小弧正弦爲三率也。今改用小弧弦爲二率。大弧弦爲三率。而首率之半徑不變。則四率所得之初數亦不變也。又何疑焉

一系。角旁二弧可任以一弧之正弦爲全徑上分大小矢之比例。其餘一弧之正弦卽用爲句股比例。不拘大小同異。其所得初數並同。

又論曰。以句股比例言之。則戊庚通弦爲弦。（卽距等圈全徑。）戊女倍初數爲句。（卽總存兩餘弦相加減之數。）一也。戊壬正弦爲弦。則戊癸初數爲句。二也。丙庚爲弦。（通弦之大分。卽距等大矢。）則斗甲兩矢較爲句（卽丙房。）三也。丙壬爲弦。（正弦之分幾。卽距等餘弦。）則斗丑爲句。（對弧餘弦內減次數丑己。得斗丑。亦卽丙牛。）四也。戊丙爲弦。（正弦之分幾。卽距等小矢。）則午戊爲句五也。

以全與分之比例言之。則戊庚爲距等全徑。與寅子全徑相當一也。戊壬正弦爲距等半徑。當寅巳半徑二也。丙庚如距等大矢。當酉子大矢三也。丙壬如距等餘弦。當酉巳餘弦四也。戊丙如距等小矢。當寅酉正矢五也。

一系　初數恒與角旁一弧之正弦。爲句股比例。其正弦恒爲弦。初數恒爲句。而其全與分之比例俱等。又即與圓半徑上全與分之比例俱等。若倍初數。即與全圓徑上大小矢之比例等。

若先有丁鈍角。求對邊乙丙。則更其率。

以四率斗甲。加存弧大矢乙甲。成斗乙。爲對弧大矢。內減巳乙半徑。得斗巳。爲對弧餘弦。檢表得未丙弧度。以減半周。得對弧丙乙度。

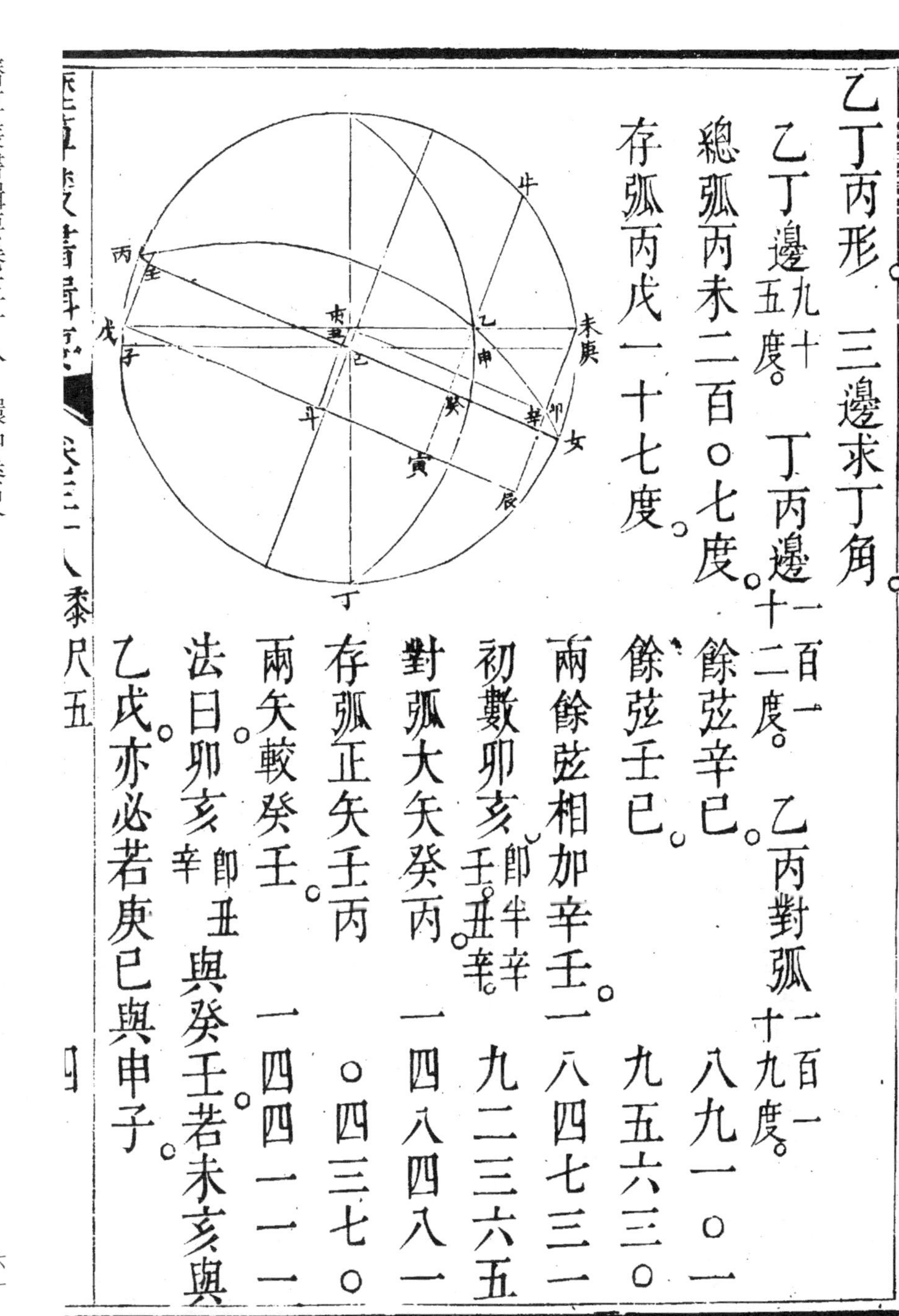

乙丁丙形　三邊求丁角。

乙丁邊九十五度。　丁丙邊一百一十二度。　乙丙對弧一百一十九度。

總弧丙未二百〇七度。

存弧丙戊一十七度。

餘弦辛巳。　八九一〇一

餘弦壬巳。　九五六三〇

兩餘弦相加辛壬。　一八四七三一

初數卯亥。卽半辛壬。丑辛。　九二三六五

對弧大矢癸丙　一四八四八一

存弧正矢壬丙。　〇四三七〇

兩矢較癸壬。　一四一一一

法曰卯亥卽丑辛與癸壬若未亥與乙戊。亦必若庚巳與申子。

一　初數　卯亥　九二三六五

二　兩矢較癸壬　一四四一一

三　半徑　庚巳　一〇〇〇〇〇

四　角之矢申子　一五六〇二二

四率大于半徑爲大矢其角鈍法當以半徑一〇〇〇〇〇減之餘五六〇二二爲鈍角餘弦檢表得餘弦度五十五度五十六分以減半周爲丁角度

依法求到丁鈍角一百二十四度〇四分。

論曰試作辰戊綫與倍初數辛壬平行而等。又引未辛（總弧正弦）至辰。成未辰戊句股形。又引牛乙癸（對弧正弦）至寅。作亥丑綫引至斗。各成句股形而相似。則其比例等。

一未辰戊大句股。以辰戊倍初數爲句未戊通弦爲弦。

一乙寅戊次句股。以寅戊兩矢較爲句乙戊距等大矢爲弦。

一未卯亥亥斗戊兩小句股。並以卯亥斗戊初數爲句未亥亥戊正弦爲弦。

辰戊倍初數與寅戊兩矢較若未戊通弦與乙戊距等大矢是以大句股比小句股也。

卯亥初數與癸壬兩矢較若未亥正弦與乙戊距等大矢是以小句股比大句股也。用亥斗戊形比乙寅戊其理更著。

又未戊通弦上全與分之比例原與全圓徑上全與分之比例等故三者之比例可通爲一也。

辛丁乙形。三邊求丁角。

辛丁邊五十度一十分。乙丁邊六十度。

總弧卯辛一百一十度一十分。

存弧戊辛九度五十分。

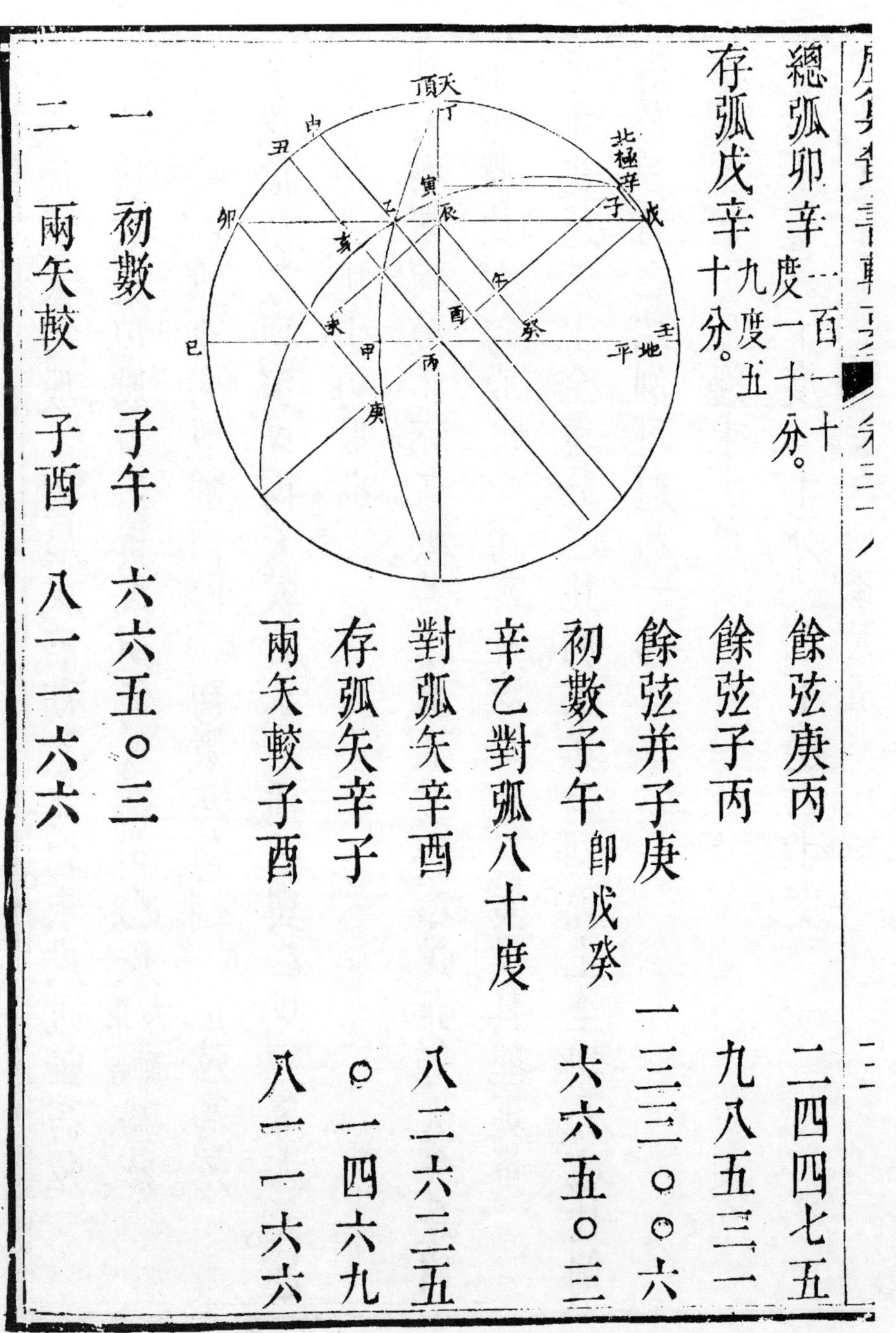

餘弦庚丙　二四四七五

餘弦子丙　九八五三一

餘弦并子庚　一三三〇〇六

初數子午即戊癸　六六五〇三

辛乙對弧八十度

對弧矢辛酉　八二六三五

存弧矢辛子　〇一四六九

兩矢較子酉　八一一六六

一　初數　子午　六六五〇三

二　兩矢較　子酉　八一一六六

三　半徑　壬丙一〇〇〇〇

四　丁角大矢壬申一二二〇五〇

依法。求到丁鈍角一百〇二度四十四分。用餘弦入表。得丁外角。減半周。得丁角度。

論曰此如以日高度。求其地平上所加方位也。乙爲太陽。乙甲其高度。其餘度丁乙。日距天頂也。亥乙赤道北緯。辛乙爲距緯之餘。卽去極緯度也。辛壬爲極出地度。其餘辛丁極距天頂也。所求丁鈍角百〇二度太。距正北壬之度。外角七十七度少。距正南巳之度也。算得太陽在正東方過正卯位一十二度太。

恒星歲差算例

老人星。黄道鶉首宫九度三十五分二十七秒。爲庚角。康熙甲申年。距歷元戊辰七十七算。每年星行五十一秒。計行一度〇五分二十七秒。以加戊辰年經度鶉首八度二十一分。得今數。

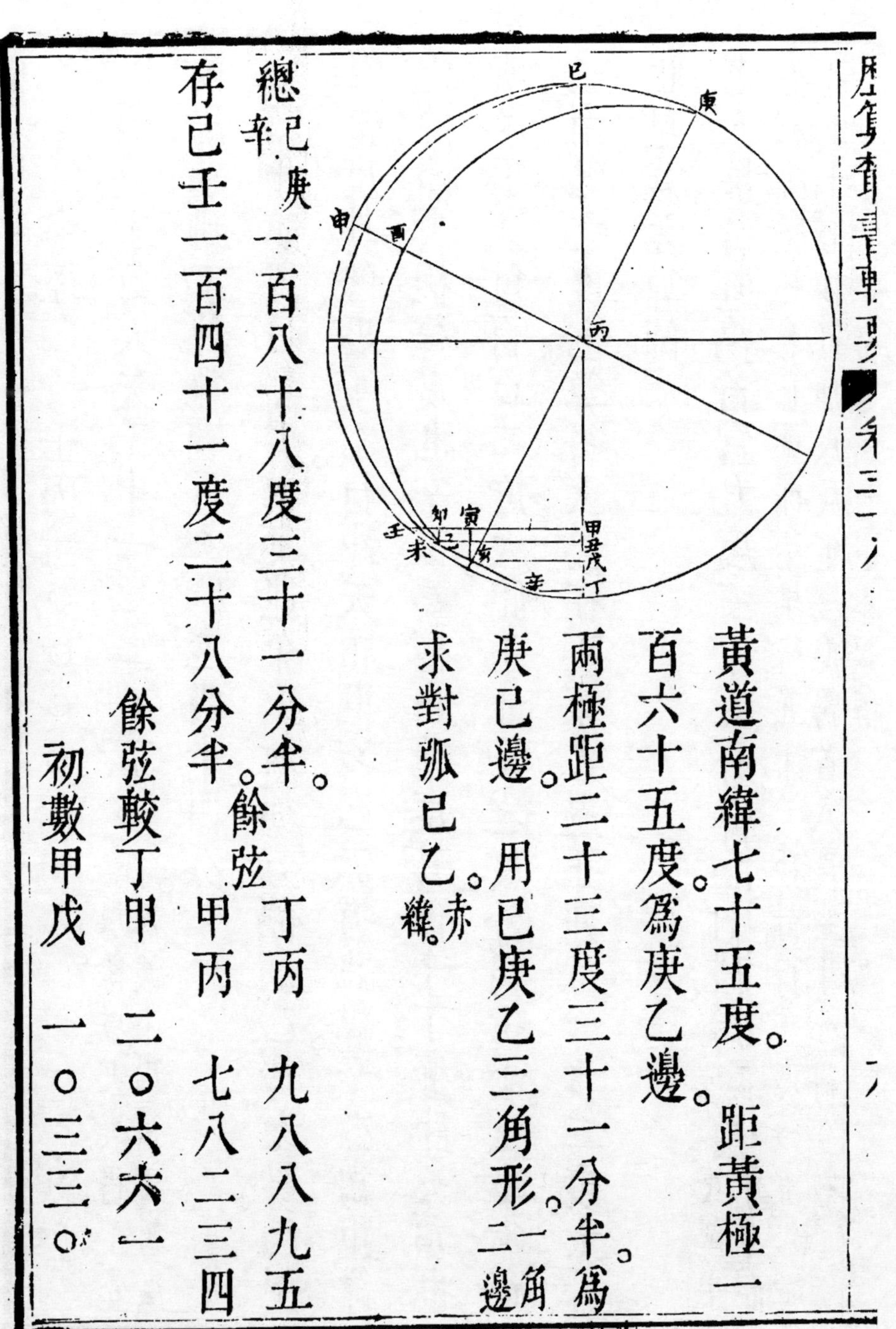

黃道南緯七十五度。距黃極一百六十五度爲庚乙邊。兩極距二十三度三十一分半。爲庚己邊。用己庚乙三角形。一角二邊求對弧己乙。赤緯。

總己庚辛一百八十八度三十一分半。

存己壬一百四十一度二十八分半。

餘弦丁丙　九八八九五

餘弦甲丙　七八二三四

餘弦較丁甲　二〇六六一

初數甲戊　一〇三三〇

庚角正矢申酉　○一三九八

一　半徑　申丙一○○○○○

二　庚角矢　申酉　○一三九八

三　初數　甲戌　一○三三○

四　兩矢較　甲丑　一四四

加存弧大矢已甲一七八二三四

得對弧大矢已丑一七八三七八

大矢內減半徑取餘弦檢表得三十八度廿三分半以減半周

得星距北極一百四十一度三十六分半爲對弧已乙

求到甲申年老人星赤緯在赤道南五十一度三十六分半

以校歷元戊辰年緯五十一度三十三分。及儀象志康熙壬子年緯五十一度三十五分可以畧見恒星赤緯歲差之理

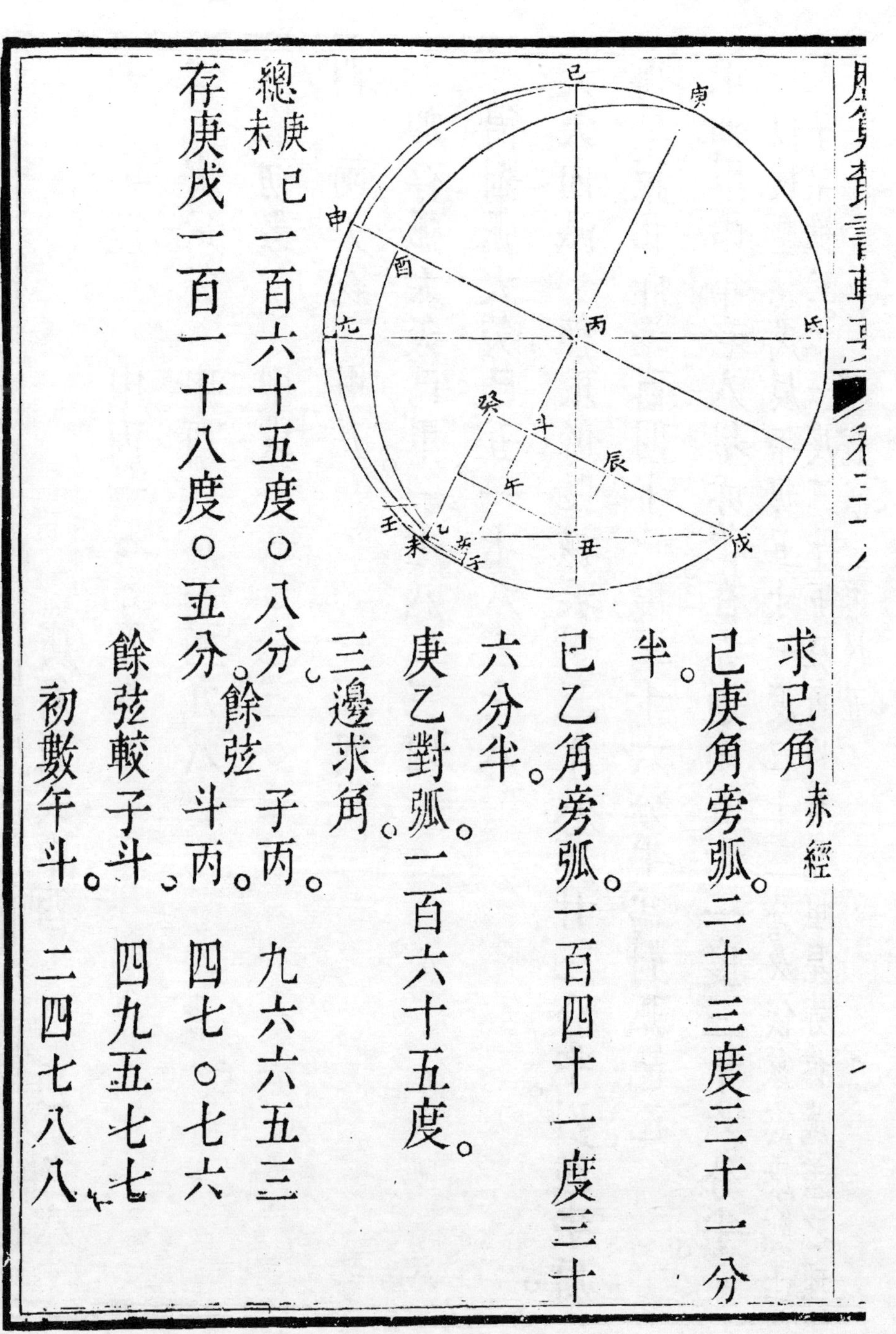

求己角赤經

己庚角旁弧二十三度三十一分半。

己乙角旁弧一百四十一度三十六分半。

庚乙對弧一百六十五度。

三邊求角。

總庚己未一百六十五度〇八分。

存庚戊一百一十八度〇五分。

子丙。　九六六五三

餘弦斗丙。　四七〇七六

餘弦較子斗。　四九五七七

初數午斗。　二四七八八

對弧大矢庚亥。一九六五九三

存弧大矢庚斗。一四七〇七六

兩矢較亥斗。四九五一七

法爲初數午斗與兩矢較亥斗，若半徑丙氐與角大矢亢氐。求得角大矢亢氐一九九七六一。大矢內減半徑，得餘弦。檢表得度，以減半周，得巳角度一百七十六度〇二分。置三象限，以巳角度減之，得星距春分九十三度五十八分。

求到甲申年老人星赤道經度在鶉首宮三度五十八分。

以校戊辰年赤經九十三度三十九分，及儀象志壬子年赤經九十三度五十一分，可以見恒星赤經東移之理。

加減捷法補遺

捷法以兩餘弦相加減。以兩矢較。備四率。其用已簡。然有闕餘弦無可加減。闕矢度無可較者。雖非恒用。而時或遇之。亦布算者所當知也。

一加減變例

凡餘弦必小於半徑。常法也。然或總弧適足半周。則餘弦極大。即用半徑爲總弧餘弦。　法以存弧餘弦加減半徑折半爲初數。視存弧不過象限則相加。存弧過象限則相減。

又若角旁兩弧同數。則無存弧。而餘弦反大。即用半徑爲存弧餘弦。　法以總弧餘弦加減半徑折半爲初數。視總弧過象限或過半周。則相加。總弧在象限內。或過三象限。則相減。

以上用半徑爲餘弦者六。

凡加減取初數。必用兩餘弦。常法也。然或總弧適足一象限。或三象限。或存弧適足一象限。皆無餘弦。法即用一餘弦折半爲初數。不須加減。總弧無餘弦。即單用存弧餘弦。存弧無餘弦。即單用總弧餘弦。又或總弧適足象限。或三象限。無餘弦而兩弧又同數。準前論。即以半徑爲存弧餘弦。或存弧適足象限。無餘弦而總弧又適足半周。即以半徑爲總弧餘弦。二者並以半徑之半爲初數。不須加減。

以上無加減者六。

一兩矢較變例

凡兩矢相較。常法也。然或其弧滿象限。則即以半徑爲矢。對弧滿象限。則以半徑爲對弧矢。與存弧矢相較。存弧滿象限。亦然。亦即以半徑與對弧矢相較。

捷法視對弧存弧內但有一弧滿象限。即命其又一弧之餘弦爲兩矢較。不用更求矢。對弧滿象限。即用存弧餘弦。存弧滿象限。即用對弧餘弦。並即命爲兩矢較。與上法同。

凡以矢較加存弧矢成對弧矢。正矢則對弧小。大矢則對弧大。常法也。然或有相加後適足半徑者。其對弧必適足象限。

又有四率中無兩矢較者。以無存弧矢故也。準前論角旁兩弧同度。無存弧。則亦無存弧矢之可較。法即以對弧矢爲用。不必更求矢較。若角求對邊。其所得第四率即對弧矢。若三邊求角。其所用第三率亦對弧矢。

餘詳後例。

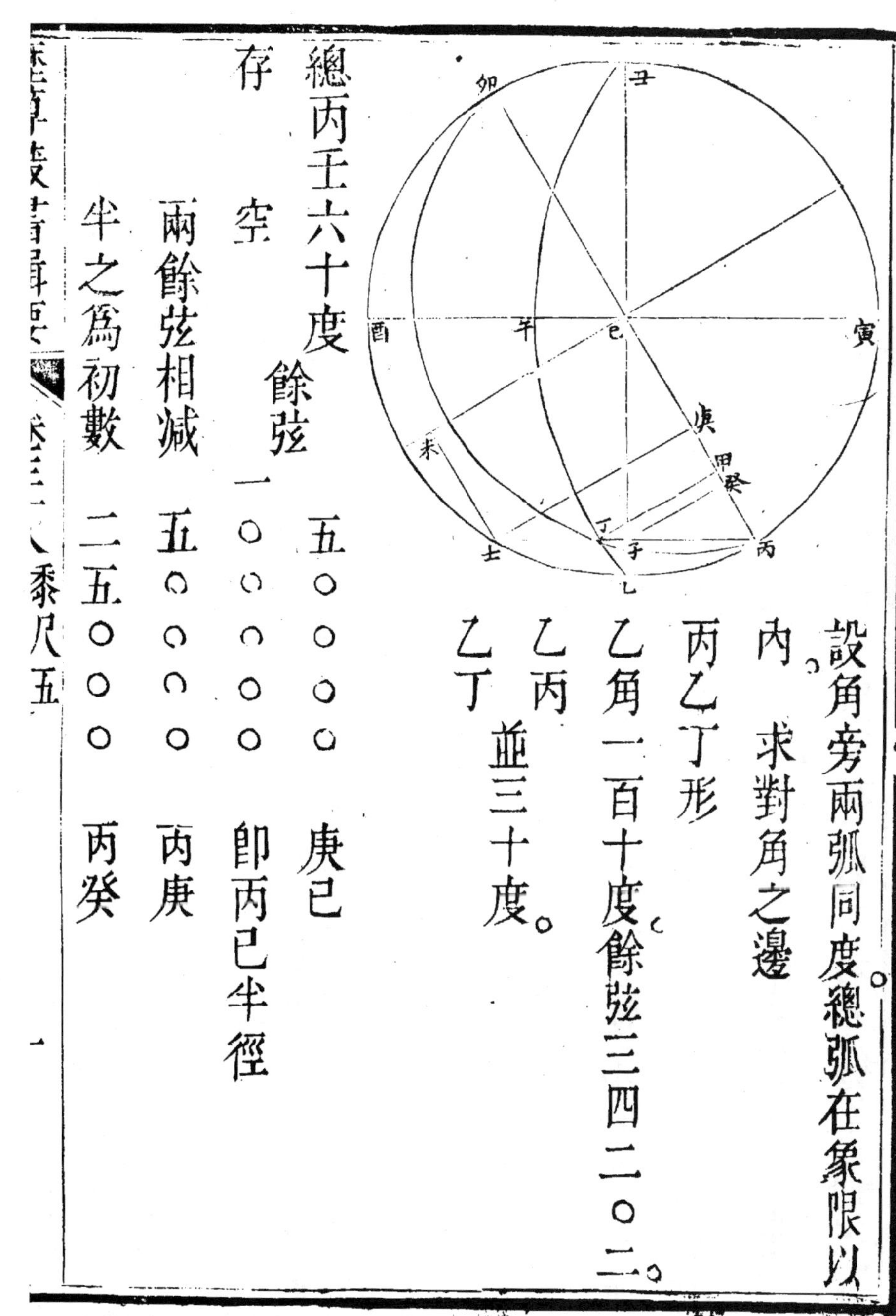
設角旁兩弧同度總弧在象限以內。求對角之邊。

丙乙丁形

乙角一百十度。餘弦三四二〇二。

乙丙
乙丁　並三十度。

總丙壬六十度　餘弦　五〇〇〇〇　庚己

存　空　一〇〇〇〇〇　即丙己半徑

兩餘弦相減　五〇〇〇〇　丙庚

半之為初數　二五〇〇〇　丙癸

一　半徑寅巳　一〇〇〇〇〇

二　初數丙癸　二五〇〇〇

三　乙角大矢寅午　一三四二〇二

四　對弧矢丙甲　三三五五〇　四率本爲兩矢較。因無存弧矢。故即爲對弧之矢。

　　對弧餘弦甲己　六六四五〇

求到對弧丁丙四十八度二十二分。

論曰。以半徑爲存弧餘弦何也。弧大者餘弦小。弧小者餘弦大。今存弧既相減而至于無。則小之至也。故其餘弦亦大之至。而成半徑也。四率即爲對弧矢何也。弧大矢亦大。弧小矢亦小。既無存弧。則亦無矢矣。無矢則無可較。故四率即對弧矢也。然則其比例奈何。曰半徑寅巳與大矢寅午。若正弦子丙與距

等大矢丁丙亦即若初數丙癸與對弧矢丙甲

若總弧過三象限其法亦同

一系　兩邊同度無存弧矢則徑以對弧矢當兩矢較之用

設總弧滿半周而較弧亦過象限　求對角之邊

前圖卯丑丁形

丑角	七十度	餘弦	三四二〇二	午巳
丑丁	一百五十度			
丑卯	三十度			
總卯丑丙	一百八十度		一〇〇〇〇〇	丙巳
存卯壬	一百二十度	餘弦	五〇〇〇〇	庚巳
相減			五〇〇〇〇	庚丙

初數　二五〇〇〇　庚癸

存弧大矢　一五〇〇〇〇　庚卯

丑角矢　六五七九八　午酉

一　半徑　酉巳　一〇〇〇〇〇

二　初數　丙癸即庚癸　二五〇〇〇

三　丑角矢　午酉　六五七九八

四　兩矢較　庚甲　一六四四九

加存弧大矢庚卯　一五〇〇〇〇

得對弧大矢甲卯　一六六四四九

求到對弧卯丁一百三十一度三十八分。

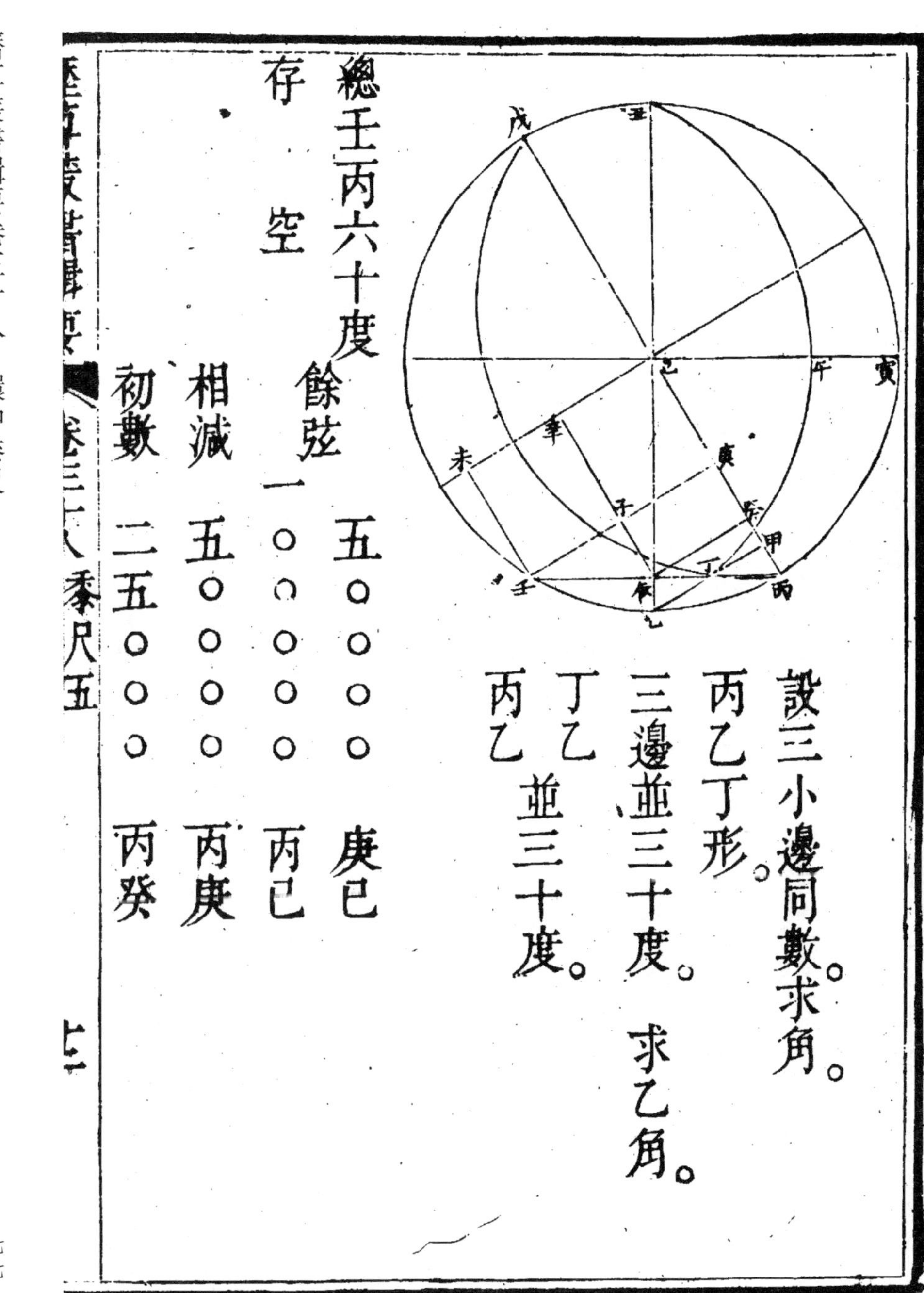

設三小邊同數求角。

丙乙丁形。

三邊並三十度。求乙角。

丁乙

丙乙　並三十度。

總壬丙六十度

存　空

餘弦　五〇〇〇〇　庚巳

一〇〇〇〇〇　丙巳

相減　五〇〇〇〇　丙庚

初數　二五〇〇〇　丙癸

對弧丁丙三十度餘弦　八六六〇三　甲巳

矢　一三三九七　丙甲

一　初數　丙癸　二五〇〇〇

二　半徑　寅巳　一〇〇〇〇〇

三　對弧矢丙甲　一三三九七

四　乙角矢寅午　五三五八八

餘弦午巳　四六四一二

求到乙角六十二度二十分　丁丙二角同

論曰此亦因存弧無矢故以對弧矢爲三率也其比例爲初數丙癸與對弧矢丙甲若乙丙正弦丙辰與丙丁距等矢則亦若寅巳半徑與乙角矢寅午

一系　凡三邊等者三角亦等。

前圖丁丑丙形　二大邊同度。一小邊爲大邊減半周之餘。

三邊求角

丑丁
丑丙　並一百五十度

總丙丑壬三百度　　餘弦　五〇〇〇〇　庚巳
存　空　　　　　　　　　一〇〇〇〇　丙巳半徑

其對弧丁丙亦三十度。所用四率並同上法。所得丑角六十二度二十分。亦同乙角。惟餘兩角丁丙並一百一十七度四十分。皆爲丑角減半周之餘。

若先有角求對邊則反其率。

又于前圖取丁丑戊形。

丑丁　一百五十度

丑戊　三十度

總戊丑丙一百八十度　餘弦一〇〇〇〇〇丙巳

存戊壬一百二十度　五〇〇〇〇庚巳

其對弧戊丁。一百五十二度。爲丑戊三十度減半周之餘。故所用四率亦同。但所得矢度爲丑外角之矢。當以其度減半周得丑角一百一十七度四十分。戊角同丑角。丁角六十二度二十分。即丑外角。

一系。凡三邊同度。其餘一邊又爲減半周之餘。與三邊同度者同法。但知一角。即知餘角。其一角不同者。亦爲相同兩角之外角。

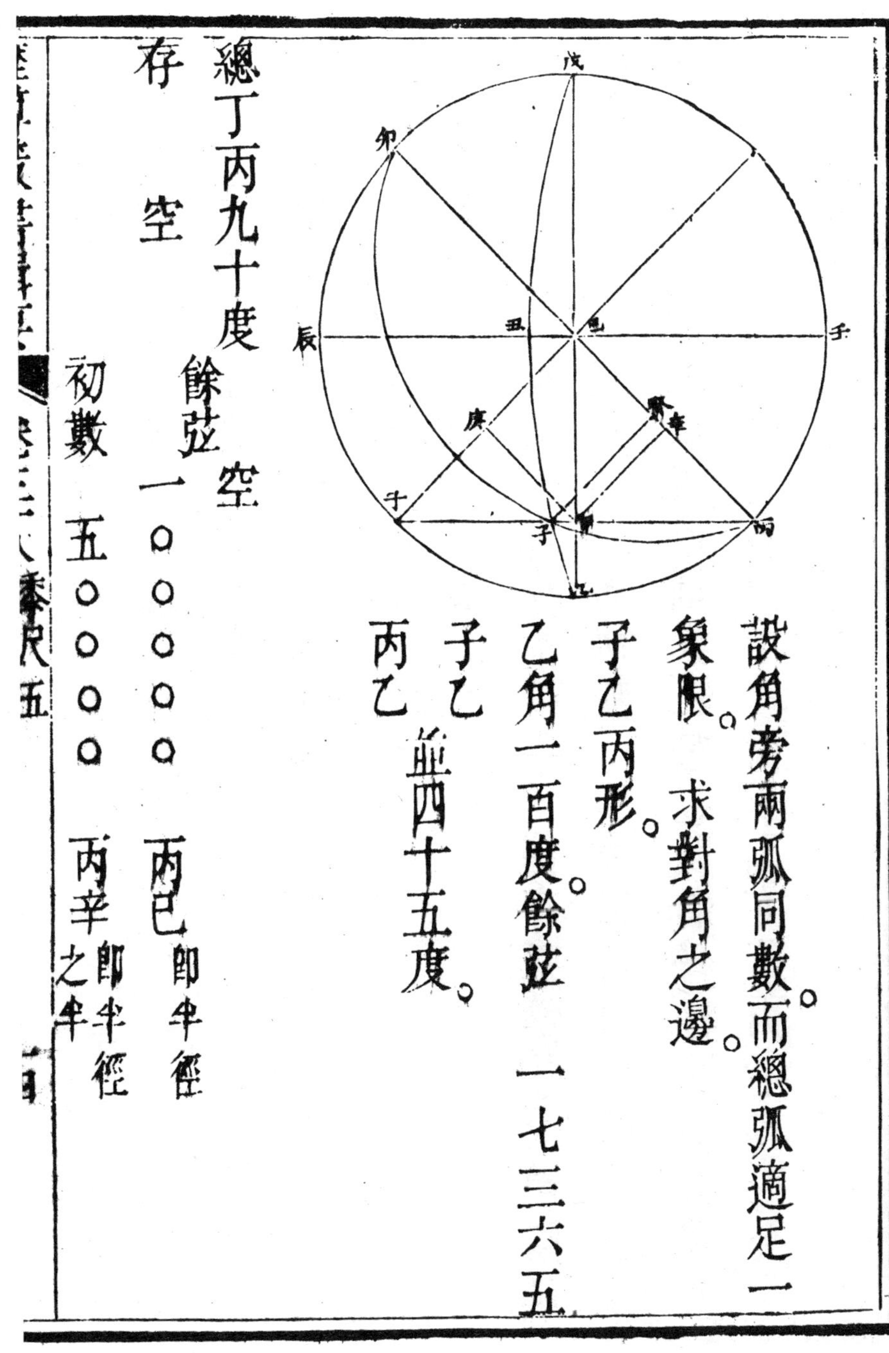

設角旁兩弧同數。而總弧適足一象限。求對角之邊。

子乙丙形。

乙角一百度。餘弦　一七三六五

子乙
丙乙
　並四十五度。

總丁丙九十度

　餘弦　空

存　空

　一〇〇〇〇〇　丙巳即半徑

初數　五〇〇〇〇　丙辛即半徑之半

一　半徑　壬已　一〇〇〇〇〇

二　初數　丙辛　五〇〇〇〇

三　乙角大矢壬丑　一一七三六五

四　對弧矢　丙癸　五八六八二

餘弦癸已　四一三一八

求到對弧子丙六十五度三十六分。

論曰半半徑爲初數何也。準前論半徑即存弧餘弦。而總弧無餘弦。無可相減。故即半之爲初數。　問總弧何以無餘弦。曰弧大者餘弦小。總弧滿象限。則大之極也。故無餘弦。　其比例可得言乎。曰壬已與壬丑。若丙甲與丙子。則亦若丙辛與丙癸。若所設爲子戊丙形。

戊角同乙角一百度。

戊子戊丙同為一百三十五度。總二百七十度。滿三象限。亦無餘弦。

亦如上法以半半徑為初數依上四率求到對戊角之子丙弧。

六十五度三十六分。

設角旁兩弧之總滿半周而存弧亦滿象限。求對角之弧。

用前圖子戊卯形。

戊角	八十〇度	餘弦	一七三六五	
子戊	一百三十五度。			
卯戊	四十五度。			
總卯丙	一百八十度。		一〇〇〇〇〇	即丙巳半徑
存卯丁	九十度。	餘弦	空	

餘弦無減半半徑爲初數。五○○○○　已辛即庚甲

存弧滿象限半徑爲正矢一○○○○○　即卯巳半徑

一　半徑　辰巳　一○○○○○

二　初數　巳辛　五○○○○

三　戊角矢辰丑　八二六三五

四　兩矢較巳癸　四一三一七　即對弧卯子餘弦。

對弧大矢卯癸　一四一三一七　以兩矢較加存弧矢得對弧大矢。

求到對弧卯子一百一十四度二十四分。

論曰總弧以半徑爲餘弦何也凡過弧大者餘弦大過弧滿半周則大之至也故其餘弦亦最大而即爲半徑也。然則存弧又能以半徑爲矢何也弧大者矢大存弧既滿象限

故其矢亦滿半徑矣。

問兩矢較。巳癸即對弧之餘弦也。何以又得爲兩矢較。曰他存弧之矢。有大小而不得正爲半徑。故其與對弧矢相較。亦有大小。而不得正爲餘弦。今矢既爲半徑。較必餘弦矣。

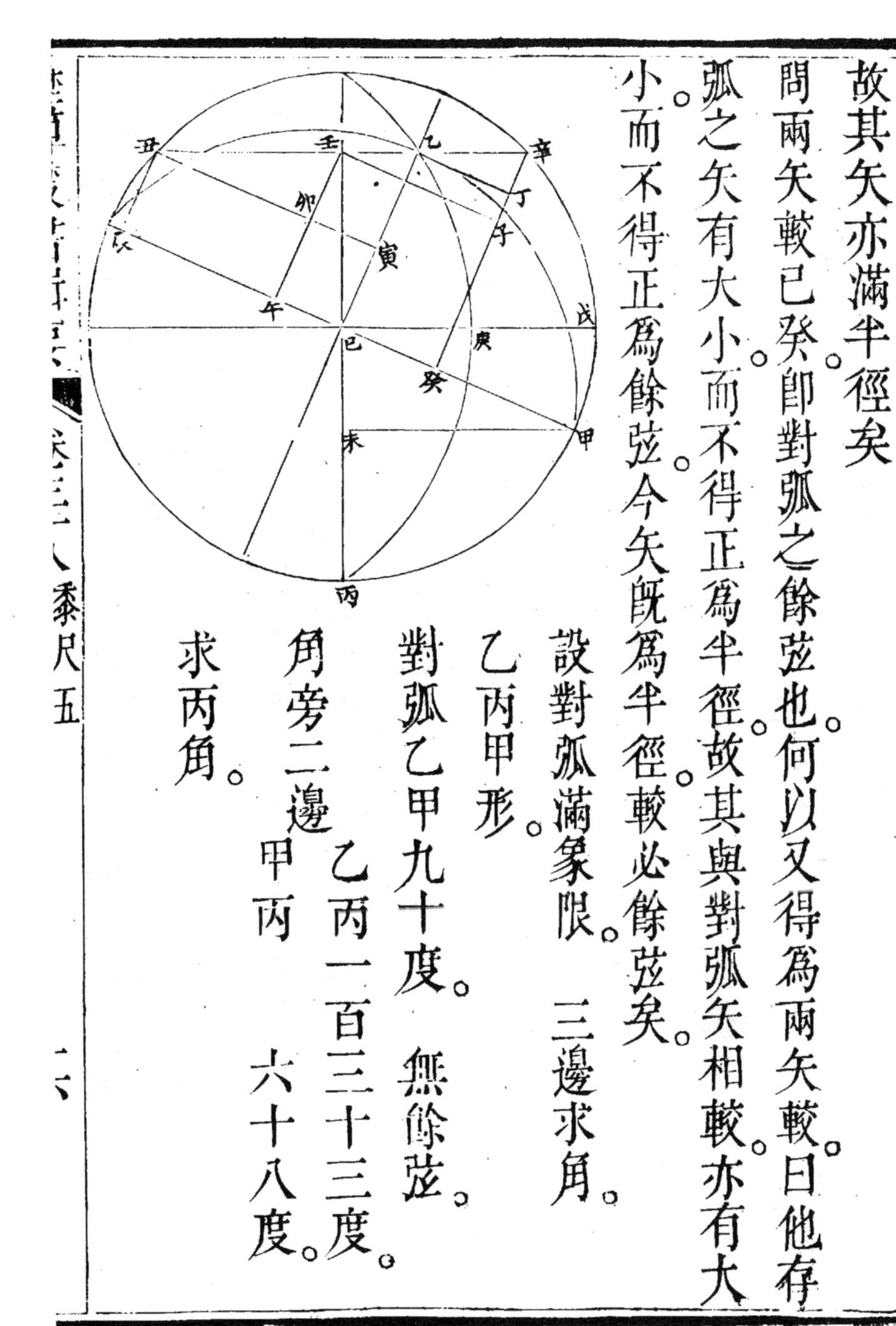

設對弧滿象限。　三邊求角。

乙丙甲形。

對弧乙甲九十度。　無餘弦。

角旁二邊　乙丙一百三十三度。　甲丙　六十八度。

求丙角。

總甲丙丑二百〇一度　辰巳　九三三五九

存甲辛　六十五度　餘弦　癸巳　四二二六二

相加辰癸　一三五六二一

初數午癸　六七八一〇

對弧滿象限。矢即半徑巳甲　一〇〇〇〇〇

用捷法。即以存弧餘弦癸巳為矢較。

一　初數　午癸　六七八一〇

二　半徑　巳戊　一〇〇〇〇〇

三　矢較　巳癸　四二二六二　即存弧餘弦

四　丙角矢　庚戊　六二九〇四

求到丙角六十八度一十四分。

其比例爲初數午癸與餘弦巳癸。若正弦壬辛與距等矢乙辛也。亦必若半徑己戊與角之矢庚戊。

若先有丙角求對弧。則反其率。

一半徑戊己　二初數午癸　三丙角矢戊庚。　四兩矢較己癸。

以所得四率與存弧矢甲癸五七七三八相加。適足半徑。戊己甲命對弧乙甲適足九十度。

捷法。視所得四率矢較與存弧餘弦同數。即知對弧爲象限。不必更問存弧之矢。

日月食地經赤道差算例

月距北極六十七度。　月距天頂九十度。　北極距天頂五十度。求地經赤道差角。

壬甲丙銳角形。壬甲邊九十度。月距天頂。丙甲邊六十七度。月距北極。壬丙對弧五十度。極距天頂。

求甲角。

總弧庚丙一百五十七度。

存弧庚卯二十三度。

總弧　申巳。

存弧餘弦丁巳。並九二〇五〇

初數即用總弧餘弦申巳九二〇五〇

存弧矢乙癸或申丙〇七九五〇

對弧丙壬餘弦戊巳　六四二七九

對弧矢戊丙　三五七二一

兩矢較申戊　二七七七一

法以初數申已爲一率矢較申戊爲二率半徑已癸爲三率得四率三〇一六九爲甲角矢壬癸其餘弦壬已六九八三一查表得四十五度四十二分爲甲角

解曰壬爲天頂丙爲北極子艮爲赤道甲爲地平帶食時月當地平如甲壬甲爲月距天頂高弧丙甲爲月距北極甲艮即月距赤道亦即黃赤距度交食時月必當黃道故甲艮即黃赤距度甲壬弧減去甲丙餘存弧癸丙與甲艮等壬丙對弧極距天頂也其餘弦已戊即極出地正弦所求甲角即地經赤道差也

論曰凡角旁弧適足九十度則總存兩餘弦同數法即以餘弦命爲初數

又論曰總弧過象限及過半周宜以餘弦相加折半爲初數今

兩餘弦相同而徑用為初數亦折半之理也。

捷法。以黄赤距度餘弦與極出地正弦相減。餘進五位為實。仍以距度餘弦除之。得差角矢。

解捷法曰。極出地正弦即對弧餘弦。黄赤距度餘弦即存弧餘弦。兩餘弦之較即矢較也。

鼎作加減法補遺。自謂已盡其變。不知仍有此法。故特記之。

因算帶食得此。其用捷法更奇。甚矣學問之無窮也。

加減又法。解恒星曆指第四題三率法與加減捷法同理。

弧三角有一角及角旁二邊。求對角之弧。

法曰。以角旁大弧之餘度與小弧相加。求其正弦為先得弦。

次以角旁兩弧相加。視其度若適足九十度。即半先得弦為次得弦。此大弧之餘弧。與小弧等。

若角旁兩弧總大于象限。此大弧之餘弧。小于小弧。則以大弧之餘弧減小弧而求其弦以加先得弦然後半之爲次得弦。

若兩弧總不及象限。此大弧之餘弧。大于小弧。則以小弧減大弧之餘弧而求其弦以減先得弦然後半之爲次得弦。即初數。

又以角之矢爲後得弦。

以後得弦乘次得弦爲實半徑爲法除之得數爲他弦。即兩矢較。

並以他弦與先得弦相減爲所求對角弧之餘弦。若他弦大于先得弦。卽以先得弦減他弦。不問何弦。但以小減大。

右法不載測量全義。而附見曆指。人自江南來。得小兒以燕家信。以此爲問。謂與環中黍尺有合也。乃爲摘錄以疏其義。

補三邊求角法

法用角旁兩弧（大弧用餘度。小弧用本度。）相加得數。取正弦爲先得弦。又相減得較。取正弦。以與先得弦相加減。（角旁兩弧大于象限。則相加。若小于象限。則相減。）而半之爲次得弦。（若角旁兩弧。并之適足一象限。則徑以先得弦半之爲次得弦。不須加減。）用爲首率。次以對角弧之餘弦與先得弦相加減。得他弦爲次率。（對弧大于象限。相加。小于象限。則相減。）半徑爲三率。求得角之矢爲四率。（正矢爲銳角。大矢爲鈍角。）

論曰。此亦加減代乘除之一種也。加減法以總弧存弧之餘弦相加減以取初數。此則不用存弧而用存弧之餘度。（以餘度取正弦。即存弧之餘弦故也。）又不正用存弧之餘度。而用大弧之餘度。（以大弧之餘度加小弧。即存弧之餘度故也。）至其加減。又不用總弧而用大弧餘度與小弧相減之較弧。（以此較弧之正弦。即總弧之餘弦故也。）取徑迂迴而理數脗合。非兩法相提並論。不足以明其立法之意也。舉例如後。

乙丙丁形有乙角。及角旁二邊。求對弧丁丙。以加減捷法求得諸數。與恒星曆指法。相參論之。

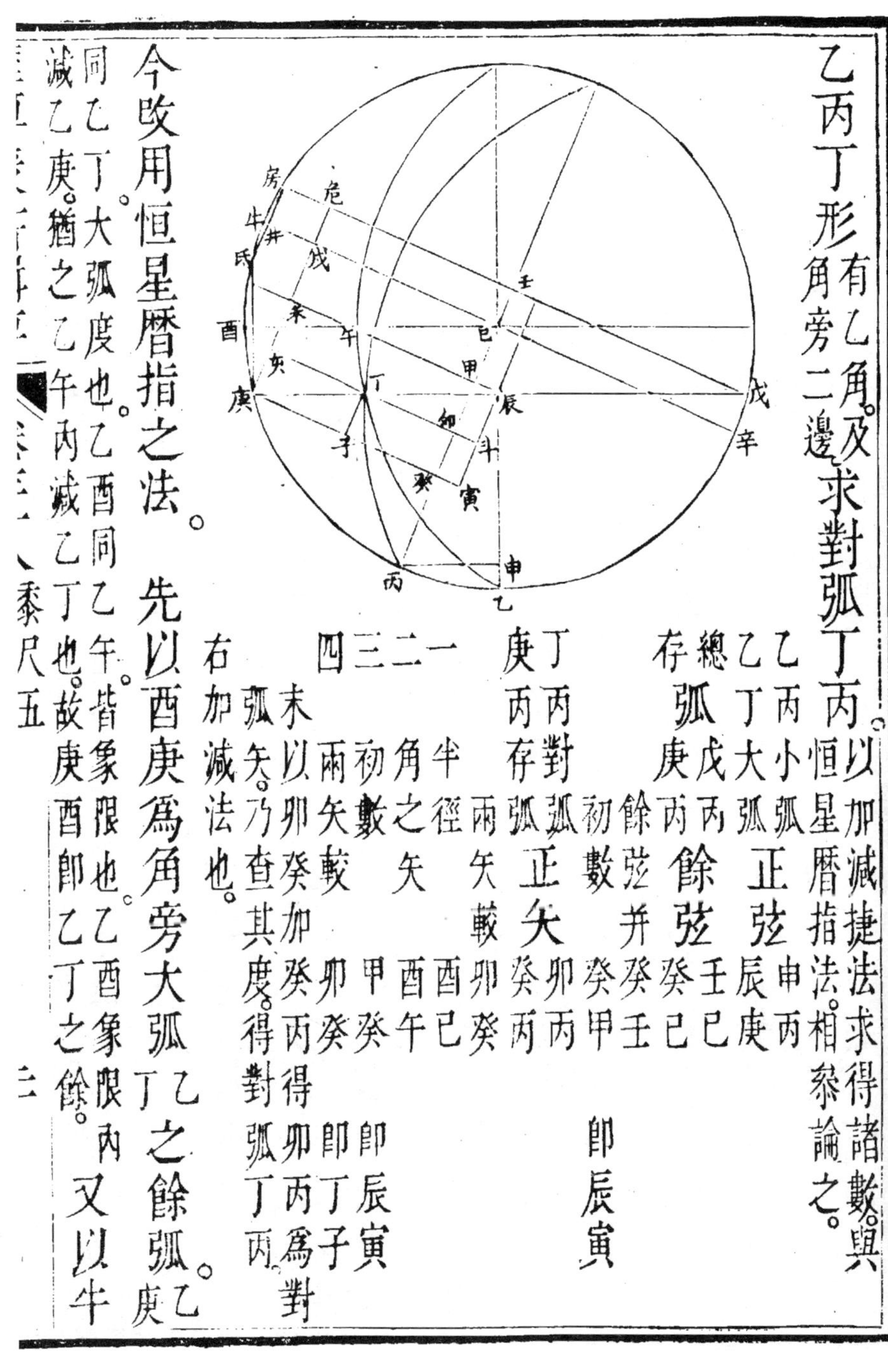

乙丙小弧正弦　申丙

乙丁大弧正弦　辰庚

總弧戊丙餘弦　壬巳

存弧庚丙餘弦　癸己

餘弦并　癸壬

初數　癸甲卽辰寅

丁丙對弧正矢　卯丙

庚丙存弧正矢　癸丙

兩矢較　卯癸

一　半徑　酉巳

二　角之矢　酉午

三　初數　甲癸卽辰寅

四　兩矢較　卯癸卽丁子

末以卯癸加癸丙得卯丙爲對弧矢。乃查其度。得對弧丁丙。

右加減法也。

今改用恒星曆指之法。

先以酉庚爲角旁大弧乙丁之餘弧。乙庚同乙丁大弧度也。乙酉同乙午。皆象限也。乙酉象限內減乙庚。猶之乙午內減乙丁也。故庚酉卽乙丁之餘。又以半酉當角旁小弧乙丙乙酉與牛丙皆象限。丙減同用之丙酉。則牛酉同乙丙。二者相加成牛庚。取其正弦戊庚。是爲先得弦。次視角旁兩弧乙丙乙丁之總。丙戊大于象限。丙辛法當以大弧餘度去減小弧。得較。子同小弧之牛酉內。減同大弧餘度之氐酉。其較牛氐。與牛房等。而取其弦。牛氐較與牛房等。則氐井弦與房井等。而郎與危戊等。是危戊郎牛氐較之弦也。以加先得弦以危戊加戊庚。成危庚。然後半之。危庚半之于未。成未庚。爲次得弦。又以乙角之矢午酉爲後得弦與次得弦未庚相乘爲實。半徑爲法除之。得他弦亥庚末以他弦亥庚減先得弦戊庚。其餘亥戊爲對弧丁丙之餘弦。查表得對弧。

論曰。牛庚之正弦戊庚。與癸巳平行而等。郎存弧之餘弦也。牛庚爲小弧與大弧餘度之并。實郎存弧丙庚之餘度。故戊庚郎同癸巳。次得弦未庚。與甲癸平行而等。郎初數也。以危戊加戊庚而成危庚。猶總存兩餘弦相加成癸壬也。危庚既同癸壬。則其半未庚。亦同甲癸。

他弦庚亥與卯癸平行而等即兩矢較也末以他弦與先得弦相減而得對弧餘弦猶以兩矢較與存弧矢相加而得對弧矢也。兩矢較即兩餘弦較也故加之得矢者減之即得餘弦。然則此兩法固異名而同實矣

又論曰加減法用大弧小弧之總與較取其餘弦相加減此法則用大弧餘度與小弧之總與較而取其正弦相加減如牛庚是大弧餘度與小弧之總牛氐是大弧餘度與小弧之較用若相反而得數並同者何也曰餘弧與正弧互爲消長其數相待是故大弧之餘度大於小弧則總弧不及象限矣大弧之餘度小於小弧則總弧過象限矣總弧過象限宜相加此條是也總弧不及象限宜相減後條是也宜加宜減之數無一不同得數安得不同得數謂初數也在此法則爲次得弦

又論曰此法之於加減法猶甲數乙數之於初數次數也初數

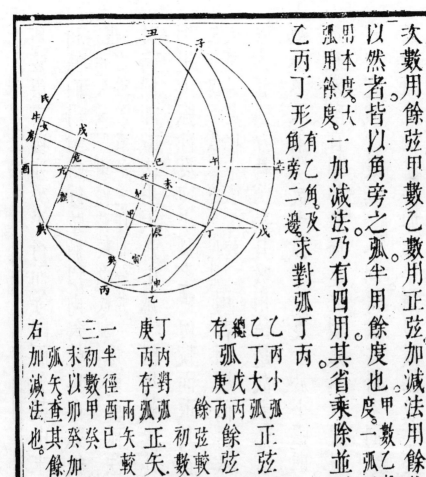

次數用餘弦。甲數乙數用正弦。加減法用餘弦。此法用正弦。所以然者。皆以角旁之弧。弧半用餘度也。甲數乙數法丙。一弧用本度。一弧用餘度。此法小弧用本度。大弧用餘度。一加減法。乃有四用。其省乘除並同。而繁簡殊矣

乙丙丁形有乙角。及角旁二邊。求對弧丁丙。

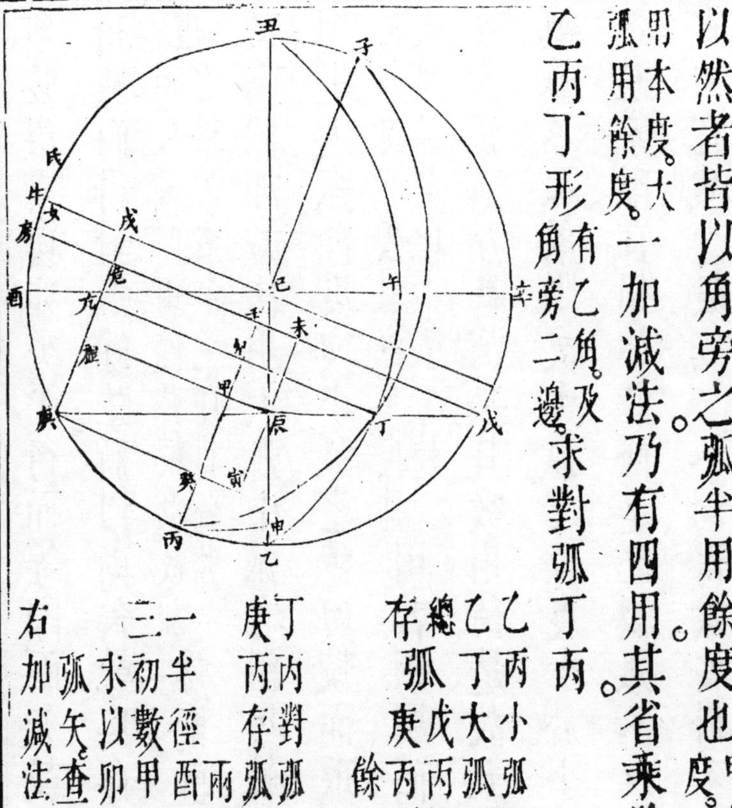

乙丙小弧正弦申丙
乙丁大弧正弦辰庚
總弧戊丙餘弦壬巳
存弧庚丙餘弦癸巳
餘弦較壬癸。初數癸甲
丁丙對弧正矢卯丙
庚丙存弧正矢癸丙
兩矢較卯癸
一半徑酉巳　二角大矢酉午
三初數甲癸　四兩矢較卯癸
末以卯癸加癸丙。成卯丙。爲對弧矢。查其餘弦。得對弧丁丙。
右加減法也。

今依恒星法。改用大弧之餘度。庚酉即午丁。與小弧牛酉即乙丙。相加戌牛庚。即存弧丙庚之餘度。求其正弦為先得弦。戌庚同己癸。即存弧之餘弦。次視兩弧之總。戌丙不及象限。當以小弧減大弧餘度。取氐酉如酉庚。以牛酉減之。得較氐牛。與牛房等。取其正弦女房即女氐。亦即戌危。以減先得弦戌危減戌庚。餘危庚與癸壬等。半之。危庚半之于虛。庚虛與甲癸等。戌為次得弦。又以乙鈍角大矢午酉為後得弦與次得弦相乘為實。半徑為法除之。得他弦。亢庚與卯癸等。末以他弦亢庚減先得弦戌庚。其餘戌亢即卯己。為對弧餘弦。查表得對弧丁丙。

論曰。角求對邊者。求緯度也。三邊求角者。求經度也。二者之分。祇在四率中互換。無他繆巧。歷指注云。求緯用正弦。求經用切綫。殊不可曉。及查其後條用例。亦無用切綫之法。殆有缺誤。歷書中如此者甚多。故在善讀耳。

加減通法

加減代乘除以算三邊求角及二邊一角求對角之邊皆斜弧三角之難者也其算最難而其法益簡故凡算例中兩正弦相乘者即可以加減代之則雖正弧諸法實多所通故謂之通法

法曰凡四率中有以兩正弦相乘爲實半徑爲法者皆可以初數取之有以兩餘弦相乘爲實半徑爲法者皆可以次數取之有以餘弦與正弦相乘爲實半徑爲法者皆可以甲乙數取之

假如正弧形有角有角旁弧而求對角之弧此如有春分角有黃道而求距度

本法當以角之正弦與角旁弧之正弦相乘半徑除之也今以角度與黃道度相加減爲總存弧取初數即命爲所求度正弦

設黃道三十度求黃赤距度

總弧五十三度三十一分半　餘弦五九四四七
存弧六度二十八分半　餘弦九九三六二
相減三九九一五
折半一九九五七卽初數

用初數爲正弦檢表得度

求到黃赤距度一十一度三十分四十二秒

又設黃道七十五度求黃赤距度

總弧九十八度三十一分半　餘弦一四八二四
存弧五十一度二十八分半　餘弦六二二八五
相加七七一〇九
折半三八五五四卽初數

用初數爲正弦檢表得度

求到黃赤距度二十二度四十分三十九秒

又如句股方錐法有大距有黃道而求距緯本以大距正弦黃道餘弦相乘半徑除之也今以甲數取之

設黃道六十度求距緯句股方錐黃道以距二至起算下同

總弧八十三度三十一分半　正弦九九三六二
存弧三十六度二十八分半　正弦五五四四七

用甲數爲正弦檢表得度。相減三九九一五半之一九九五七爲甲數

求到距緯一十一度三十。分四十二秒

設黄道一十五度求距緯。

總弧三十八度三十一分半正弦六二二八五

存弧八度三十一分半正弦一四八二四

用甲數爲正弦查表得度。相加七七一〇九半之三八五五四爲甲數。

求得距緯二十二度四十分三十九秒。

又如次形法本以一正弦與一餘弦相乘半徑除之得所求之餘弦。今以初數取之。

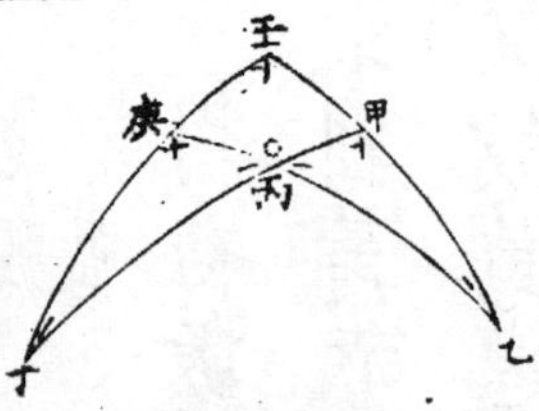

設甲丙乙形有甲正角有丙角及甲丙邊而求乙角。

本法爲半徑與丙角正弦若甲丙餘弦與乙角餘弦。

今以初數即命爲乙角餘弦。

丙角度甲丙餘度相并爲總減爲存弧各取其餘弦如法相加減而半之成初數即命爲乙角餘弦

本法用正弦與餘弦相乘而亦以初數取之何也曰甲丙餘弦實次形丁丙正弦也故仍用初數

假如斜弧形作垂弧法本爲半徑與角之正弦若角旁弧之正弦與垂弧之正弦也今以初數即命爲垂弧正弦

設丁乙丙形有乙銳角有丁乙邊求作丁甲垂弧

乙角度乙丁弧相并爲總減爲存弧而取其餘弦如法相加減而半之成初數即命爲丁甲垂弧正弦

設丁乙丙形乙爲鈍角而先有丁乙邊其法亦同

乙外角丁乙邊相并爲總減爲存弧而各取其餘弦如上法取初數

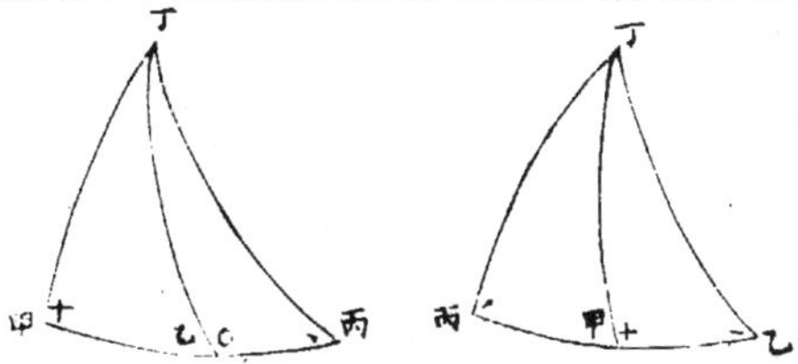

命爲甲丁垂弧正弦

又如弧角比例法本爲角之正弦與對角邊之正弦若又一角之正弦與其對邊之正弦今以初數進五位即爲兩正弦相乘之實可以省乘

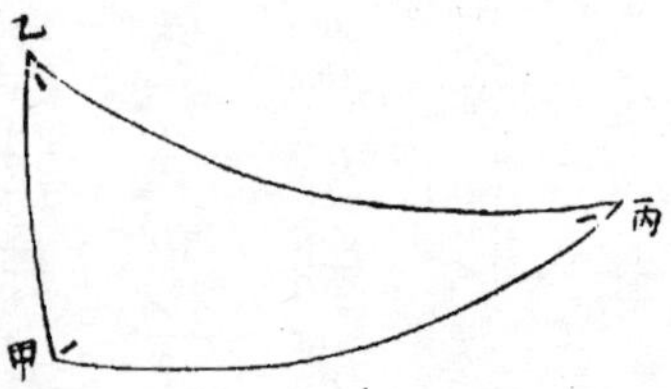

設乙甲丙形有兩角甲角有乙甲邊求乙丙邊本以甲角正弦與乙甲正弦相乘爲實丙角正弦爲法除之得乙丙正弦今以甲角度與乙甲弧相并減爲總存弧如法取初數進五位爲實以丙角正弦除之亦得乙丙正弦若有乙丙邊求丙角則以乙丙邊正弦爲法除之即得丙角之正弦

又如垂弧捷法本以兩餘弦相乘爲實以餘弦爲法除之而得所求之餘弦今以次數進五位爲兩餘弦相乘之實即可省乘

設甲丁亥鈍角形。有亥甲邊。有亥丁邊。有引長之丁巳邊。而求甲丁邊。本法爲亥巳邊之餘弦與亥甲邊之餘弦。若丁巳邊之餘弦與甲丁邊之餘弦也。　今以次數代乘

亥甲丁巳二弧相并爲總弧。相減爲存弧。而各取其餘弦。如法相加減而半之。爲次數。下加五○。卽同亥甲與丁巳兩餘弦相乘之實。但以亥巳邊之餘弦爲法除之。卽得甲丁邊之餘弦。

進五○何也。曰初數者。兩正弦相乘半徑除之之數。故必進五位。卽同兩正弦相乘之實矣。次數進位之理倣此

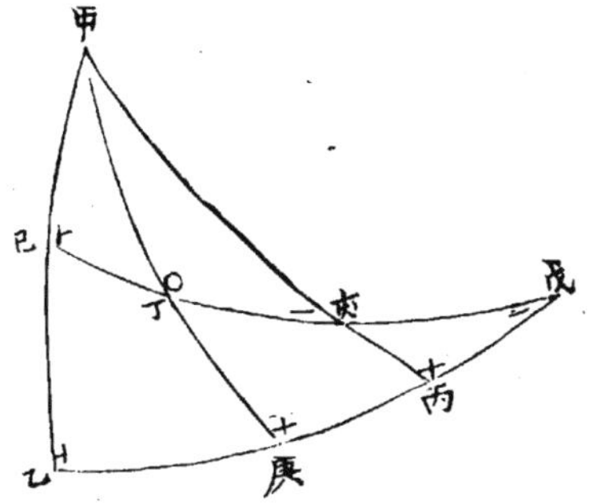

終

歷算叢書輯要卷三十九

塹堵測量序目

塹堵測量者借土方之法以量天度也其術以平圓御渾圓以方體測圓體以虛形準實形故托其名於塹堵也古法斜剖立方成兩塹堵塹堵又剖爲三成立三角立三角爲量體所必須然此義中西皆未發今以渾儀黃赤道之割切二綫成立三角形立三角本實形今諸綫相遇成虛形與實形等而四面皆句股卽弧度可相求不須用角西法通於古法矣又于餘弧取赤道及大距弧之割切諸綫成句股方錐形亦四面皆句股卽弧度可相求亦不言角古法通於西法矣二者並可用堅楮爲儀以寫其狀則弧度中八綫相爲比例之理瞭如掌紋而郭太史圓容方直矢接句股之

法亦不煩言説而解書凡二卷

塹堵測量一　卷之三十九

總論

立三角摘錄

渾圓容立三角法

塹堵測量二　卷之四十

句股錐形

句股方錐形

方塹堵容圓塹堵法

圓容方直儀簡法附郭太史本法

角即弧解

歴算叢書輯要卷三十九

宣城梅文鼎定九甫著

孫　瑴成玉汝　甫重較錄

曾孫　玕成肩琳　鈫用和　鈁導和同較字　鏐繼美

塹堵測量

總論

塹堵測量者。句股法也。以西術言之。則立三角法也。古九章以立方斜剖成塹堵。其兩端皆句股。再剖之則成錐體。而四面皆句股矣。任以此錐體之一面平寘為底。則其鋭上指。環而視之。

皆成立面之句股，而各有三角三邊，故謂之立三角也。

立三角之法，以測體積方圓斜側，靡所不通。其測渾圓之弧度，則有二理。其一用視法，如弧三角所詮用三角三弧之正弦切綫移於平面，謂渾圓立剖之平面。即成三層句股相似之比例，今謂之渾圓容立三角也。其一不用視法而用實數，如句股錐形等法，用三弧三角之割綫餘弦各於其平面自成相似之句股，以爲比例。三弧直剖至渾圓之心，即各成句股形之面。今謂之塹堵測量也。渾圓內容之立三角，亦塹堵之小形，而塹堵測量所測，亦渾圓之度。因書匪一時所爲，而意各有屬，其名遂別。二而一，一而二者也。

以上通論立三角及塹堵測量命名之意，并其同異之處。

因立三角有塹堵之名，因渾圓內三層勾股生塹堵之用，故存此二者以爲塹堵測量基本。

凡數之可算者，皆可作圖以明之。故渾圓可變爲平圓，如古者

蓋天之圖是也數之可算可圖者皆可製器以象之故渾圓可剖爲錐體塹堵測量之儀器是也

凡測算之器至今日大備且益精益簡古者渾儀經緯相結爲儀三重至郭太史之簡儀立運儀則一環而已足今則更省之爲象限儀是益簡益精之效也至於渾象無與於測而有資於算所以證理也西法之簡平渾蓋以平寫渾亦可謂工巧之至獨未有器以證八綫夫用句股以算渾圓其法莫便於八綫然八綫之在平圓者可以圖明在渾圓者難以筆顯鼎蓋嘗深思其故而見渾圓中諸綫犁然有合於古人塹堵之法乃以堅楮肖之爲徑寸之儀而三弧三角各綫所成之句股了了分明省筆舌之煩以象相告於作圖布算不無小補而又非若渾象之

難成因名之曰塹堵測量從其質也。

塹堵形析渾象之一體。亦如象限儀剖渾儀之一隅。環而測之。則象限即渾儀之全周也。周徧析之則塹堵即渾象之全體也。是故塹堵形可析爲兩。可合爲一。其析者一爲句股錐。亦曰立三角儀。則起二分訖二至。一爲句股方錐。亦曰方直儀。則起二至訖二分。起二分者西率起二至者古率也。是兩者九十度中皆可爲之。自分訖至九十度。並可爲句股錐。自至訖分九十度。並可爲句股方錐。然至半象以上割切二綫太長溢出於方塹堵之外。故又有互用之法也。其合者近分度用句股錐。近至度用句股方錐。以黄道四十七度赤道四十五度爲限。過此者互用。其餘如是。則兩錐形合之成方塹堵矣。

方塹堵內又成圓塹堵二。其一下爲赤道圓象限而上爲牏形之象限距度之割切二綫所成也其一下爲撱形象限而上爲黃道之圓象限距度正弦黃道半徑所成也兩圓塹堵之用已括於兩錐形內兩圓塹堵內又以黃道正弦距度正弦成小方塹堵之象則郭太史圓容方直本法也于是又有圓容方直儀簡法而立三角之儀遂有三式一句股錐其形四鋭一方直儀其底長方一圓容方直簡法儀其底爲渾圓羃之分之三者或兼用割切或專用正弦而並不用角合渾圓內三層句股觀之可以明立法之根

以上論塹堵測量儀器句股錐形及句股方錐形二種爲塹堵測量正用而圓容方直形專用正弦成小塹堵尤正用中之正用也此小塹堵在兩重圓塹堵內故兼論之又此小塹堵足闡授時弧矢之秘因遂以郭法附焉

問八綫生於角用八綫而不用角何也曰角與弧相應故用角

即用弧也用弧即用角也明於斯理而後可以用角渾圓內三層句股是也明於斯理而後可以不用角塹堵三儀是也用角者西法也而用角即用弧則通於古法也不用角者古法也而用弧即用角則通於西法也于是而古法西法可以觀其會通息其煩喙矣

以上論角即弧解之理

立三角法

立三角者量體之法也西學以幾何原本言度數而所譯六卷之書止於測面其測體法則未之及蓋難之也余嘗以句股法釋幾何而稍爲推廣其用謂之幾何補編亦曰立三角法本爲體積而設然其中義類頗有與渾圓弧度之法相通者故摘錄

之以明壍堵測量之理

立三角法摘錄

一立三角爲有法之形

立三角之面皆平三角也平三角不拘斜正皆爲有法之形故立三角亦不拘斜正而皆爲有法之形

一立三角爲量體之密率

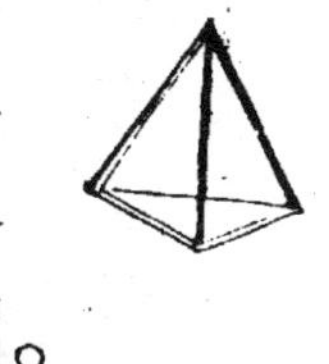

凡量體者必析之析之成立三角形則可以知其容積可得而量矣若不可以立三角析者則爲無法之形不可以量

一立三角即錐體

立三角任以一面平安如底則餘三面皆斜立亦有一面而正立者銳必在上即成三角立錐

一各種錐體皆立三角之合形

凡錐體必上尖下闊。任取其一面觀之。皆斜立之平三角也。凡錐形自其尖切至底。則其中剖之立面亦平三角也。錐體之底。或四邊五邊以至多邊。若以對角綫分其底。又即皆成平三角也。故四稜錐可分爲兩。五稜錐可分爲三。六稜以上。無不可分。分之皆立三角形。故知一切錐體皆立三角之合形也。

底之邊多至于三百六十。又析之爲分。爲秒。以此爲底。皆可成錐體。再析之至于無數。即成平圓底。可作圓錐。要之皆小平三角面。無數以成之者也。

一各種有法之形亦皆立三角之合形。

如立方體依其稜剖至心成六分體皆扁方錐其斜面輳心皆成立三角長方體亦然

四等面體從其稜剖至心成四分體八等面則成八分體二十等面成二十分體皆立三角錐

十二等面依稜剖至心成十二分體皆五稜錐其立面五皆立三角

渾圓形以渾圜面羃爲底半徑爲高作大圓錐而成渾積準前論皆無數立三角所成然則渾圓亦立三角也

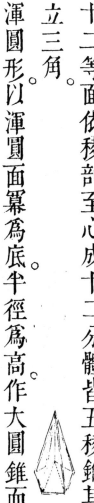

渾圓既爲立三角所成則半之而爲半渾圓一平圓面一半渾圓面如圓瓜中剖或再分之而爲一象限或更小於象限之渾圓細分弧面自象限以內至于一度或一度內若干分秒如剖橘瓣並一弧面兩半平圓面以渾圓之理通之皆立三

角所成。

一無法之形有面有稜即皆爲立三角所成。

準前論各依其楞綫割之至底或依對角綫斜剖之即皆成立三角而無法之形皆可爲有法之形。

一立三角體之形不一而皆有三角三邊。

非四面不能成體故立三角必四面非三角三邊不能成面。故立三角體之面皆三角三邊。

約舉其類有四面相等者即四等面形也。其面冪等。其稜之長短亦等。

有三面相等而一面不等者其不等之一面必三邊俱等餘三稜則自相等。

側視之形

正視之形

以上皆正形也。四等面任以一面爲底。其銳尖正立居中。三等面形以等邊之一面爲底。銳尖亦正立居中。

有二面兩兩相等者　有二面相等餘二面不等者

有四面各不相等者

有三面非句股而一面成句股者有兩面成句股者其句股或等或否

有四面並句股者句股立錐也

以上不皆正形而皆爲有法之形

一立三角形有實體有虛體

實者如臺如塔如堤虛者如井如池又如隔水測物皆自其物之平面角作直綫至人目卽成虛立錐體以人目爲其頂銳而所測平面則其底也所作直綫皆爲其稜若所測平面爲四邊五邊以上皆可作對角綫分爲立三角錐形

立三角又有三平面一弧面者如自地心作三直綫至星宿所居之度則此三星之相距皆弧度也三弧度爲邊即成弧三角形以爲之底其三直綫皆大圓半徑以爲之稜而合于地心以爲之頂銳亦立三角之虛形（即弧三角錐體）若于渾球體作三大圈相交成弧三角形從三角作直綫至圓心依此析之斷成實體與上法並同一理

一立三角形有立有眠有倒有倚立者以底平安則其銳尖上指如人之立

眠者以底側立如堵牆而錐形反橫如人之眠此惟正形之錐則有之（既定一面爲底則底在下者爲立在旁者爲眠）如虛形則不拘正斜皆以所測爲底

又如弧三角錐以渾圓面上所成之弧三角爲底以三直綫輳于渾體之心爲其頂銳則四面八方皆可爲底而銳常在心不特能眠能立亦且能倒能欹（亦惟有底有銳之正形則然若他形底無定名隨人所置）眠體倒體以及他形之欹側不同而皆爲有法之形者三角故也

一古法有壍堵（一作塹堵）陽馬鼈臑芻甍等法皆可以立三角處之

凡立方體從其面之一稜依對角斜綫剖至其底相對之一稜則其積平分而成壍堵形

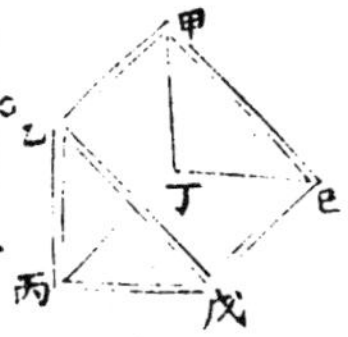

甲乙爲頂有袤無廣丙丁戊已爲方底或長方則丙丁同已戊爲袤丁已仝丙戊爲廣乙丙同甲丁爲其高甲丁乙丙爲立面甲乙戊已爲斜面皆長方乙丙戊同甲丁已爲兩端立面皆句股形而相對相等

壍堵形有如屋者甲乙頂袤如屋脊甲乙丙丁及甲乙戊已兩長方皆斜面而相等丙丁戊已爲底乙丙戊與甲已丁兩

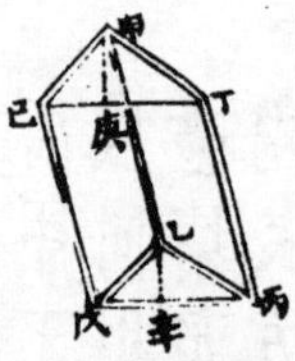

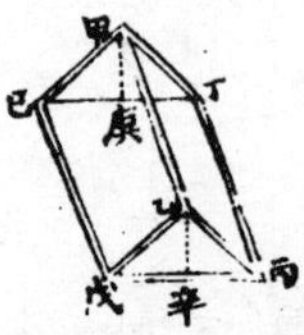

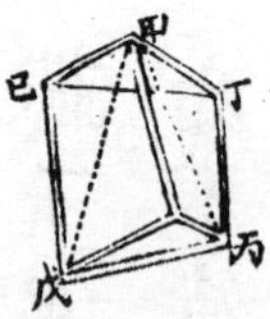

圭形。相對而等。而以乙辛爲其高。其辛丙及辛戊。俱平分而等。又或甲乙頂衺不居正中而近一邊。然甲乙與丁丙及巳戊俱平行而等。其甲丁乙丙。及甲巳乙戊兩斜面。雖有大小而並爲長方形。乙辛垂綫不能分丙辛及辛戊爲平分。而必與丙戊底爲十字正角。則乙辛爲正高。

以上三者皆壍堵正形。並以高乘底折半見積。何也。皆立方之半體。其兩端皆立三角形也。第一形兩端爲句股。第二第三皆以乙辛中剖成兩句股。

凡壍堵形亦可立可眠。立者以甲乙爲頂長丙丁戊巳爲底。眠者以戊巳爲頂長。以甲乙丙丁爲底。如隔水測懸崖之類。

又有斜壍堵形。其各綫不必平行。底不必正方。但俱直綫。則底與兩斜面。皆可作對角綫以分爲三角形而諸數可測。實體虛體並有之。于測量之用尤多。

斜壍堵本爲無法之形而亦能爲有法之形者可析之成三

角也。

凡壍堵形。從頂上一角。依對角綫斜剖之爲兩。則成一立方錐。一句股錐。

壍堵形。從乙角作乙巳乙丁兩對角綫。依綫剖之則成兩形。

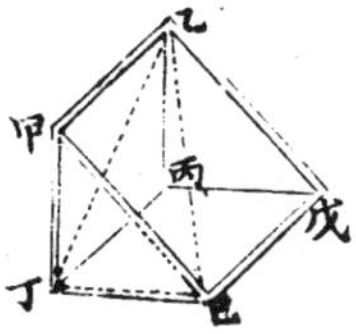

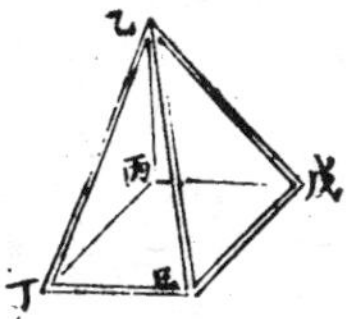

立方錐。一名陽馬。

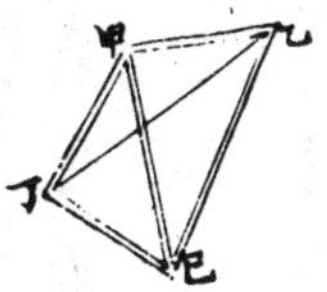

句股錐。一名鱉臑。

陽馬形。以丙丁戊巳方形爲底。以乙爲頂銳而偏居一角。故乙丙直立如垂綫以爲之高。其四立面皆成句股形。故又名句股立方錐。

論曰。陽馬形。從壍堵第一正形而分。故其高綫直立于一隅。乃立方之楞綫。四面句股形因此而成。是爲句股方錐之正體。若斜壍堵等形之分形。則但可爲斜立方錐。而不得爲句股方錐。亦非陽馬。

斜塹堵形

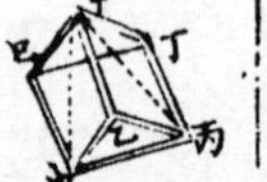

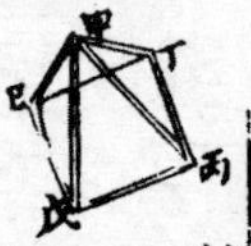

斜立方錐

分形

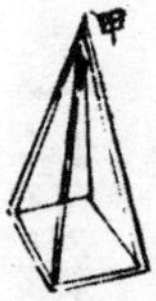

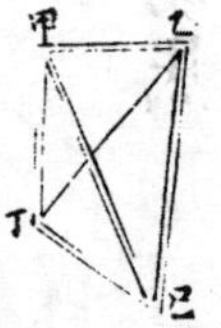

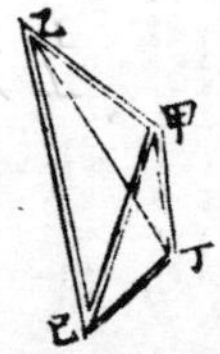

斜立方錐者。其頂不居正中。然又不能正立一隅。故非句股立錐。而但爲斜立方錐。如上二形。頂既偏側。底亦非方。亦斜立錐形也。然其立面皆三角。故亦爲有法之形。

斜立方錐。亦可立可眠。皆可以立三角法御之。但不如句股立方錐之有一定比例。

鼈臑形

以甲乙爲上袤而無廣。以丁已爲下廣而無袤。故稱鼈臑。象形也。其各面或句股。或不爲句股。而皆三角。故又名三角錐。

句股立錐形

其上有袤而無廣。下有廣而無袤。並同鼈臑。所異者。甲角正方。故乙甲丁立面。乙甲已斜面。並成句股。又丁角正方。故甲丁已平面。乙丁已斜面。並成句股。是四面皆句股也。故謂之句股方錐。而不得僅名鼈臑。

論曰鼈臑中有句股立錐。猶斜立方錐中之有句股方錐也。

立三角皆有法之形。而此二者尤可以明測量比例之理。

又論曰立三角所以爲有法形者。謂其可施八綫也。而八綫

原爲句股之比例此二者旣通體皆句股所成故在有法形中尤爲有法矣

又論曰若句股方錐再剖之卽又成二句股錐而皆等積故陽馬爲立方三之一句股錐則爲六之一皆立方之分體也

又論曰句股方錐及句股錐皆生于塹堵故塹堵形爲測量之綱要

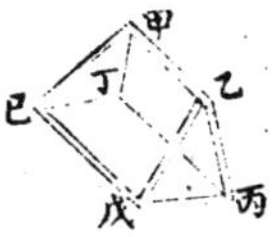

芻甍形亦如屋而兩端漸殺故頂窄而底寛其丙丁戊己底或正方或長方甲乙頂小于丙丁或居正中或稍偏然皆與丙丁及戊己平行

芻甍葢取草屋之象乃塹堵形之一種亦可分爲三鼈臑

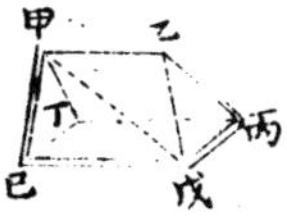

芻甍從甲丙甲戊二斜綫剖之成一鼈臑一立方錐

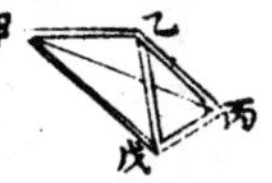

鼈臑一

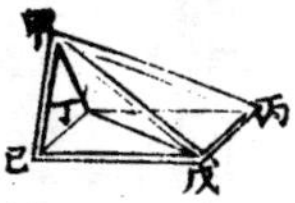

立方錐又從丁戊斜剖之成兩鼈臑

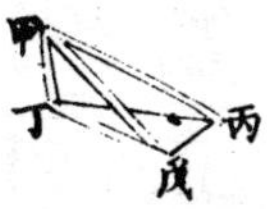

鼈臑二

鼈臑三

又有芻童者形如方臺皆立方之變體方臺面與底俱正方芻童則長方而面小底大則同亦皆可分爲立三角

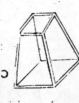

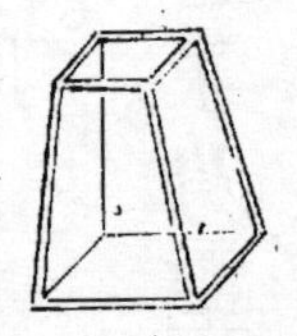

方臺

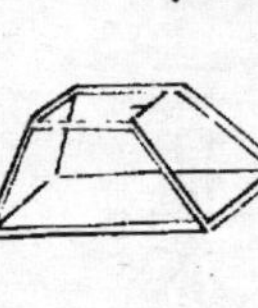

芻童下同

凖前論方臺作對角綫並可分爲兩芻甍即可再分爲六鱉臑即皆立三角錐也

論曰量面者必始于三角量體者必始于鱉臑皆有法之形也量面者析之至三角而止再析之仍三角耳量體者析之至鱉臑而止再析之仍鱉臑耳面之可以析爲三角者即爲有法之面體之可以析爲鱉臑者即爲有法之體蓋鱉臑即立三角之異名也量體者必以立三角非是則不可得而量

算法

凡算立三角體。須求其正高。以正高乘底。以三而一見積。其法有三。其一頂居一角。其稜直立。即用爲正高。其二頂鋭不居一角而在三角之間。其三頂斜出底三邊之外。並以法求其垂綫爲正高。

假如已甲乙丙立三角體。甲乙丙爲底。已爲頂鋭。正居丙角之上。已丙如垂綫爲高。先以乙丙五十六尺甲乙邊六十一尺甲丙邊七十五尺求其冪積。一千六百三十尺。以乘已丙高四十尺得六萬七千二百尺爲實。以三爲法除之得二萬二千四百尺。爲立三角錐體。若欲知已乙甲已兩斜弦。依句股求弦。即得。已丙既直立。則恒爲股。以股自乘冪。加乙丙句冪爲弦冪。開方得已乙弦。又以股冪加甲丙句冪爲弦冪。

開方得甲己弦。

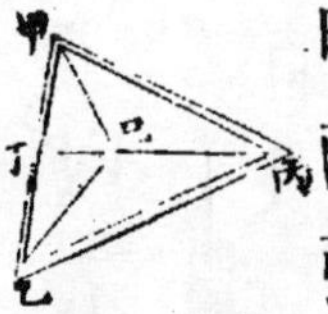

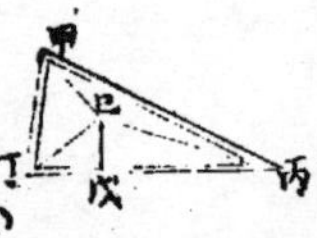

若己頂不居一角而在三角之中。則己丙非正高乃斜稜也。法當分爲兩形。其法依丙己稜直剖至底。以上二形乃中剖爲二之象。其中剖之立面。亦成丁己丙三角形。如平三角法求得己戊垂綫。即爲正高。如上法先求甲乙丙冪。以乘己戊高得數爲實。三除見積。

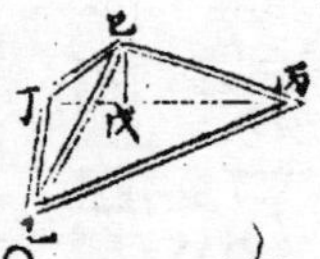

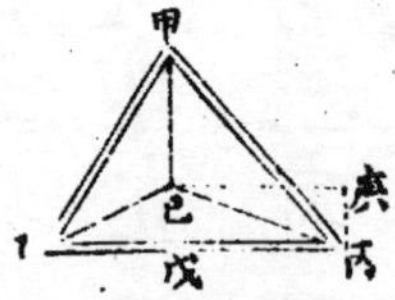

又法不必剖形。但于形外任依一楞。如丙己。于庚作垂綫至丙。以法取庚點與己頂平行。即庚丙爲正高。與己戊等。或量得庚己橫距爲句。以己丙爲弦。求其股。即得庚丙正高。亦同。

立三角之頂有斜出者或在底外則于己頂作垂綫

至庚與甲乙丙底平行乃任用相近一稜如已乙為弦量庚乙之距為句依法求其股得已庚為其正高以乘底三除見積

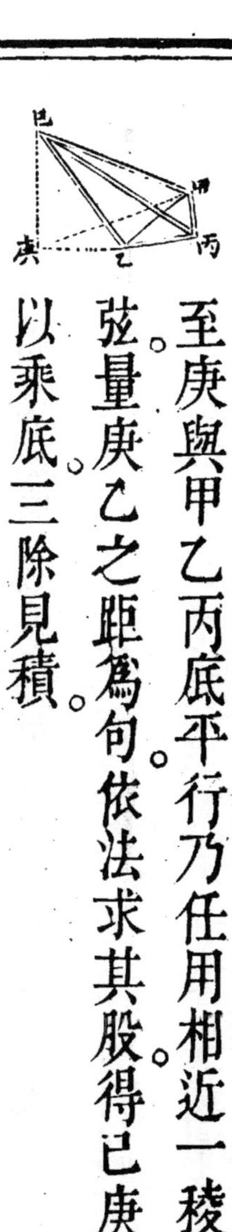

問已頂既居形外已庚何以得為正高也曰此易知也但補作甲庚虛綫成四邊形為底則為四稜立錐而已庚為其正高甲乙丙底乃其底之分也亦必以已庚為正高矣

假如乙庚丙甲為底丙甲與乙庚等丙乙與甲庚等或斜方或正方其已庚一稜正立如垂則即為正高正高乘方底三除之即體積也若從甲乙對角綫分其底為均半又依甲已甲乙二稜從頂直剖之至底則分為兩三角形而各得其積之半矣（底既平分為兩則其積亦平分為兩）其

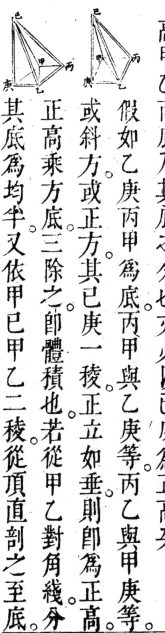

已庚乙甲形與已甲乙丙形既皆半積則相等而庚乙甲底與甲乙丙底又等則其高亦等而已庚乙甲形既以已庚爲高矣則已甲乙丙形之高非已庚而何

又論曰量體積者必先知面猶量面冪者必先知綫也然則量體者亦先知綫矣是故量體之法可轉用之以求綫也
量體者有先知之面冪有求而得之面冪夫求之而得面者必先求其面冪之界界即綫也故量體之法可用之以求綫也

何謂以量體之法求綫曰測量是也前論立三角有虛體爲測量之用夫虛體者無體也無體而有綫如實體之有稜故可以量體之法求之也如所測之物有三點即成三邊三角當以三直綫測之則立三角錐形矣所測有四點當以四直綫測之則四稜立錐形矣兩測則又爲塹堵形矣故測量之

法可以求綫也。

又論曰用立三角以量體者。仍平三角也。而用三角以量面者。仍句股也。吾以是而知聖人立法之精深廣大。

渾圓内容立三角體法

總圖

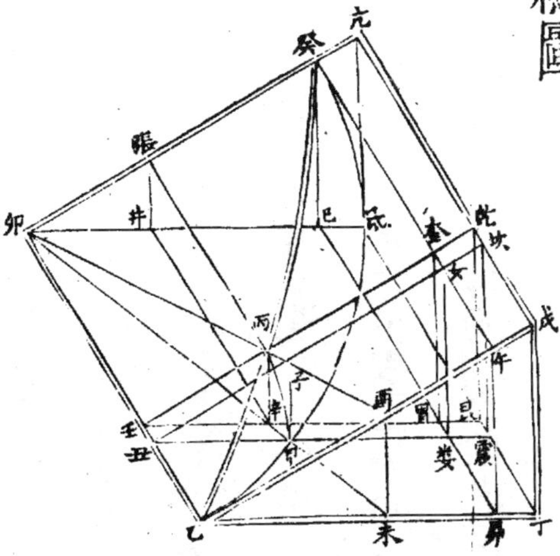

全形爲塹堵。

分形爲鼈臑。即立三角體。又爲句股立錐西法所用。

若内切小塹堵。則爲圜容方直形。即郭太史弧矢法。

先解全形　塹堵體

亢戊乙卯為塹堵斜面。其形長方。

卯乙為渾圜半徑。卯為渾圜之心。亢戊為四十五度切綫。與卯乙同度。同為橫邊。亢卯為乙角割綫。與戊乙同度。同為直邊。

亢氐戊丁為塹堵立面。其形橫長方。

亢氐者乙角切綫也。與戊丁同度。以為之高。亢戊及氐丁。皆四十五度切綫。與半徑同度。以為之闊。

亢氐卯。戊丁乙。皆塹堵兩和之牆。其形皆立句股。

氐卯同丁乙。皆半徑為句。亢氐同戊丁。皆乙角切綫為股。

亢卯同戊乙。皆乙角割綫為弦。

卯乙丁氐為塹堵之底。其形正方。

卯乙及卯氐皆渾圜半徑其對邊悉同

法曰先爲立方體以容渾球使北極在上南極在下皆正切于立方底蓋之中心則赤道平安而赤道之二分二至亦皆在立方四面之中心矣

次依赤道橫剖方體爲均半而用其上半爲半立方容半渾圜則二分二至皆在半立方之底稜各中心而赤道全圈居其底

次依二分二至從北極十字剖之又成四小立方各得原立方八之一而小立方內各容渾圜分體八之一　此小立方有一角之楞直立爲北極之軸上爲北極下卽渾圜心卯角也其立方根皆渾圜半徑

次依黃赤道大距取切稜爲高作橫稜于小立方夏至之一邊

即亢戊綫。

次依亢戊横綫斜剖至對邊之足。則成塹堵矣。對邊之足。即卯乙也。本爲黄赤道半徑。今在小立方體。爲方底之邊。故云足也。

塹堵體有五面。其一斜面。亢戊乙卯長方。其二立面。一亢氐戊丁長方。二亢氐卯戊丁乙。相等兩句股。其一方底。卯乙氐丁平方。

底面總形

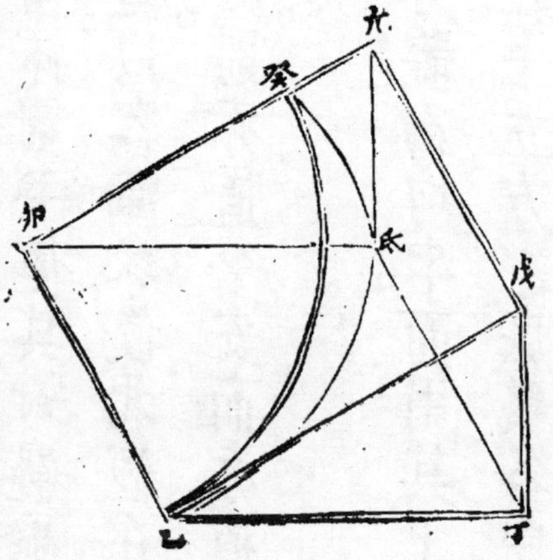

塹堵形面。有赤道象弧在方底。有黃赤大距弧在立句股邊。即兩和之牆。

底形

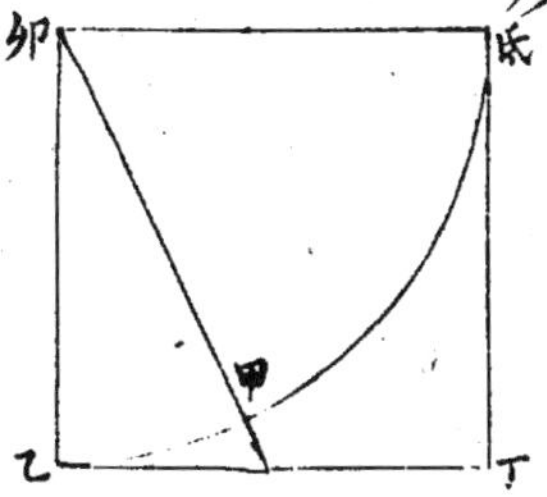

卯　氐　甲　乙　丁

底形正方。其卯角即黃赤道心。氐甲乙。爲赤道一象限。乙爲春分。氐爲夏至赤道。卯氐及卯乙皆赤道半徑。其對邊氐丁及乙丁皆四十五度切線。

立句股面形一

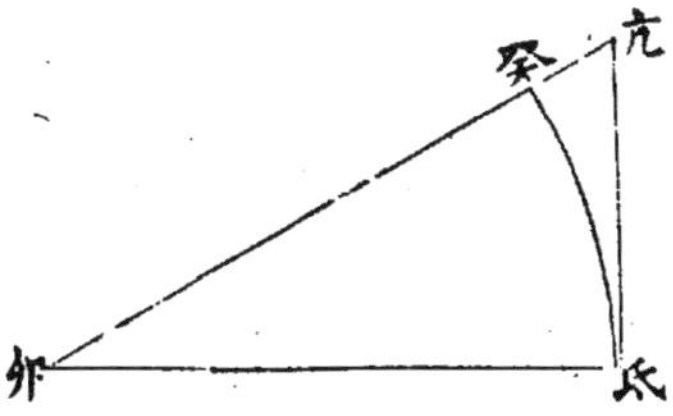

癸　亢　卯　氐

立句股之面有二。一亢氐卯一戊丁乙皆同角同邊。亢氐卯形內有氐癸弧。爲夏至黃赤大距二十三度半強。氐卯爲赤道半徑。癸卯爲黃道半徑。卯角爲黃赤大距角。氐癸弧之角。

亢氐者氐癸弧之切綫。（赤即卯角切綫）亢卯者氐癸弧之割綫。（赤即卯角割綫）

戊乙丁形即前圖亢氐卯形之對面。戊丁高同亢氐切綫。（如股）戊乙斜綫同亢卯割綫。（如弦）丁乙横綫同氐卯。（如句）乙角同卯角。

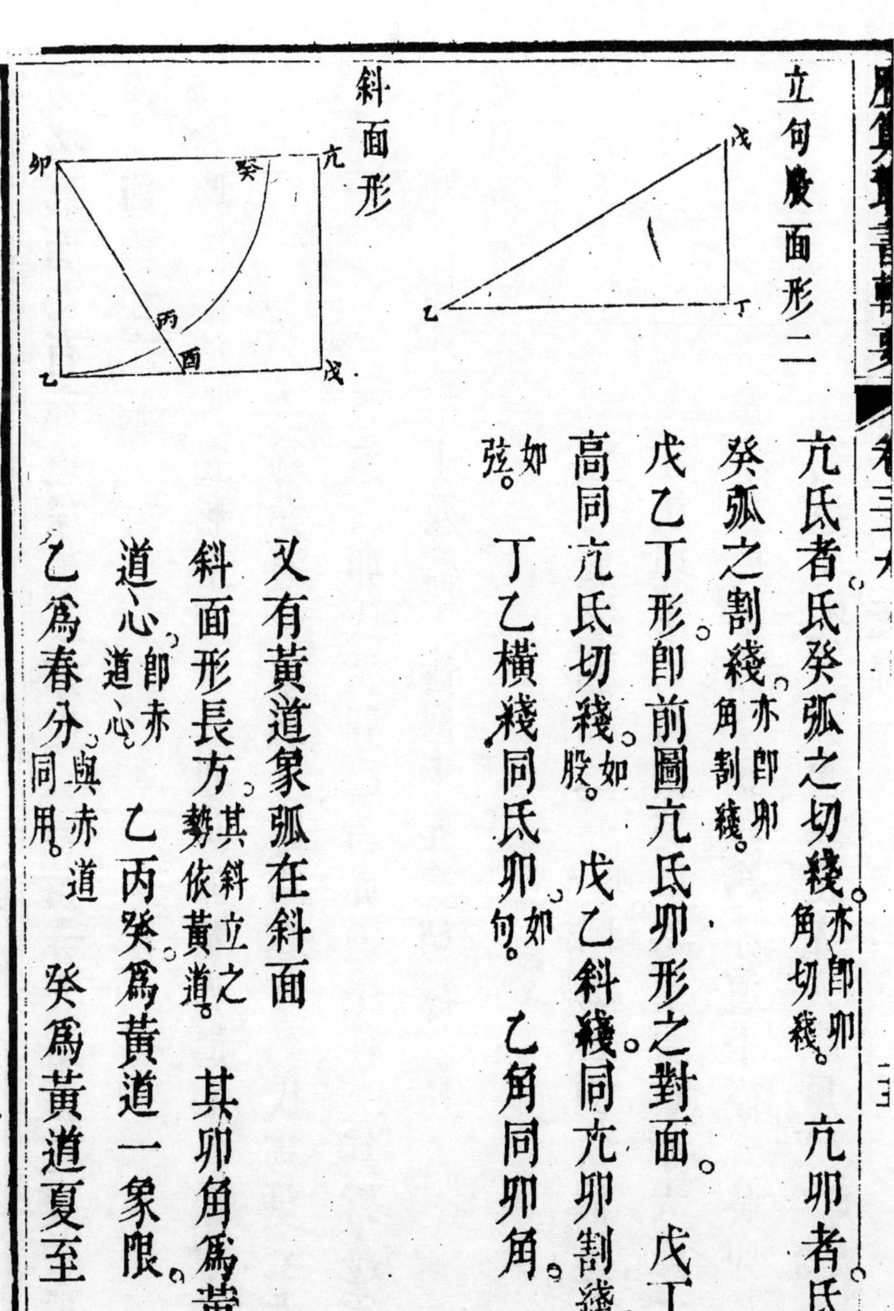

又有黄道象弧在斜面

斜面形長方。（其斜立之勢依黄道）其卯角爲黄道心。（即赤道心）乙丙癸爲黄道一象限。乙爲春分。（與赤道同用）癸爲黄道夏至卯癸及卯乙皆黃道半徑。內卯乙與赤道同用。　亢卯爲二十三度半強之割綫。夏至黃赤大距割綫。　其相對戊乙邊與亢卯割綫同度。　亢戊邊與卯乙半徑相對同度。乃四十五度之切綫。與底上切綫氐丁相應。

立面形亦長方。其勢直立。　亢戊及氐丁二邊。爲其闊。皆四十五度切綫與半徑同度。　亢氐及戊丁爲其高。皆二十三度半之切綫。夏至黃赤大距切綫。　以亢戊邊庚起斜面之亢戊邊。而成角體。仍以氐丁邊聯于方底之氐丁邊。則其形直立矣。

立面形

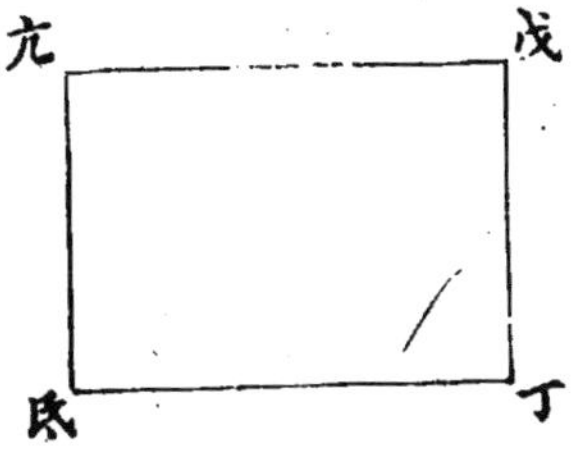

亢　戊

氐　丁

次解分形　立三角體古謂鼈臑即句股錐。

內含乙甲丙弧三角形及乙甲丙卯弧三角錐體。

卯爲渾圜心黃赤同用。卯乙渾圜半徑黃赤同用。乙丙弧爲黃道經度。丙卯爲黃道半徑。乙甲弧爲赤道經度。甲卯爲赤道半徑。丙甲弧爲黃赤距緯。乙爲春分點。酉乙未角爲春分角二十三度半與二至大距之緯度相應此角不動。丙爲所設黃道度距春分後之點此點移則丙之交角變而諸數皆

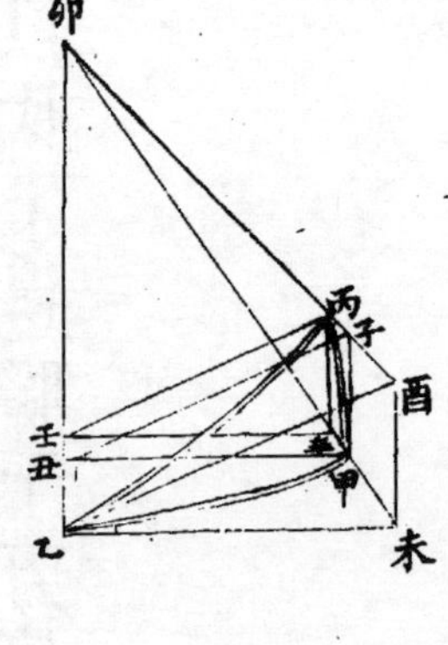

從之而變

法曰：于前圖全形塹堵斜面黃道象弧內，尋所設黃道經度。自春分。乙起數，設度至丙。從丙向圜心卯作丙卯半徑。遂依半徑引長至塹堵之邊。酉成酉卯直綫。依酉卯直綫直剖至底。未卯綫爲底。酉未綫爲邊。成酉未乙卯立三角體。此立三角體有四面，而皆句股。故又曰句股立錐。

立句股之錐尖爲酉。

其斜面爲酉乙卯句股形。乙正角　乙卯爲句　乙酉爲股　酉卯爲弦

其立面二

一爲酉未乙句股形。未正角　未乙爲句　酉未垂綫爲股　酉乙爲弦

一爲酉未卯句股形。未正角　未卯爲句　酉未垂綫爲股　酉卯爲弦

其底爲未乙卯句股形乙正角　未乙爲股　乙卯爲句　未卯爲弦

以上四句股面凡楞綫六

卯乙半徑也酉乙黃道丙乙弧之切綫也而酉卯則其割綫也未乙赤道乙甲弧之切綫也而未卯則其割綫也惟酉未垂綫於八綫無當今名之曰錐尖垂綫亦曰錐尖柱亦曰外綫以其離於渾圜之體也

句股面有四而用者一酉未乙也以其能與乙角之大句股爲比例也

楞綫六而用者二酉乙及未乙也以其爲二道之切綫爲八綫中有定數可爲比例也

第一層句股比例圖

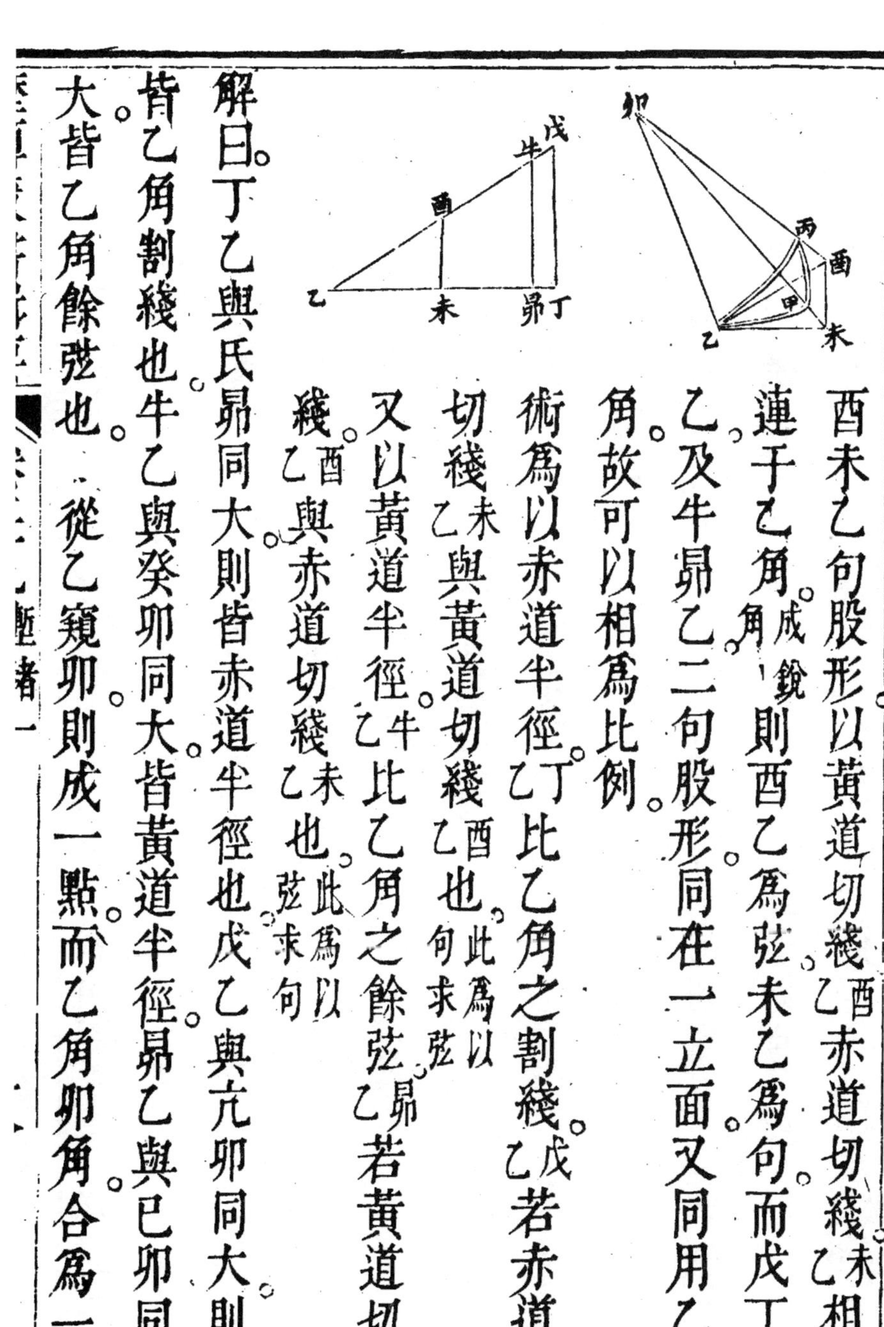

酉未乙句股形以黃道切綫酉乙赤道切綫未乙相連于乙角戊角銳則酉乙爲弦未乙爲句而戊丁乙及牛昴乙二句股形同在一立面又同用乙角故可以相爲比例

術爲以赤道半徑丁乙比乙角之割綫戊乙若赤道切綫未乙與黃道切綫酉乙也此爲以句求弦

又以黃道半徑牛乙比乙角之餘弦昴乙若黃道切綫酉乙與赤道切綫未乙也此爲以弦求句

解曰丁乙與氐昴同大則皆赤道半徑也戊乙與亢卯同大則皆乙角割綫也牛乙與癸卯同大皆黃道半徑昴乙與巳卯同大皆乙角餘弦也　從乙窺卯則成一點而乙角卯角合爲一

角。其角之割綫餘弦盡移于塹堵之第一層而同在一立面爲句若弦。觀總圖自明。

以赤道求黃道

一　赤道半徑

二　乙角割綫

三　赤道切綫

四　黃道切綫

以黃道求赤道

一　黃道半徑

二　乙角餘弦

三　黃道切綫

四　赤道切綫

若求角者反用其率

一　赤道切綫

二　黃道切綫

三　半徑

半徑　赤道餘切

又法

一　黃道切綫

二　赤道切綫

三　半徑

半徑　黃道餘切

四　乙角割綫　　四　乙角餘弦

第二層句股比例圖

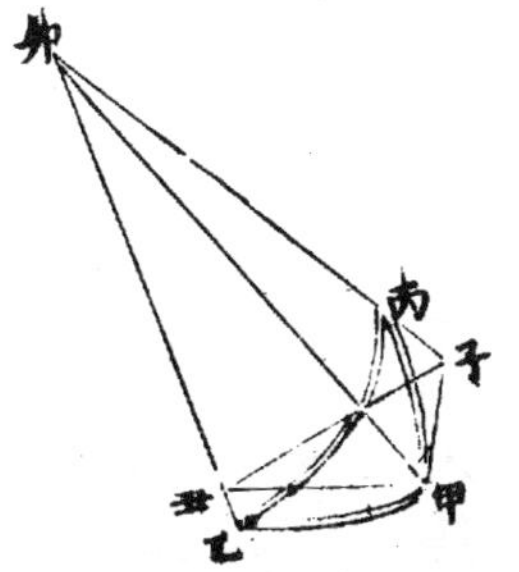

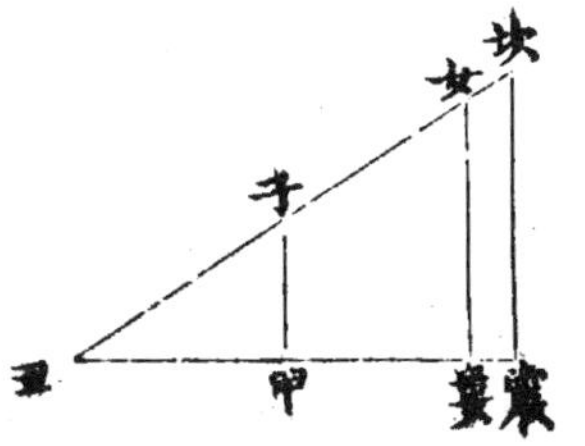

子甲丑句股形。以黃赤距度之切綫子甲赤道之正弦甲丑相連。子甲成正角。則子甲爲股。甲丑爲句。而與坎震丑。及女婁丑。二句股形。同在一立面。又同丑角。故可相求。

術爲以赤道半徑震丑。比乙角之切綫坎震。若赤道正弦甲丑。與距度之切綫子甲也。是爲以句求股。

又爲以乙角之正弦女婁與乙角餘弦婁丑。若距度之切綫子甲。與赤道之正弦甲丑也。是爲以股求句。

解曰。震丑即氐卯。赤道半徑也。坎震即亢氐。乙角之切綫也。女婁即癸巳而婁丑即巳卯乙角之正弦餘弦也。從乙窺卯則乙丑卯成一點而合爲一角其角之切綫正弦餘弦盡移于塹堵第二層立面爲句與股。

以赤道求距度　以距度求赤道　又法

一　半徑　一　乙角正弦　一　乙角切綫　半徑

二　乙角切綫　二　乙角餘弦　二　半徑　乙角餘切

三　赤道正弦　三　距度切綫　三　距度切綫

四　距度切綫　四　赤道正弦　四　赤道正弦

若求角則反用其率　又法

一　距度切綫　半徑　一　赤道正弦　半徑

二　赤道正弦　二　距度切綫

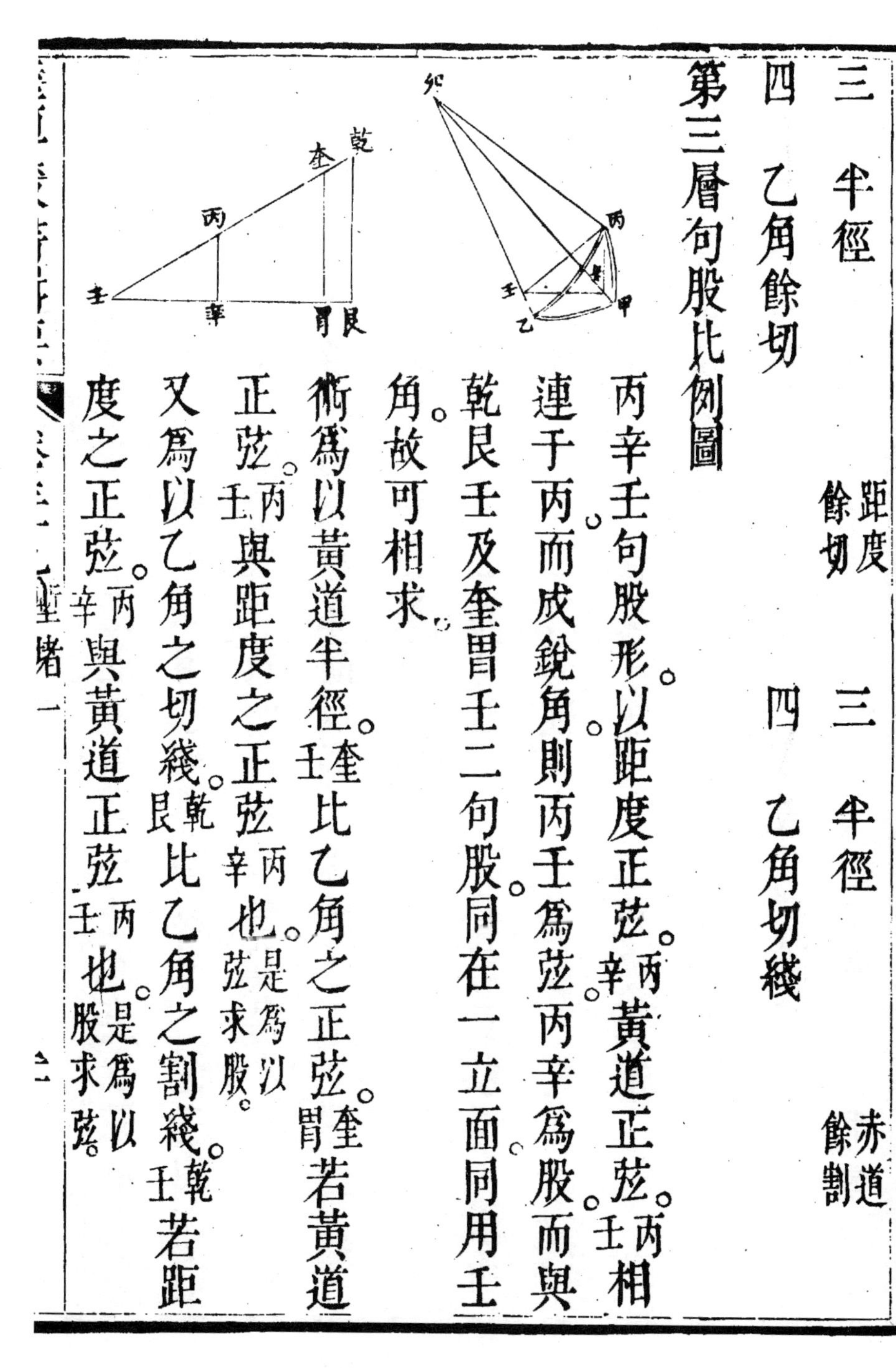

三　半徑　　距度餘切

四　乙角餘切

三　半徑　　赤道餘割

四　乙角切綫

第三層句股比例圖

丙辛壬句股形。以距度正弦(丙辛)黃道正弦(丙壬)相連于丙而成銳角。則丙壬為弦。丙辛為股。而與乾艮壬及奎胃壬二句股同在一立面。同用壬角。故可相求。

術為以黃道半徑(奎壬)比乙角之正弦(奎胃)若黃道正弦(丙壬)與距度之正弦(丙辛)也。(是為以弦求股。)

又為以乙角之切綫(乾艮)比乙角之割綫(乾壬)若距度之正弦(丙辛)與黃道正弦(丙壬)也。(是為以股求弦。)

解曰奎壬即癸卯黄道半徑也奎胃即癸巳距度正弦也乾艮即亢氐而乾壬即亢卯則乙角之切綫割綫也　從乙覘卯則乙丑壬卯半徑因直視成一點而合爲一角其角之正弦切割綫盡移于塹堵之第三層立面以爲弦爲股

	以黄道求距度		以距度求黄道		又法	
一	半徑	一	乙角切綫	一	乙角正弦	半徑
二	乙角正弦	二	乙角割綫	二	半徑	乙角餘割
三	黄道正弦	三	距度正弦	三	距度正弦	
四	距度正弦	四	黄道正弦	四	黄道正弦	

若求角則反用其率　又法

一	距度正弦	一	半徑	一	黄道正弦	半徑

二　黃道正弦

三　半徑　距度餘割

四　乙角正割

弧三角錐體即割渾圓體之一分

二　距度正弦

三　半徑　黃道餘割

四　乙角正弦

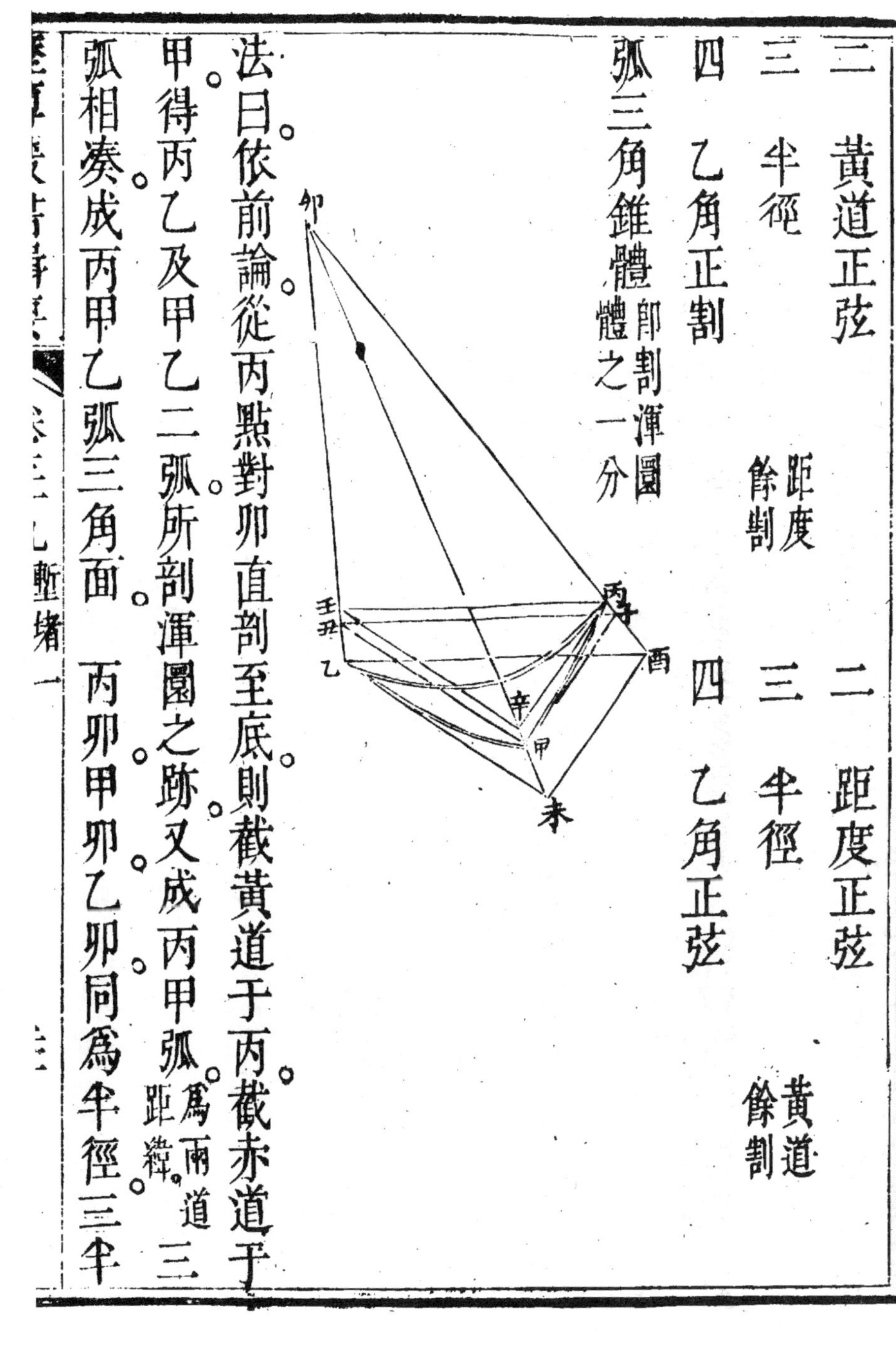

法曰依前論從丙點對卯直剖至底則截黃道于丙截赤道于甲得丙乙及甲乙二弧所剖渾圓之跡又成丙甲弧為兩道距緯三弧相湊成丙甲乙弧三角面　丙卯甲卯乙卯同為半徑三半

徑爲楞轃于卯心卯爲三角之尖乙甲丙弧三角面爲底成乙甲丙卯弧三角錐體爲割渾圜體之一分也。

此弧三角錐體含于句股立錐體內準前論可以明之。

因此弧三角錐與句股錐同銳尖卯異底一以弧三角面爲底。一以句股平面爲底。故以弧三角變爲句股以求其比例而有三法。即前條所論三層句股。

其一爲酉未乙句股形

用酉乙弦。爲黃道丙乙弧切綫。未乙句。爲赤道乙甲弧切綫。以當乙角之弦與句。

其一爲子甲丑句股形

用子甲股。爲距度丙甲弧切綫。甲丑句。爲赤道乙甲弧正弦。以當乙角之股與句。

其一爲丙辛壬句股形

用丙辛股。爲距度丙甲弧正弦。丙壬弦。爲黃道丙乙弧正弦。以當乙角之股與弦。

問兩弧求一弧。非句股錐乎。與此所用同耶異耶。曰形不異也。乃法異耳。何言乎法異。曰句股錐一也。而有用角不用角之殊。此用角度。其句股在錐形之底。以卯心爲錐形之銳。則三層句股皆爲其底。而遥對渾體之心。以視法成比例。兩弧求一弧。不用角度。其句股同在錐形之一面。無假視法。自成比例。所以不同。然其爲句股之比例一而已矣。

然則兩弧求一弧。惟用割綫餘弦。此所用者。惟正弦切綫。又何不同若是耶。曰角之句股在心。如卯亢氐等形。皆依極至交圈平剖渾圜成平面。其象如著。是在渾圜之心。與爲比例之句股在面。如酉未乙等形。皆以一角連于渾圜之面。二者相離。以視法相疊如一平面。然惟正弦切綫能與之平行。從凸面平視。則設度之正弦切綫。皆與渾圜中剖之平面諸綫平行。若割綫餘弦皆非平行。因視法而躋縮。失其本象。或斜對則長綫成短綫。或對視則直綫成一點。不能爲比例。

無所用之矣。若兩弧求一弧。則其句股自相埰疊于一平面。平立斜三面各具三句股。面如相埰疊。並以一大句股橫截成三。皆以本數自相爲比例。全不關于視法。故無躋縮。而其算皆割綫餘弦所成。于正弦切綫反無所取。所以不同。若以量體之法言之。割綫餘弦爲量立楞斜楞之法。正弦切綫則量底之法也。兩弧求一弧法見二卷。

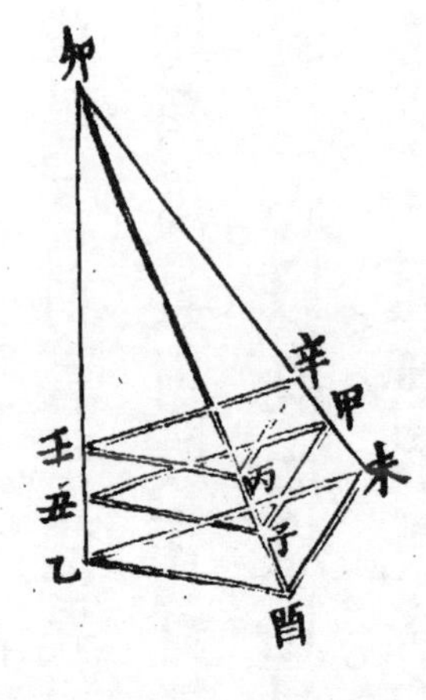

如圖　以卯爲句股立錐之頂。卯乙爲直立之楞。如渾圜半徑。卯未卯酉爲斜面之楞。並如割綫。酉乙未乙兩底綫。並如切綫。若依底綫平截之。成大小三形。則比例見矣。

剖渾圜用餘度法

塹堵內割句股方錐之䏰體

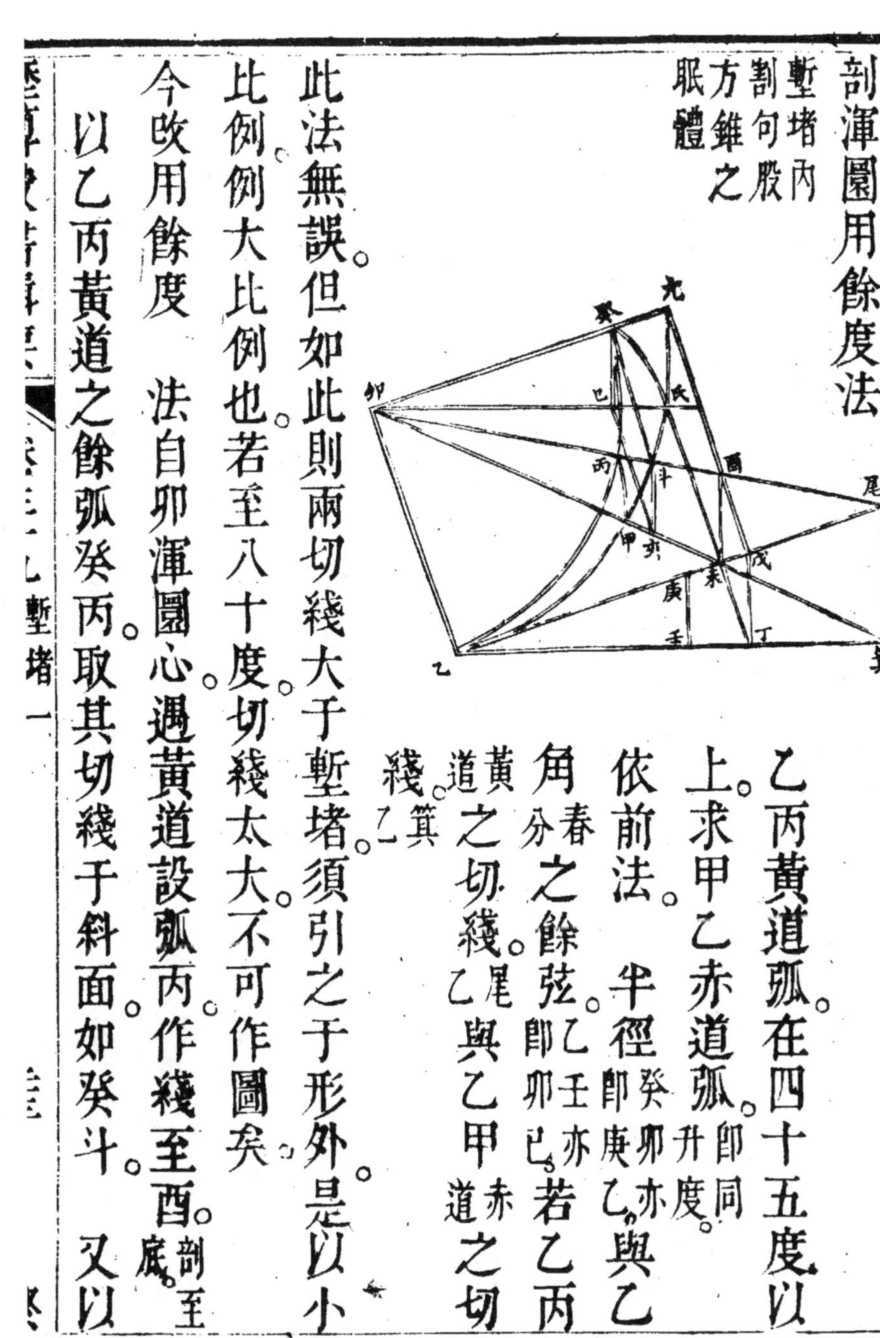

乙丙黃道弧。在四十五度。以上。求甲乙赤道弧。即同升度。

依前法。　半徑癸卯亦即庚乙。與乙角春分之餘弦。乙壬亦即卯巳。若乙丙黃道之切綫。尾乙與乙甲赤道之切綫。箕乙。

此法無誤。但如此則兩切綫大于塹堵。須引之于形外。是以小比例。例大比例也。若至八十度。切綫太大。不可作圖矣。

今改用餘度　法自卯渾圜心。遇黃道設弧丙作綫至酉。剖至底。

以乙丙黃道之餘弧癸丙。取其切綫于斜面如癸斗。　又以乙甲赤道之餘弧甲氐取其切綫于底如氐未即以氐未移至斜面之楞如亢酉變立句股尾箕爲平斜句股酉亢卯及斗癸卯兩形皆相似。法爲半徑卯癸與乙角之正割綫乙角即卯角。其割綫戊乙亦即卯亢。若乙丙黃道之餘切綫斗癸與乙甲赤道之餘切綫也。亢酉亦即氐未。

按此法從亢戊邊剖塹堵成句股方錐之㬮體。其剖形以亢氐酉未長方形爲底。以卯爲錐尖。以斜面之卯亢酉句股形及平面之卯氐未句股形爲相對之二邊。又以卯氐亢之立面句股形及卯未酉之斜立面句股形爲相對之二邊。其四面皆句股。其底長方而以卯爲尖。故曰㬮形。不直曰方錐者。以面皆句股而卯氐綫正立。故不得僅云陽馬。謂之句股方錐可也。亦如句股錐立三角不得僅謂鼈臑。

歷算叢書輯要卷四十

塹堵測量二

句股錐形

正弧三角之法即郭太史側視圖也郭法以側視取立句股又以平視取平句股故有圓容方直之法而不須用角西法專以側視之圖爲用故必用角用角即用弧也惟其用角故所用者皆側立之句股也余此法則兼用平立斜三種句股而其大小句股之比例並在一平面尤爲明白易見而不更言角旣與授時之法相通其兼用割綫起算春分又西曆之理也葢義取適用原無中外之殊算不違天自有源流之合敬存此稾以質方來其授時曆側視平視之圖詳具別卷

正弧三邊形以兩弧求一弧法（句股錐形之理）

句股錐形乃割員諸綫所成

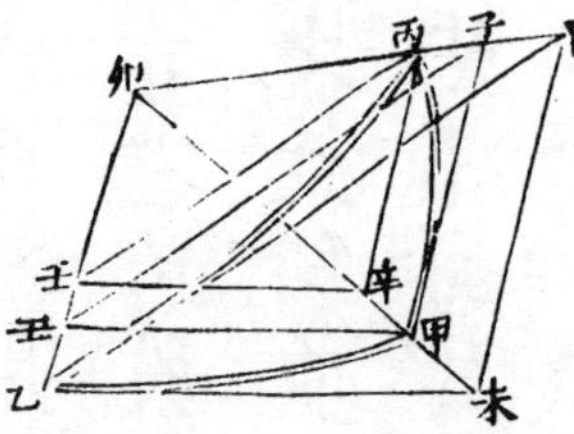

丙甲乙三角弧形。甲爲正角。

卯爲渾圓心。丙乙爲黄道距春分之一弧。甲乙爲赤道同升之弧。丙甲爲黄赤距度。（即過極圈之一弧。）丙卯爲黄道半徑。甲卯爲赤道半徑。卯乙爲黄赤兩道之半徑。壬卯爲丙乙黄道之餘弦。（以丙壬爲其正弦故。）丑卯爲甲乙赤道之餘弦。（以甲丑爲其正弦故。）辛卯爲丙甲距度之餘弦。（以丙辛爲其正弦故。）子卯爲丙甲割綫。（以子甲爲切綫知之。）酉卯爲丙乙割綫。（以酉乙爲切綫知之。）未卯爲甲乙割綫。（以未乙爲切綫知之。）

斜面酉乙卯及子丑卯及丙壬卯皆句股形。乙。丑。壬皆正角。又同用卯角。角之弧爲丙乙黄道。

平面未乙卯及甲丑卯及辛

壬卯皆句股形乙丑壬皆正角又同用卯角角之弧爲甲乙赤道。

立面酉未卯及子甲卯及丙辛卯皆句股形未甲辛皆正角又同用卯角角之弧爲丙甲距度

論曰因諸綫成平面句股形爲底兩立面句股形爲牆斜面句股形爲面則四面皆句股形矣而酉未聯綫及子甲切綫丙辛正弦皆直立故謂之句股錐形也其比例相等可以相求

用法　半徑與赤道之餘弦若黄道之割綫與距度之割綫

一	半徑	乙卯大句
二	甲乙餘弦	丑卯小句
三	丙乙割綫	酉卯大弦
四	丙甲割綫	子卯小弦

斜面四率圖

反之。則赤道餘弦與半徑。若距度割綫與黃道割綫。

又更之。則黃道割綫與半徑。若距度割綫與赤道餘弦。

右取斜面酉乙卯。子丑卯兩句股形。以乙卯半徑爲比例。借一餘弦兩割綫而成四率。

半徑與距度之割綫。若黃道之餘弦與赤道之餘弦。

反之。則距度割綫與半徑。若赤道餘弦與黃道餘弦。

又更之。則黃道餘弦與半徑。若赤道餘弦與距度割綫。

右取斜面丙壬卯。子丑卯二句股形。以丙卯半徑。借一割綫兩餘弦而成四率。

半徑與赤道割綫。若距度割綫與黃道割綫。

一　半徑　甲卯小句

二　甲乙割綫　未卯大句

三　丙甲割綫　子卯小弦

四　丙乙割綫　酉卯大弦

更之。則赤道割綫與半徑若黃道割綫與距度割綫。

又更之。則距度割綫與半徑。若黃道割綫與赤道割綫。

右取立面酉未卯。子甲卯二句股形。以甲卯半徑偕三割綫而成四率。

半徑與黃道餘弦。若赤道割綫與距弧餘弦。

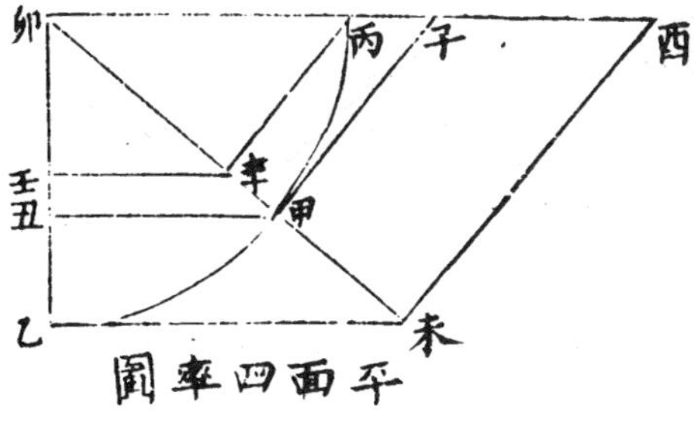

一　半徑　乙卯大句

二　丙乙餘弦　壬卯小句

立面四率圖

卯　丙　子　酉　辛　壬　丑　甲　乙　未

平面四率圖

三　甲乙割綫　未卯大弦　四　丙甲餘弦　辛卯小弦

更之則黃道餘弦與半徑若距弧餘弦與赤道割綫。

又更之則赤道割綫與半徑若距弧餘弦與黃道餘弦。

右取平面未乙卯辛壬卯二句股形以乙卯半徑偕兩餘弦一割綫而成四率。

半徑與距度餘弦若赤道餘弦與黃道餘弦。

一　半徑　甲卯大弦

二　丙甲餘弦　辛卯小弦

三　甲乙餘弦　丑卯大句

四　丙乙餘弦　壬卯小句

更之則距度餘弦與半徑若黃道餘弦與赤道餘弦。

平面四率圖

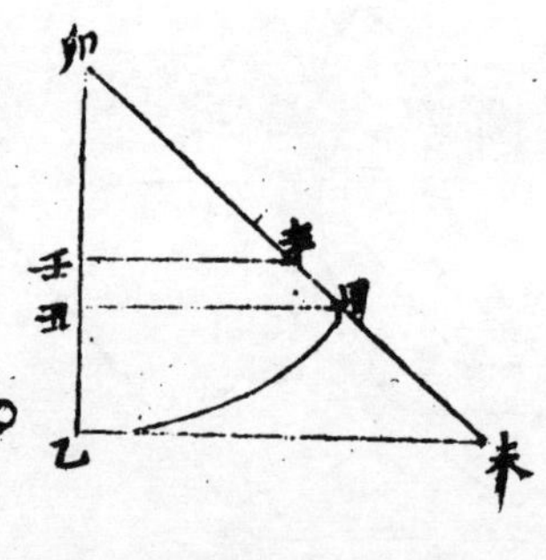

又更之。則赤道餘弦與半徑若黃道餘弦與距度餘弦。

右取平面甲丑卯辛壬卯二句股以甲卯半徑皆三餘弦而成四率。

半徑與黃道割綫若距弧餘弦與赤道割綫。

一　半徑　　　丙卯小弦
二　丙乙割綫　酉卯大弦
三　丙甲餘弦　辛卯小句
四　甲乙割綫　未卯大句

更之。則黃道割綫與半徑若赤道割綫與距弧餘弦。

又更之。則距弧餘弦與半徑若赤道割綫與黃道割綫。

右取立面酉未卯丙辛卯二句股形以丙卯半徑皆兩割綫

立面四率圖

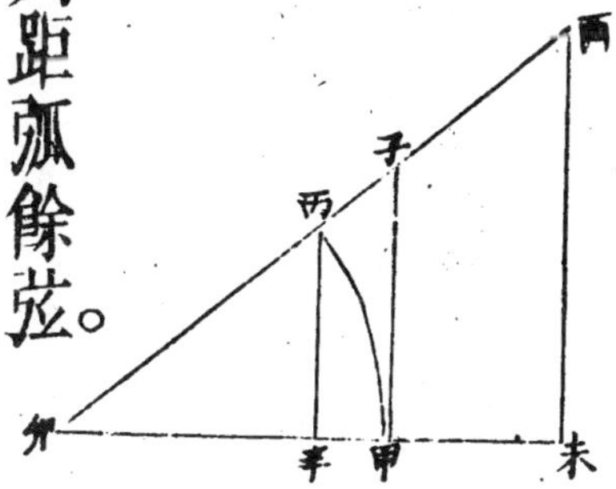

酉　子　丙　卯　辛　甲　未

一餘弦而成四率

作立三角儀法 即句股錐形

展形

展之則成四句股

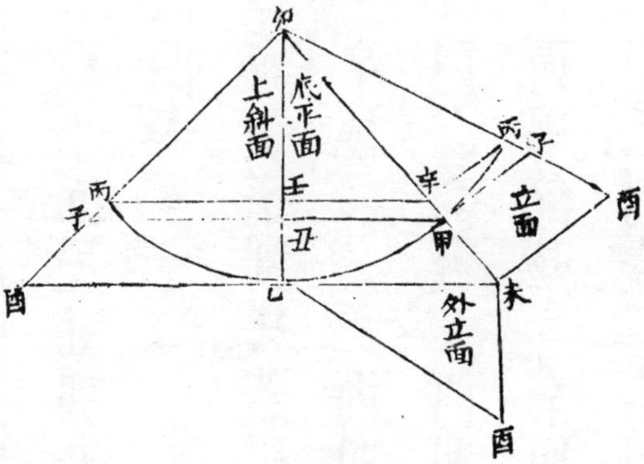

合形

合之則成立錐

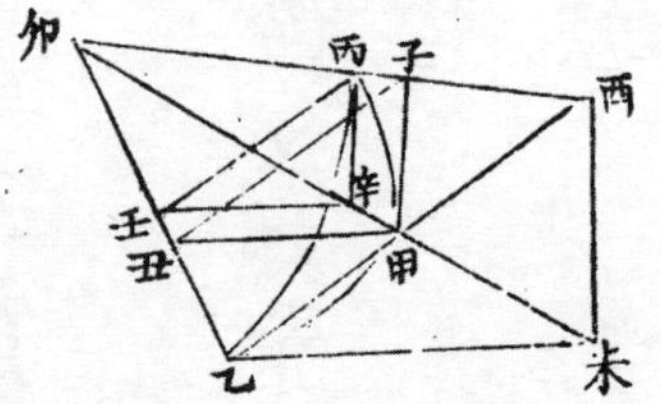

法以堅楮。依各綫畫成句股。而摺輳之。則各綫之在渾圓者具可覩矣。　任取黃道之一弧為例。則各弧並同。

底上甲乙弧。赤道同升度也。赤道各綫。俱在平面為底面。上丙乙弧。黃道度也。

黃道各綫俱在斜面立面丙甲弧度黄赤距緯也距緯各綫俱在立面外立面爲黄赤兩切綫之界

論曰此即郭若思太史員容方直之理也太史法從二至起算先求大立句股依距至黄道度取其正半弦爲界直切至赤道平面截黄赤道兩半徑成小立句股以此爲法求得平面大句股則赤道之正半弦也其直切兩端下垂之跡在二至半徑者既成小立句股其在所求本度者又成斜立句股此斜立句股之股則本度黄赤距度之正半弦也于是直切之跡有黄道正半弦爲其上下之横長有黄赤距度之正半弦爲兩端之直闊成直立之長方形而在渾體之中故曰弧容直闊也此側立長方之四角各有黄赤道之徑爲其楞以直凑渾體之心成眠體

之句股方錐。句股方錐者。底雖方而錐尖偏在一楞。則其四面皆成句股。此郭太史之法也。今用八綫之法以句股御渾體。其意畧同。但其法主于用角。故從二分起算。遂成立句股錐形。立句股錐形亦可以卯心爲錐尖。是爲眠體錐形。如此則兩錐形之尖皆在員心。（一郭法一今法）而可通爲一法。是故用郭太史法則以句股方錐爲主。而句股錐形其餘度所成之餘形。今以句股錐形爲主。則員容直闊所成句股方錐又爲餘度餘形矣。然則此兩法者不惟不相違。而且足以相發。古人可作。固有相視而笑莫逆于心者矣。余竊怪夫世之學者入主出奴。不能得古人之深。而輕肆詆訶者皆是也。吾安得好學深思其人與之上下其議哉。

句股方錐

塹堵虛形以測渾員原有二法一爲句股錐形一爲句股方錐其句股錐之法獨有耑論方錐之法亦略見于諸篇而未暢厥旨故復著之其法以弧求弧而不言角與句股錐同而起算二至則郭太史本法矣方錐與錐形互相爲正餘故亦可以算距分之度也

算黃赤道及其距緯以兩弧求一弧又法用句股方錐形亦塹堵形之分

以八綫法立算起數二至本郭太史員容方直之理而稍廣其用亦不言角

圖見後

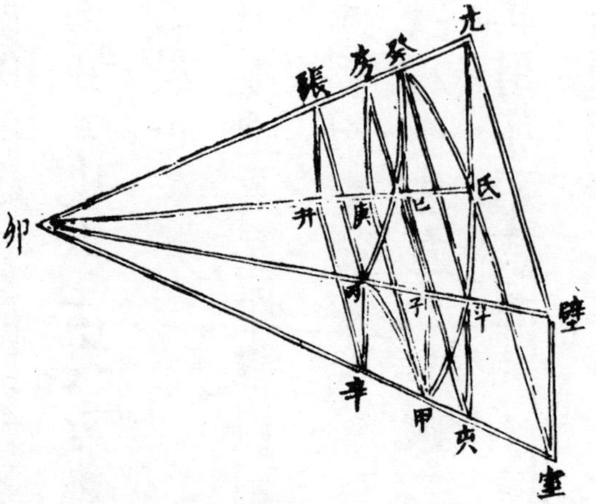

如圖。癸爲二至黃道。癸丙爲距至黃道之一弧如所設。氐爲二至赤道。氐甲爲距至赤道之一弧。與癸丙黃道相應。癸氐爲二至黃赤大距弧二十三度半强。丙甲爲所設各度之黃赤距緯即過極圈之一弧。卯爲渾圓心。

黃道癸丙之正弦丙張。餘弦張卯。

正矢癸張。切綫癸斗。割綫斗卯。

赤道氐甲之正弦甲庚。餘弦庚卯。正矢氐庚。切綫氐室。割綫室卯。

大距度癸氐之正弦癸己。餘弦己卯。正矢氐己。切綫氐亢。割綫亢卯。

距緯丙甲之正弦丙辛。餘弦辛卯。正矢甲辛。切綫甲子。割綫子卯。

論曰。因諸綫成各句股形。爲句股方錐之面。其鋭尖皆會于卯心。又成方直形以爲之底。遂成句股方錐之眡體。

一斜平面有黃道弧諸綫。成句股形二。一丙張卯一斗癸卯。又有相應之赤道諸綫。亦成句股形二。一壁亢卯一子房卯。四者皆相似而比例等。

一平面有赤道弧諸綫。成句股二。一甲庚卯一室氐卯。又有相應之黃道諸綫。亦成句股二。一辛井卯一亥巳卯。四者皆形相似而比例等。

一立面有大距弧諸綫。成句股二。一癸巳卯一亢氐卯。又有相對之距緯諸綫。亦成句股二。一張井卯一房庚卯。四者皆形相似而比例等。

一斜立面有黄赤距度諸綫成句股二。一丙辛卯。一子甲卯。又有相對之大距度諸綫亦成句股二。一斗亥卯。一壁室卯。四者皆相似而比例等。

論曰。斜平面平面立面斜立面各具四句股而並爲相似之形者。皆以一大句股截之成四也。其股與弦並原綫而所截之句又平行。其比例不得不等。

一內外兩方直形。一在渾圓形內。即郭法所用。乃黄道及距緯兩正弦所成。一在渾圓形外。乃赤道及大距兩切綫所成。有平立諸綫爲各相似相連句股形之句。亦即爲相似兩方錐之底而比例等。

一不內不外兩方直形。一跨黄道內外。乃赤道正弦及距緯切綫所成。一跨赤道內外。乃黄道切綫及大距正弦所成。有平立諸綫爲各相似相連句股形之句。亦即爲相似兩方錐之底而比例等。

論曰方錐眂體以平行之底橫截之。即四種方直形。成大小四皆方錐之底。方錐其錐體之頂銳卯與其四棱皆不動所截之底又平行故其比例相似而等。

又論曰黃道在斜平面。赤道在平面。而其綫互居者以方直形故也。大距度在立面。距緯度在斜立面。而其綫畢具者亦以方直形故也。蓋形既方直則橫綫直綫兩兩相對而等。

用斜平面比例

黃道半徑與黃道正弦。若距緯割綫與赤道正弦。

斜平面四率圖

一　半徑　丙卯小弦

二　黃道正弦　丙張小股

三　距緯割綫　子卯大弦

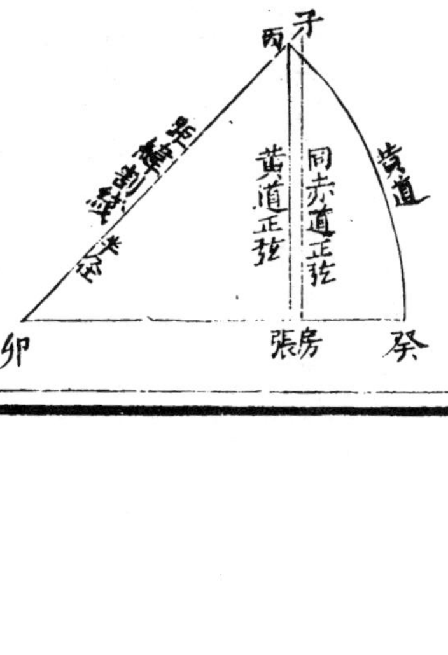

一

子
丙
黃道
同赤道正弦
黃道正弦
距緯割綫
半徑
卯
張
房
癸

四　赤道正弦　子房大股。

更之。黄道正弦與黄道半徑若赤道正弦與距緯割綫。

又更之。距緯割綫與黄道半徑若赤道正弦與黄道正弦。

右取斜平面張丙卯房子卯二句股形以丙卯半徑借一割綫兩正弦而成四率。

黄道半徑與黄道切綫若大距割綫與赤道切綫。

一　半徑　癸卯小句

二　黄道切綫　癸斗小股

三　大距割綫　亢卯大句

四　赤道切綫　亢壁大股

更之。黄道切綫與黄道半徑若赤道切綫與大距割綫。

斜平面四率圖二

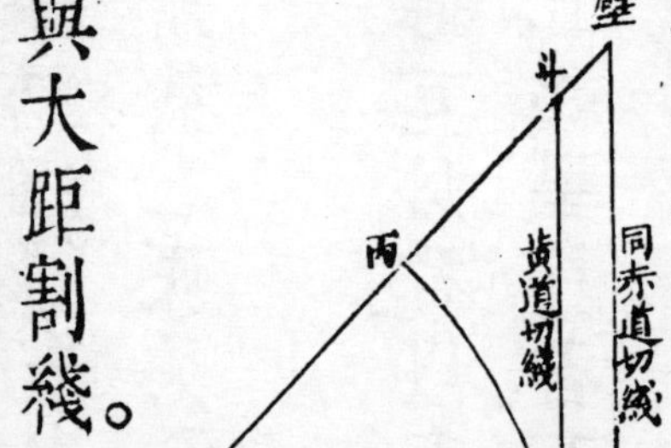

又更之大距割綫與黄道半徑若赤道切綫與黄道切綫

右取斜平面斗癸卯壁亢卯二句股形以癸卯半徑偕一割綫兩切綫而成四率

平面比例

赤道半徑與赤道正弦若距緯餘弦與黄道正弦

一　半徑　甲卯大弦

二　赤道正弦　甲庚大股

三　距緯餘弦　辛卯小弦

四　黄道正弦　辛井小股

更之赤道正弦與赤道半徑若黄道正弦與距緯餘弦

一甲庚大股　二甲卯大弦　三辛井小股　四辛卯小弦

平面四率圖一

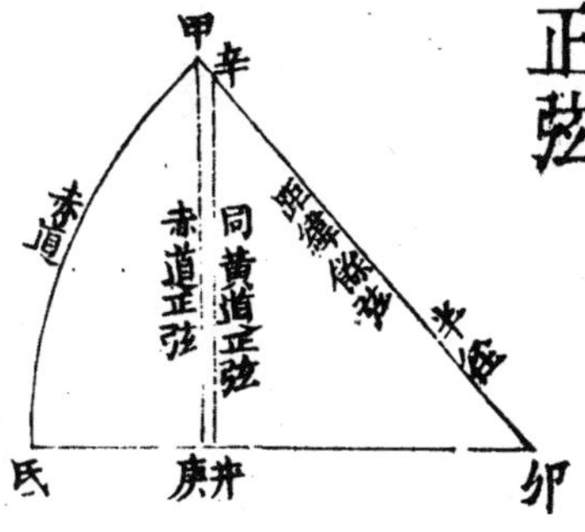

甲
辛
赤道
赤道正弦
同黄道正弦
距緯餘弦
半徑
氐
庚井
卯

又更之。距緯餘弦與赤道半徑。若黃道正弦與赤道正弦。

右取平面井辛卯庚甲卯二句股形。以甲卯半徑。偕一餘弦兩正弦。而成四率。

赤道半徑與赤道切綫。若大距餘弦與黃道切綫。

一　半徑　　氐卯大句

二　赤道切綫　氐室大股

三　大距餘弦　己卯小句

四　黃道切綫　己亥小股

更之。赤道切綫與赤道半徑。若黃道切綫與大距餘弦。

又更之。大距餘弦與赤道半徑。若黃道切綫與赤道切綫。

右取平面亥己卯室氐卯二句股形。以氐卯半徑。偕一餘弦

平面四率圖二

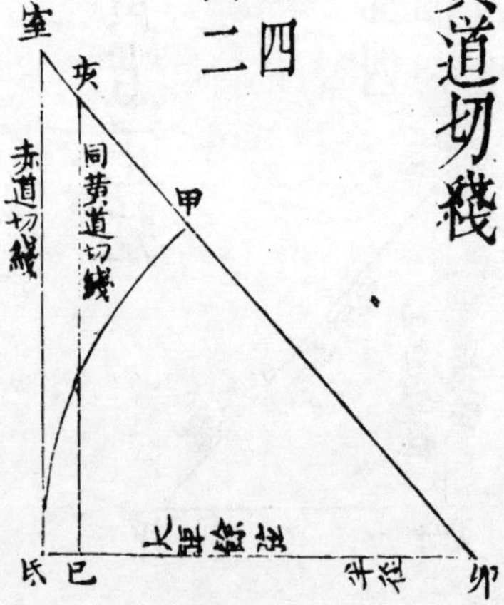

室　亥　甲　赤道切綫　同黃道切綫　大距餘弦　半徑　氐　己　卯

兩切綫而成四率。

立面比例

黃道半徑與大距正弦。若黃道餘弦與距緯正弦。

一　半徑　癸卯大弦

二　大距正弦　癸巳大股

三　黃道餘弦　張卯小弦

四　距緯正弦　張井小股

更之。大距正弦與黃道半徑。若距緯正弦與黃道餘弦。

又更之。黃道餘弦與黃道半徑。若距緯正弦與大距正弦。

右取立面巳癸卯。井張卯。二句股形。以癸卯半徑。偕一餘弦。兩正弦而成四率。

立面四率圖一

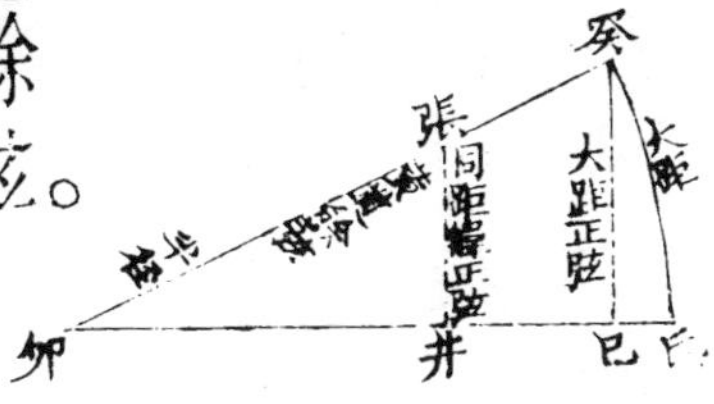

赤道半徑與大距切綫。若赤道餘弦與距緯切綫。

一 半徑 氐卯大句

二 大距切綫 氐亢大股

三 赤道餘弦 庚卯小句

四 距緯切綫 庚房小股。

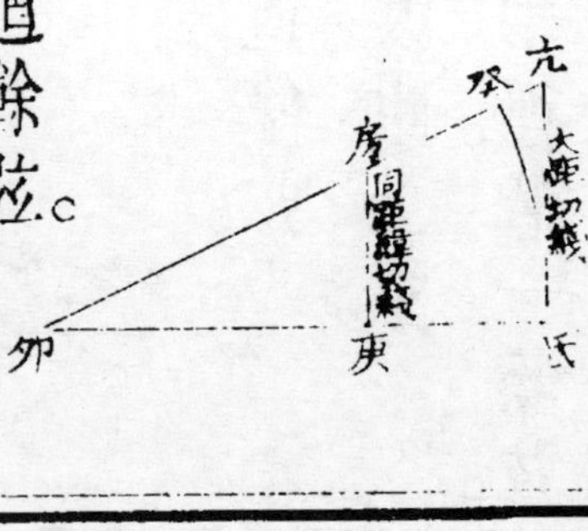

更之。大距切綫與赤道半徑。若距緯切綫與赤道餘弦。

又更之。赤道餘弦與赤道半徑。若距緯切綫與大距切綫。

右取立面房庚卯亢氐卯二句股形。以氐卯半徑當一餘弦。兩切綫。而成四率。

立面四率圖二

斜立面比例

黃道半徑與距緯正弦。若黃道割綫與大距正弦。

一　半徑　丙卯小弦
二　距緯正弦　丙辛小股
三　黃道割綫　斗卯大弦
四　大距正弦　斗亥大股。

更之。距緯正弦與黃道半徑若大距正弦與黃道割綫。

又更之。黃道割綫與黃道半徑若大距正弦與距緯正弦。

斜立面四率圖一

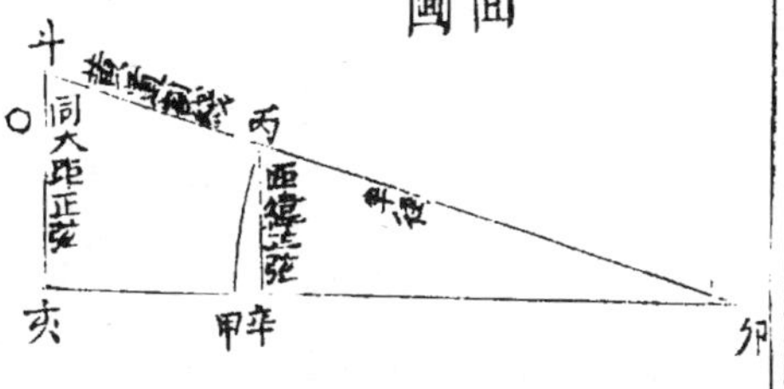

斗　丙　亥　甲辛　卯
同大距正弦　距緯正弦　半徑

右取斜立面辛丙卯亥斗卯二句股形。以丙卯半徑借一割綫。兩正弦而成四率。

赤道半徑與距緯切綫若赤道割綫與大距切綫。

一　半徑　甲卯小句
二　距緯切綫　甲子小股

三　赤道割綫　室卯大句

四　大距切綫　室壁大股

更之。距緯切綫與赤道半徑。若大距切綫與赤道割綫。

又更之。赤道割綫與赤道半徑。若大距切綫與距緯切綫。

斜立面四率圖二

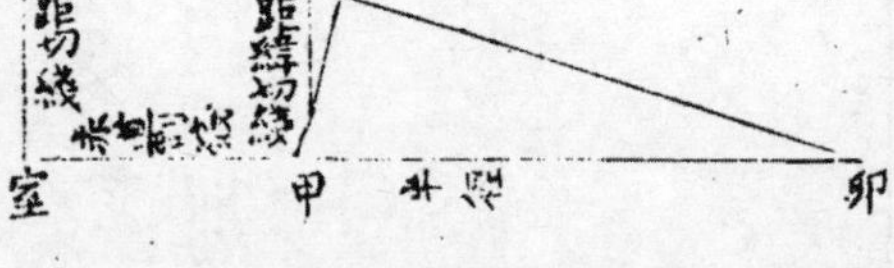

右取斜立面子甲卯壁室卯二句股形。以甲卯半徑。偕一割綫。兩切綫。而成四率。

以上方錐形之四面。每面有大小四句股形。即各成四率。比例者六。合之則二十有四。並以兩弧求一弧。而不言角。

方直形比例

黃道正弦與距緯正弦。若赤道切綫與大距切綫。

一　黃道正弦　井辛小句

二　距緯正弦　張井小股

三　赤道切綫　氐室大句

四　大距切綫　亢氐大股

方直形四率圖一

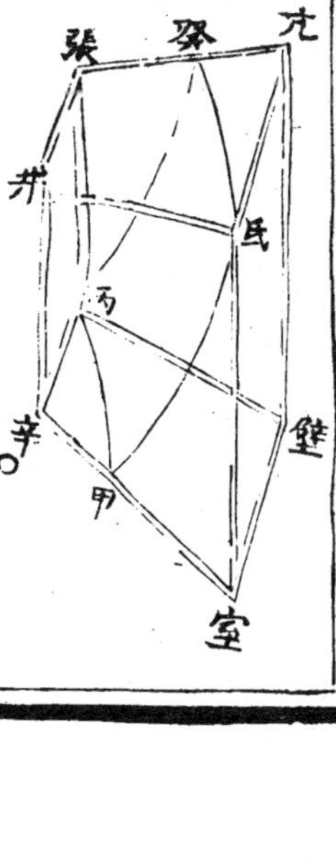

張　癸　亢　井　氐　丙　辛　壁　甲　室

更之。距緯正弦與黃道正弦。若大距切綫與赤道切綫。

又更之。赤道切綫與大距切綫。若黃道正弦與距緯正弦。

再更之。大距切綫與赤道切綫。若距緯正弦與黃道正弦。

右取渾體內所容方直形上黃道及距緯兩正弦偕渾體外所作方直形上赤道及大距兩切綫。而成四率。

赤道正弦與距緯切綫。若黃道切綫與大距正弦。

一　赤道正弦　庚甲小句

二　距緯切綫　房庚小股

三　黄道切綫　巳亥大句

四　大距正弦　癸巳大股

方直形四率圖二

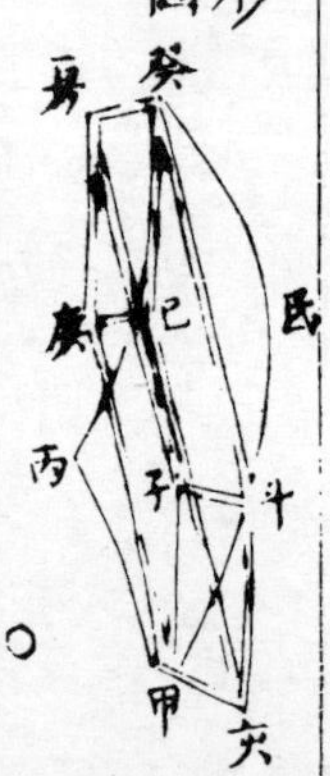

更之。距緯切綫與赤道正弦。若大距正弦與黄道切綫。

又更之。黄道切綫與大距正弦。若赤道正弦與距緯切綫。

再更之。大距正弦與黄道切綫。若距緯切綫與赤道正弦。

右取方直形上黄道切綫大距正弦。借又一方直形上赤道正弦距緯切綫而成四率。

以上大小方錐形之底。各成方直形。而兩兩相偕。即各成四率比例者四。合之則八。並以三弧求一弧。而不言角。

凡句股方錐形所成之四率比例。共三十有二。皆不言角。内四率中有半徑者二十四。並兩弧求一弧。四率中無半

徑者八以三弧求一弧其不言角則同

問各面之句股形並以形相似而成比例若方直形所用皆各形之大小句然不同居一面又非相似之形何以得相爲比例曰句股形一居平面一居立面而能相比例者以有棱綫爲之作合也何以言之如亢卯割綫爲方錐形之一棱而此綫旣爲斜平面句股形卯壁亢之股又即爲立面句股形卯氐亢之弦故其比例在斜平面爲亢卯與張卯若亢壁與張丙也而在立面爲亢卯與張卯若亢氐與張井也合而言之則亢壁與張丙亦若亢氐與張井餘倣此

問此以方直相比非句股本法矣曰亦句股也試平置方錐以方底著地使卯銳直指天頂而從其卯頂俯視之則卯井庚巳氐而卯氐棱綫正立如垂

棱綫上分段之界因對視而成一點。亢卯棱綫與亢氐綫相疊。室卯綫與室氐相疊。皆脗合爲一。惟亢壁室氐直方形因平視而得正形。其壁卯棱綫則成壁氐。而斜界于對角。分直方形爲兩句股形矣。又其分截之三方直形。亦以平視得正形。亦各以棱綫分爲兩句股。而大小相疊。成相似之形。而比例等矣。

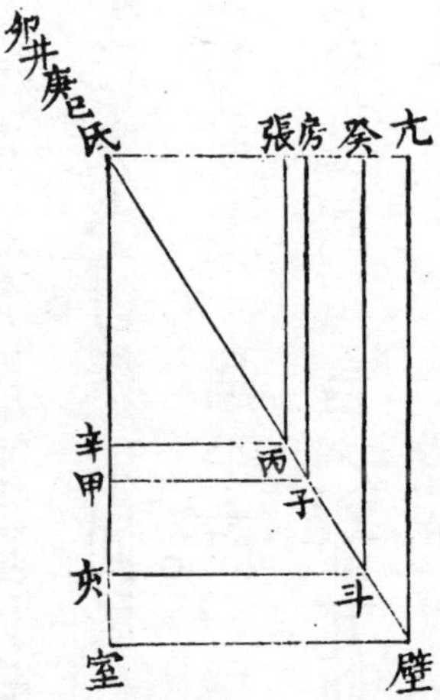

如圖亢氐室壁長方。以壁氐綫成兩句股。而張井辛丙長方。（即張氐辛丙。）亦以丙卯綫（即丙井。即丙氐。）亦成兩句股並形相似。則亢壁與張丙。若亢氐與張井。（張井）

（即張氐。）

又癸巳亥斗長方。（即癸氐亥斗。）以斗卯綫（即斗巳。即斗氐。）又成兩句股。而房。庚甲子長方。卽房氐甲子。亦以子卯綫卽子庚卽子氐又成兩句股而形相似則癸斗與房子若癸巳與房庚。癸巳與房庚卽癸氐與房氐。

展形展之成四句股面。一方直底。

合形合之則成句股方錐

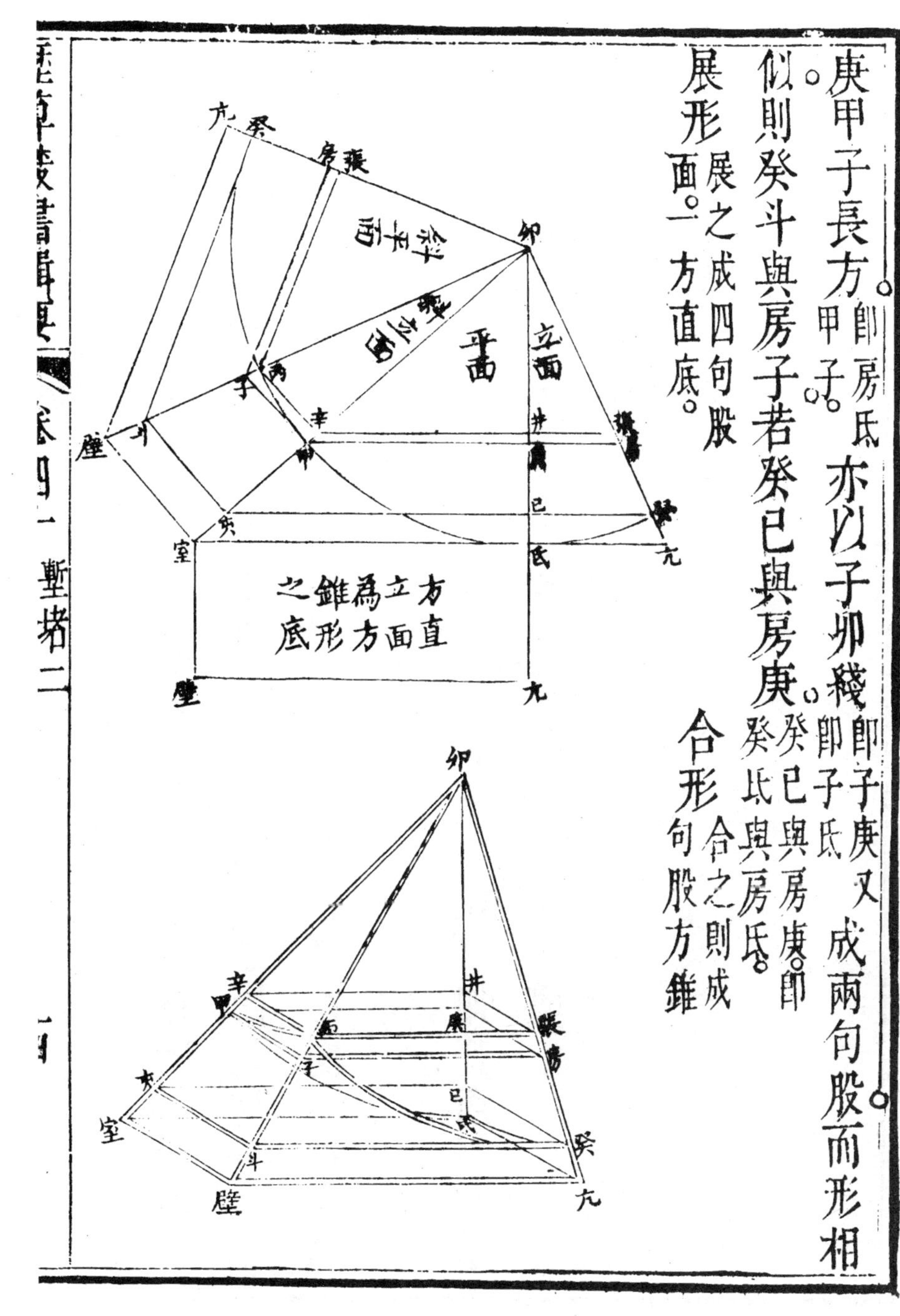

作方直儀法即句股立方錐

法以堅楮依黃赤大距二十三度半畫成立面。再任設赤道距至度畫成平面。再依法畫距緯斜立面。及黃道距至度斜平面。并方直底。然後依棱摺輳。即渾圓上各綫相爲比例之故了然共見。

任指黃道或赤道之距至一弧爲式。即各弧可知。其所用距至弧或在至前。或在至後。或冬至。或夏至。並同一理。

方塹堵內容圓塹堵法

先解方塹堵

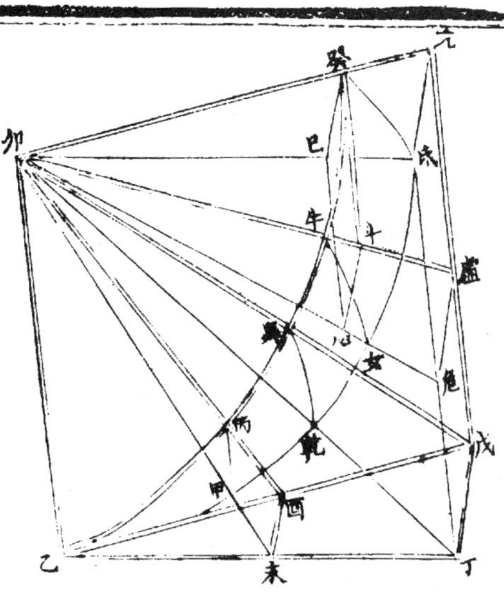

塹堵以正方爲底。氐卯丁乙形其上有赤道象限。氐乾乙弧。乙春分。氐夏至。以長方爲斜面。亢卯戊乙形。其上有黄道象限。癸巽乙弧。乙春分。巽夏至。底與面一邊相連。卯乙邊爲底與斜面所同用。故相連。乃黄赤道之半徑。一邊相離。氐丁邊在底。與赤道平行。亢戊邊在斜面。故相離。其距爲亢氐。爲戊丁。皆大距度癸氐弧之切綫。其形似斧。

從斜面作戊卯對角綫。切至底。成丁卯對角綫于底。分塹堵爲兩。則赤道爲兩平分。赤道平分于乾。乾乙距春分。乾氐距夏至。各得四十五度。而黄道爲不平分。黄道分于巽。則巽乙距春分四十七度二十九分弱。而巽癸距夏至四十二度三十一分強。于是黄道切綫戊乙與大距度割綫亢卯等。而方塹堵之形以成。亢卯爲大距二十三度三十一分半之割綫。其數一〇九〇六五。戊乙爲黃道四十七度二十九分之切綫。其數亦一〇九〇六五。兩數既同。故能作長方斜面。而成塹堵。乃黃道求赤道用兩切綫之所賴也。若赤道求黃道。則反用其率。

法曰：自黃道四十七度二十九分以前用正切，是立面句股比例。戊丁乙句股比例。即亢氐卯。或用癸巳卯。皆大句股也。其酉未乙則爲小句股。

一　戊乙即巽乙黃道之切綫。而與大距割綫亢卯等。　癸卯黃道半徑　大弦

二　丁乙即乾乙赤道之切綫。而與赤道半徑氐卯等。　巳卯大距餘弦　大句

三　酉乙丙乙黃道之正切。　小弦

四　未乙甲乙赤道之正切。　小句

右黃道求赤道。爲以弦求句。

一　赤道半徑氐卯　大句

二　大距割綫亢卯　大弦

三　赤道切綫未乙甲乙赤道　小句

四　黄道切綫酉乙丙乙黄道　小弦。

右赤道轉求黄道。爲以句求弦。

自黄道四十七度二十九分以後。用餘切。是斜平面句股比例。斜面亢虛卯爲大句股。癸斗卯爲小句股。在平面則爲氐危卯大句股。己心卯小句股。

一　黄道半徑癸卯　小股

二　大距割綫亢卯　大股

三　黄道餘切癸斗　小句牛乙黄道。其餘弧牛癸。

四　赤道餘切亢虛　大句女乙赤道。其餘弧女氐。

右黄道求赤道。爲以股求句。

一　赤道半徑氐卯　大股

二　大距餘弦巳卯　小股

三　赤道餘切危氐即亢虛　大句　女氐即女乙赤道之餘。

四　黃道餘切心巳即癸斗。　小句　牛癸即牛乙黃道之餘。

右以赤道轉求黃道亦爲以股求句。

論曰。赤道求黃道用句股于赤道平面。即郭太史員容方直之理。但郭法起二至。則此所謂餘弧。乃郭法之正弧。又郭法只用正弦。而此用切綫爲差別耳。

又論曰。正切綫法亦可用于半象限以上。餘切綫亦可用于半象限以下。此因方塹堵之底正方。則所用切綫至方角而止。故各用其所宜。云半象限者。主赤道而言。若黃道。以四十七度二十九分爲斷。一平一斜。故其比例如弦與句。

又論曰。正切綫法即句股錐形也。餘切綫法即句股方錐也。以

圓塹堵圖一

對角斜綫分塹堵爲兩成此二種錐形遂兼兩法

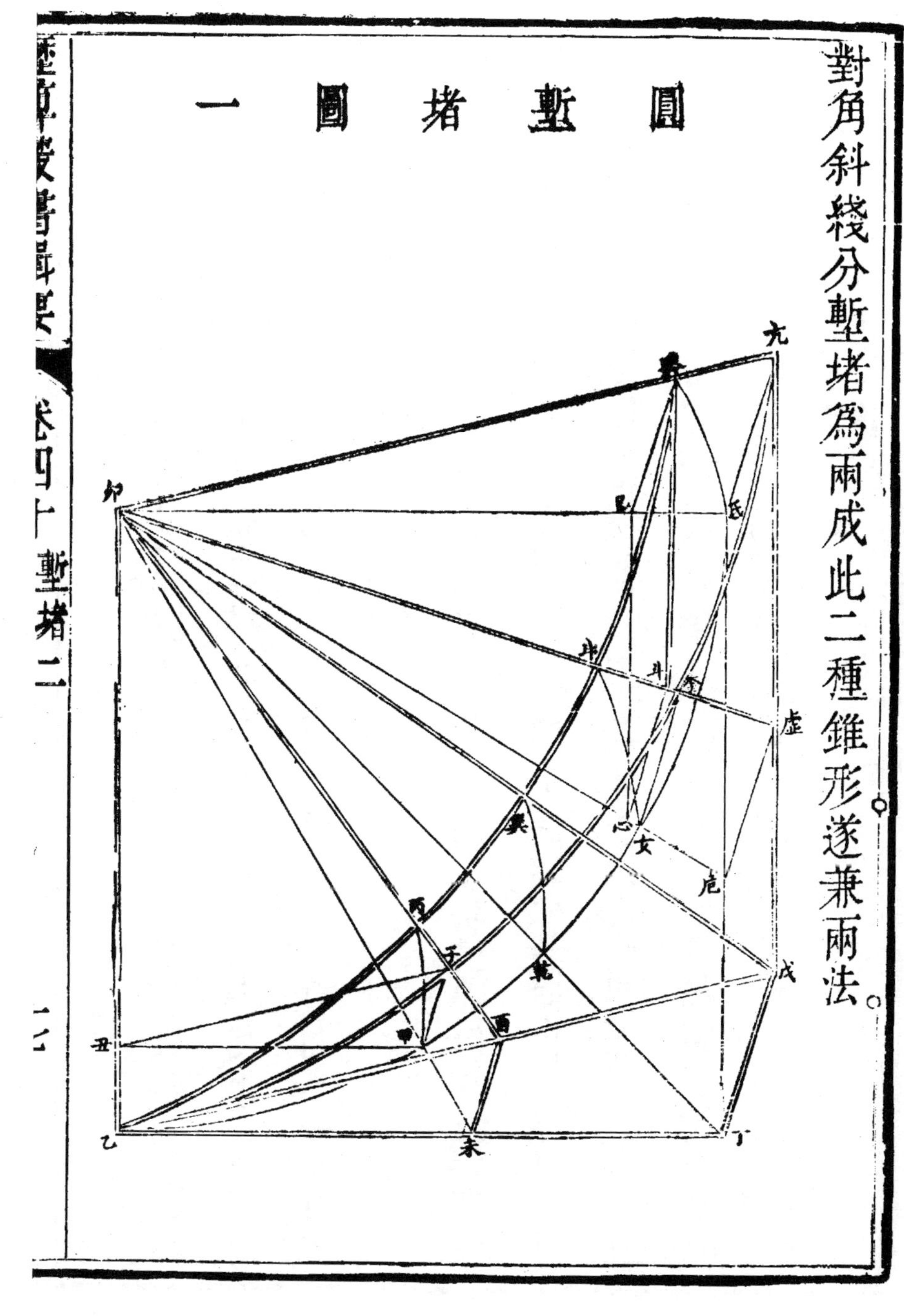

次解員塹堵

方塹堵內容割渾員之分體。以癸牛丙乙黄道。爲其斜面之界。以氐女甲乙赤道。爲其底之界。而以癸氐大距弧及牛女丙甲等逐度距弧。爲其高。高之勢曲抱。如渾員之分斜面平面皆爲平員四之一。其高自癸氐大距。漸殺至春分乙角。而合爲一點。

員塹堵者。雖亦在方塹堵之內。然又在所容割渾員分體之外。與割渾員體同底。亦以赤道爲界。而不同面。其面自乙春分過子過奎至亢。其形卯乙短而亢卯長。如割平撱員面四之一。其撱員邊之距心。皆以逐度距緯。如丙甲牛女等之割綫所至爲其界。如卯子爲丙甲距弧割綫。卯奎爲牛女距弧割綫之類。而以逐度距緯之切綫爲其高。如子甲爲丙甲距弧切綫。奎女爲牛女距弧切綫之類。

法以赤道為圜作圓柱。置渾圓在圓柱之內。對赤道橫剖之。則所剖圓柱之平圓底。即赤道平面也。又自夏至依大距二十三度三十分半之切綫為高。斜對春秋分剖至心。則黃道半周在所剖之斜面矣。

然黃道半周。雖在所剖斜面。而黃道自為半平圓。所剖斜面則為半撱員。黃道平圓在撱圓內。兩端同而中廣異。兩端是二分如乙為平撱同用之點。中廣是夏至。如黃道癸在撱面亢之內。其距為癸亢。此圜塹堵之全體也。于是又從亢癸對卯心直剖到底。則成圓塹堵之半體。即方塹堵所容也。此圓塹堵斜面之高。俱為其所當距緯弧之切綫。渾圓上弧三角法。以距緯切綫與赤道平面之正弦相連為句股而生比例。是此形體中所具之理。

圓塹堵圖二

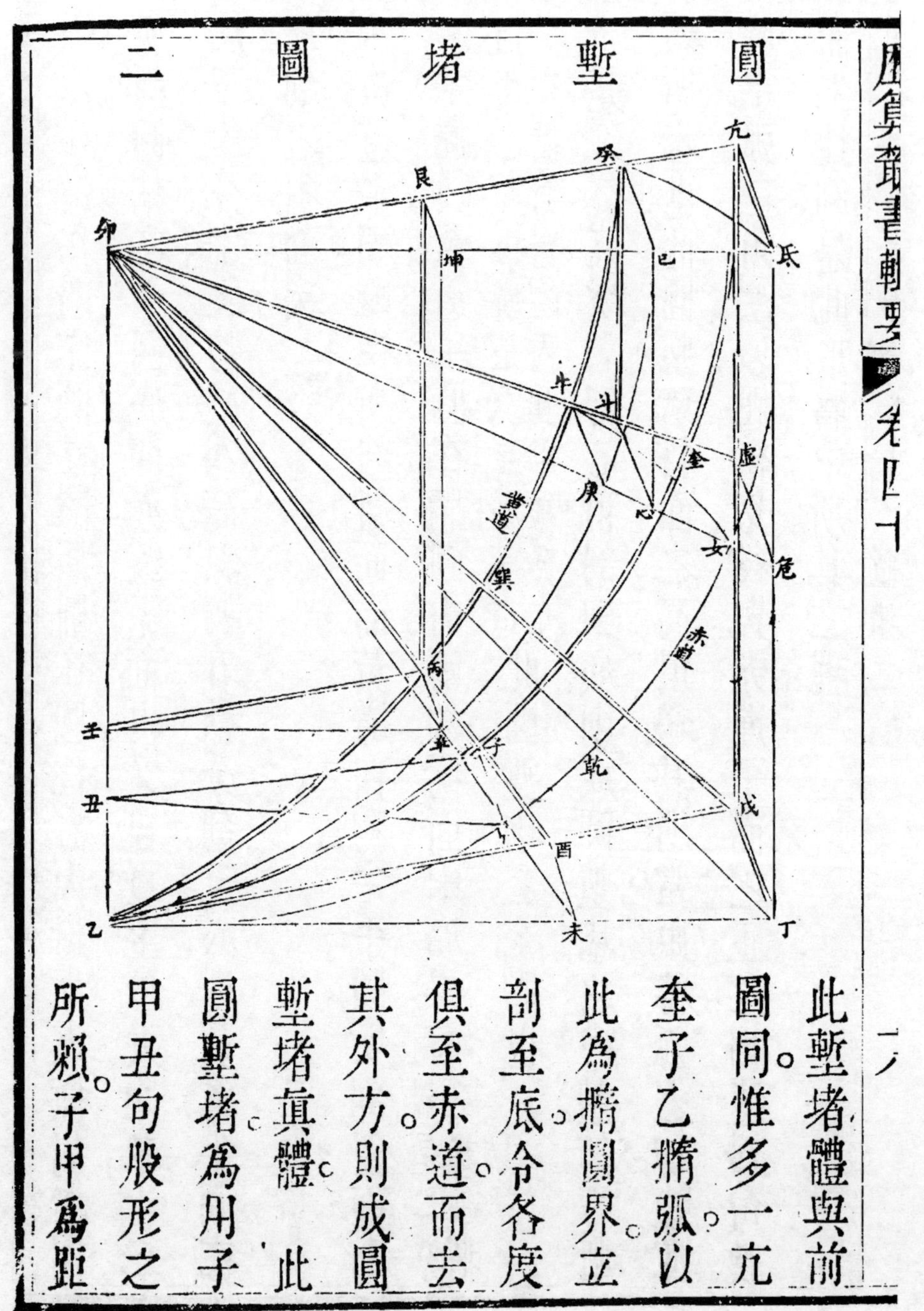

此塹堵體與前圖同。惟多一亢奎子乙撱弧。以此爲撱圓界。立剖至底。令各度俱至赤道而去其外方。則成圓塹堵眞體。

此圓塹堵爲用子甲丑句股形之所賴。子甲爲距弧切綫甲丑爲赤道正弦也又子甲如股甲丑如句法爲子甲與甲丑若亢氐與氐卯　前圖爲從心視邊此爲從邊視心葢因欲顯圓塹堵内方直形故爲右觀之象與前圖一理惟多一已庚辛乙撱弧前圖亢奎子乙撱弧在黄道斜面此圖已庚辛乙撱弧在赤道平面

圓塹堵有二

若自斜面之黄道象限各度直剖至赤道平面亦成圓塹堵象限然又在剖渾圓體分之内其體以斜面爲正象限但斜立耳其底在赤道者轉成撱圓

此撱圓形在赤道象限之内惟乙點相連此即簡平儀之理其撱之法則以卯乙半徑爲大徑癸氐距弧之餘弦卯已爲小

徑小徑當二至大徑當二分與前法正相反然其比例等何也割綫與全數若全數與餘弦也

此圓塹堵以揩形爲底象限爲斜面以距度逐度之正弦爲其高乃黃道距緯相求用兩正弦之所賴也

此圓塹堵內又容小方塹堵乃郭太史所用圓容方直也

渾圓因斜剖作角而生比例成方圓塹堵形其角自〇度一分以至九十度凡五千四百則方圓塹堵亦五千四百矣乙角以春分爲例則其度二十三度半強其實自一分至九十度並得爲乙角合計之則五千四百

每一塹堵依度對心剖之成立句股錐及方句股錐之眠體自〇度一分至大距止亦五千四百

以五千四百自乘凡二千九百一十六萬而渾圓之體之勢乃

盡得其比例。烏庫至矣。

每度分有方塹堵。方塹堵內函赤道所生擠體。赤道擠體內又函黃道所生擠體。黃道擠體內又函小方塹堵。每度分有此四者。則一象限內爲五千四百者四。共二萬一千六百。以乙角五四〇〇乘之則一一六六四〇〇〇〇。

每度有正有餘。對心斜分。則正度成句股錐。餘度成方底句股錐之眂體。一象限凡四萬三千二百。以五四〇〇乘之則二三三二八〇〇〇〇。

圓容方直簡法

古未有預立算數以盡句股之變者。有之自西洋八綫表始。古未有作爲儀器以寫渾圓內句股之形者。自愚所撰立三角始。立三角之儀。分之曰句股錐形。曰句股方錐形。合之則成塹堵形其稱名也小其取類也大徑寸之物以狀渾圓而弧三角之理如指諸掌即古法之通于弧三角者亦如指諸掌矣雖然猶無解于古法之不用割切也故復作此簡法以互徵之而授時曆三圖附焉蓋理得數而彰數得圖而顯圖得器而真草埜無諸儀象藉兹以自釋其疑不敢自私故以公之同好云爾句股錐形

是以西法通郭法句股方錐形是以郭法通西法今此簡法是專解郭法而兩法相同之故自具其中

圓容方直儀簡法即句股方錐之方直儀而不用割切綫祇以各弧正弦矢度相求其用已足亦不須用角

分形

立面中有句股形二其一大句股形癸己乙以黄道半徑癸乙爲弦大距度正弦癸己爲股大距度餘弦己乙爲句其一小句股形壬戊乙以黄道餘弦壬乙爲弦距緯正弦壬戊爲股楞綫戊乙爲句

分形

一立面句股。二至大距度所成。

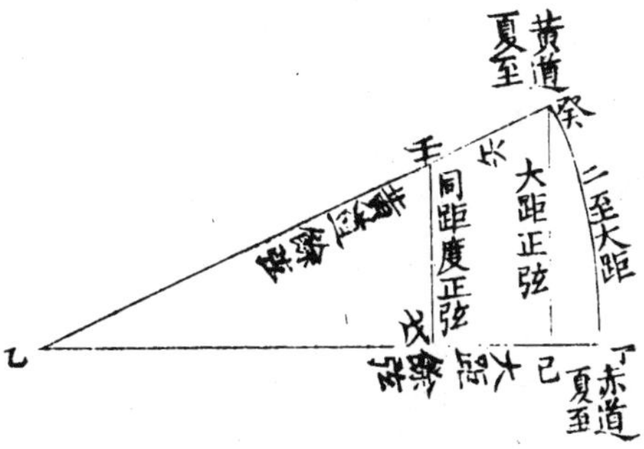

一斜立面距度正弦。移于立面成句股。

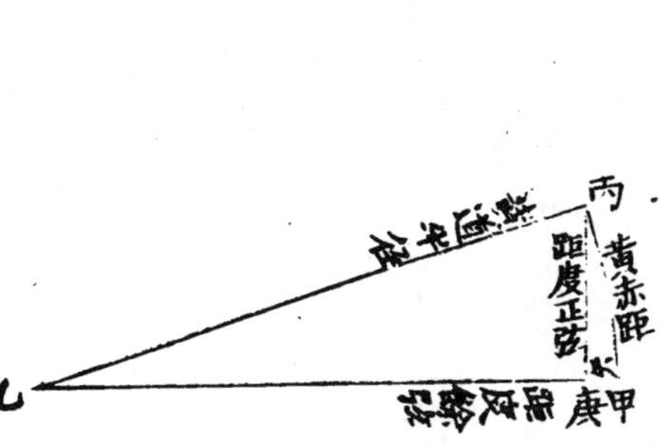

平面中亦有句股形二。其一小句股形。乙庚戊以距緯丙甲之餘弦乙庚為弦。以黃道正弦庚戊為股。楞綫戊乙為句。其一大句股形。甲辛乙以赤道半徑甲乙為弦。以赤道正弦甲辛為股。赤道餘弦乙辛為句。

戊乙綫。于弧度無取。然平立二形。並得此補成句股。謂之楞綫。圖如後

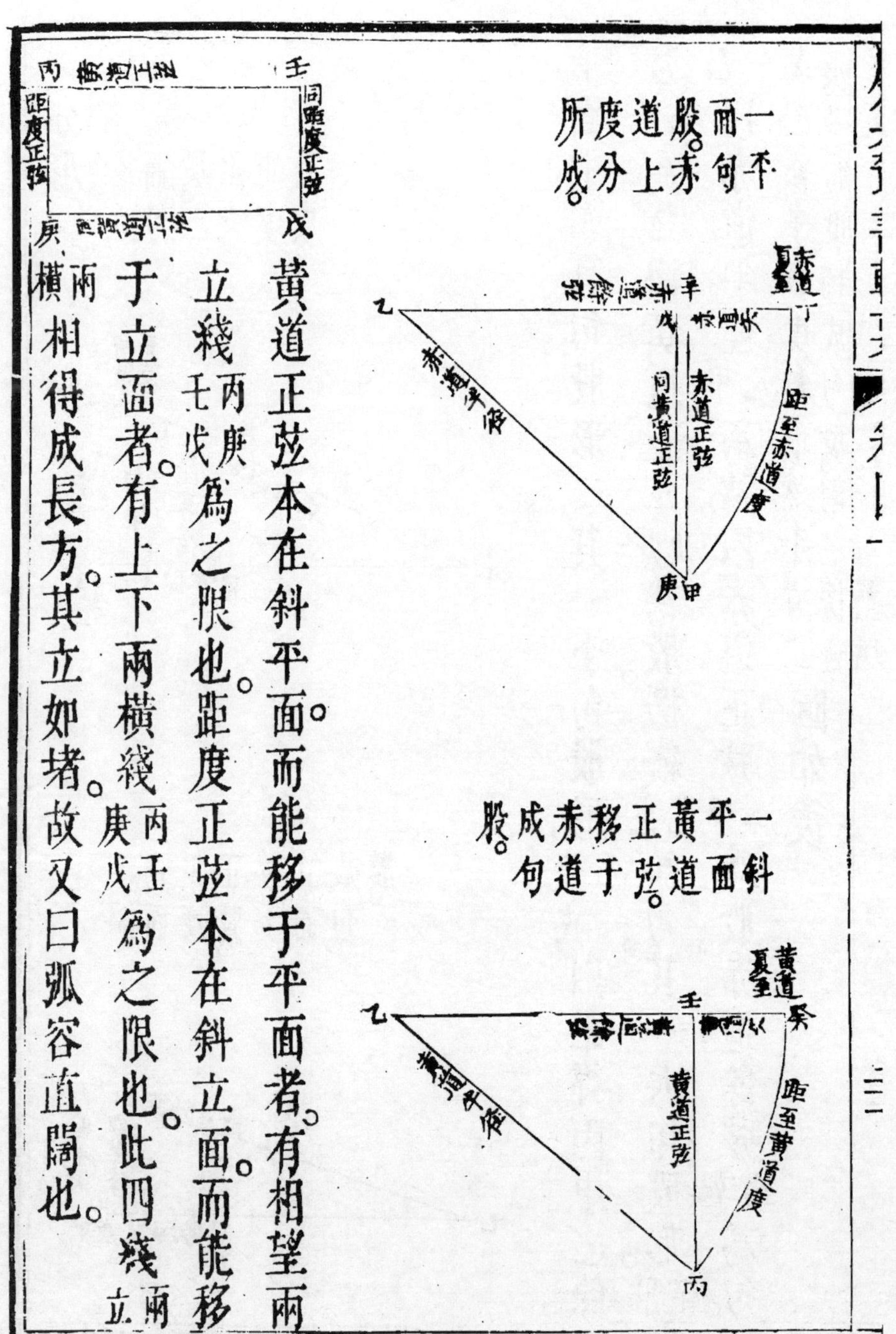

黄道正弦本在斜平面。而能移于平面者。有相望兩立綫丙庚壬戊為之限也。距度正弦本在斜立面而能移于立面者。有上下兩横綫丙壬庚戊為之限也。此四綫兩立兩横相得成長方。其立如堵。故又曰弧容直闊也。

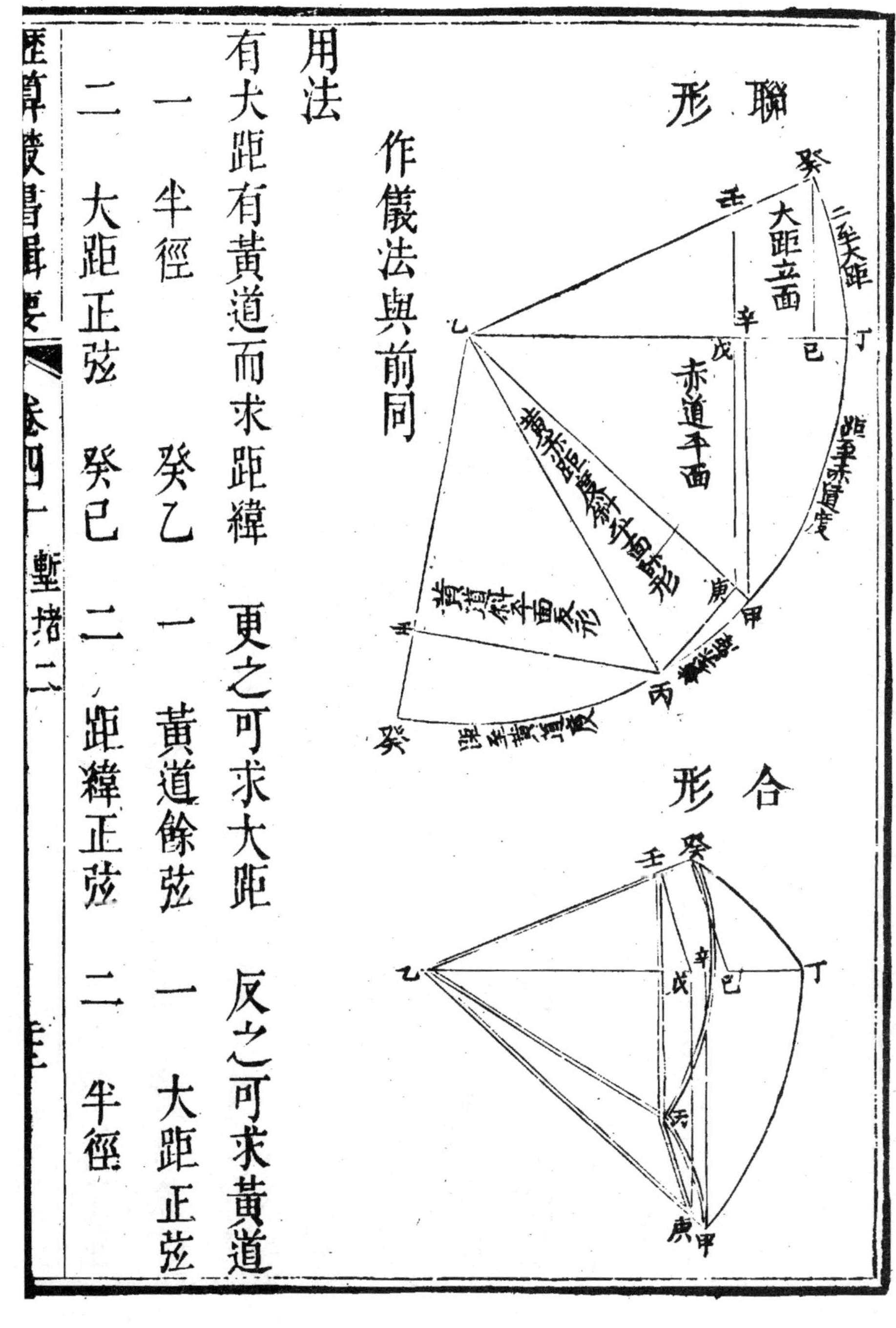

作儀法與前同

用法

有大距有黃道而求距緯　更之可求大距　反之可求黃道

一　半徑　　　癸乙　一　黃道餘弦　一　大距正弦

二　大距正弦　癸已　二　距緯正弦　二　半徑

三 黄道餘弦 壬乙 三 半徑 三 距緯正弦

四 距緯正弦 壬戊 四 大距正弦 四 黄道餘弦

有赤道有距緯而求黄道 更之可求赤道 反之可求距緯

一 半徑 甲乙 一 距緯餘弦 一 赤道正弦

二 赤道正弦 甲辛 二 黄道正弦 二 半徑

三 距緯餘弦 庚乙 三 半徑 三 黄道正弦

四 黄道正弦 庚戊 四 赤道正弦 四 距緯餘弦

郭太史本法

弧矢割圓圖（見授時曆草。下並同。）

凡渾圓中割成平圓。任割平圓之一分成弧矢形。皆有弧背有弧弦有矢。割弧背之形而半之則有半弧背。有半弧弦。有矢。因弧矢生句股形。以半弧弦爲句。（即正弦）矢減半徑之餘爲股。（即餘弦）半徑則常爲弦。句股內又成小句股。則有小句小股小弦而大小可以互求。或立或平可以互用。（平視側視二圖。皆從此出。）

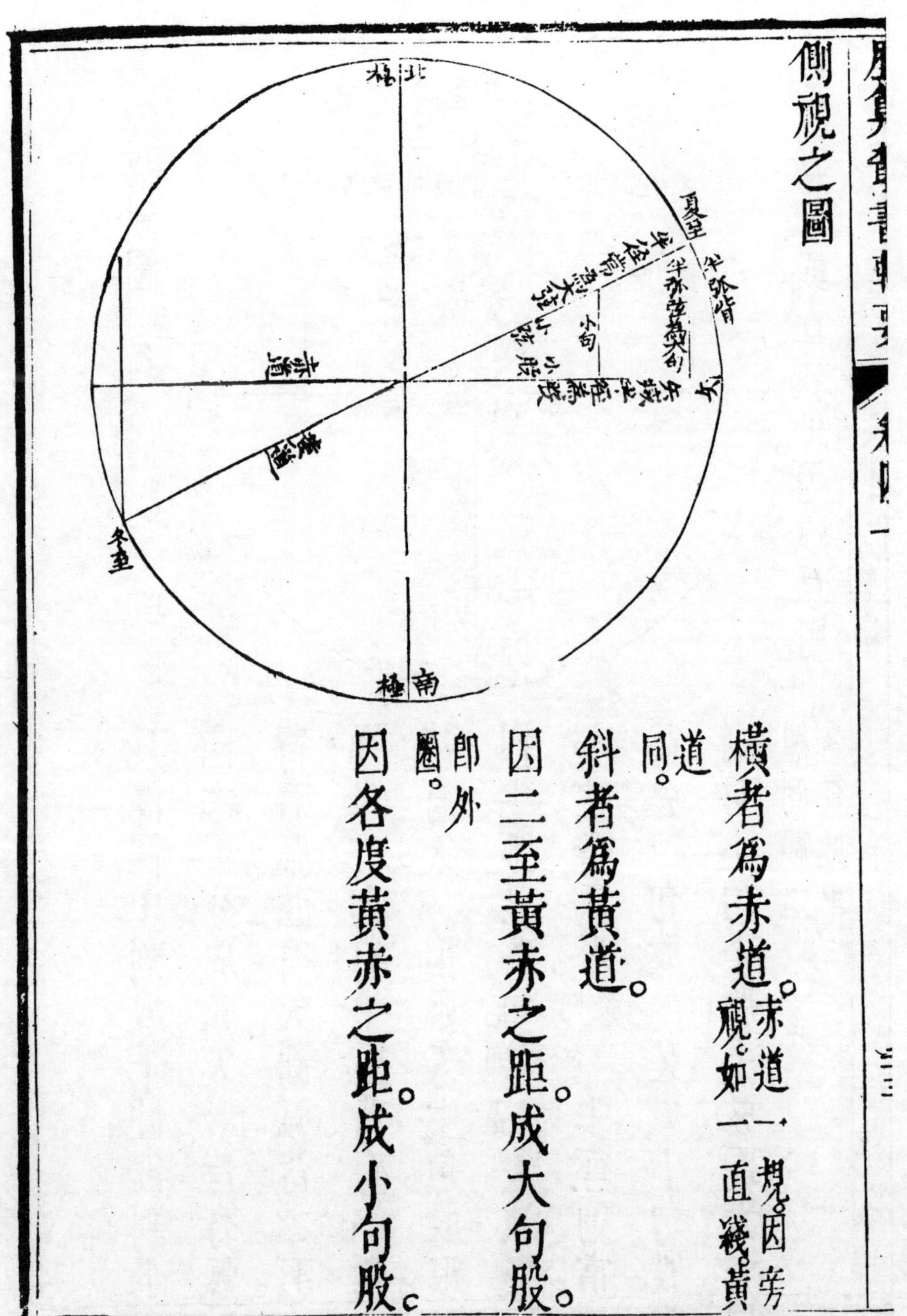

側視之圖

橫者爲赤道。赤道一規，因旁視，如一直綫。黃道同。

斜者爲黃道。

因二至黃赤之距，成大句股。即外圈。

因各度黃赤之距，成小句股。

平視之圖

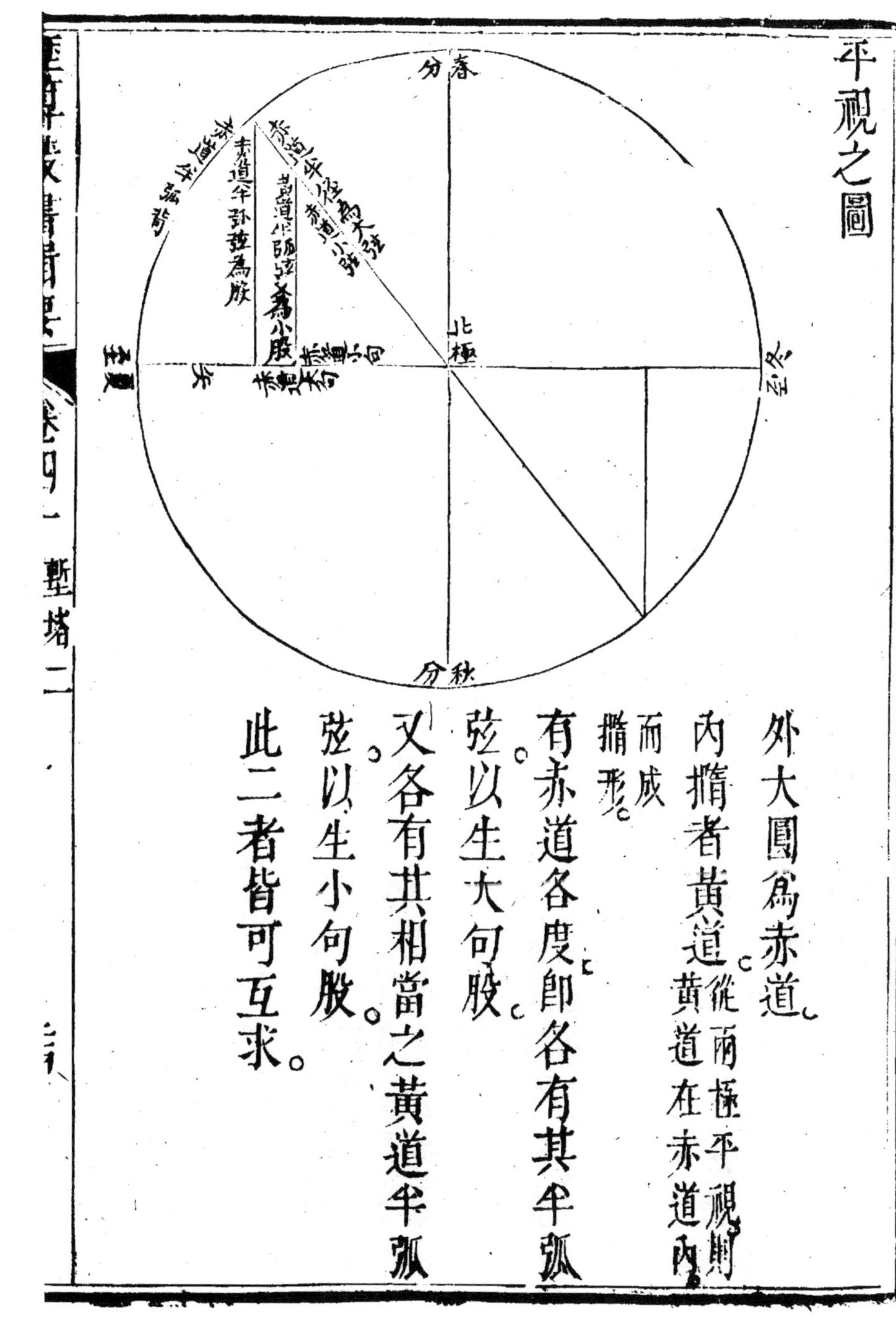

外大圓爲赤道。

內橢者黄道。從兩極平視，則黄道在赤道內，而成橢形。

有赤道各度，即各有其半弧弦，以生大句股。

又各有其相當之黄道半弧弦，以生小句股。

此二者皆可互求。

授時曆求黃赤內外度及黃赤道差法。

置黃道矢。本法。用帶從三乘方。求各度矢。去減周天半徑。即立面黃道半徑。餘爲黃赤道小弦。即黃道餘弦也。半徑爲大弦。故此爲小弦。置黃赤道小弦以二至內外半弧弦。即二至大距度正弦。當時實測爲二十三度九十分。乘之爲實。黃赤大弦即周天半徑。以其爲立面大句股之弦。故稱大弦。爲法除之得黃赤道內外半弧弦。即各度黃赤距度正弦也。原法以矢度求半背弦差。加入半弧弦。得內外半弧背。今省。

又置黃赤道小弦。以黃赤道大股即二至內外度餘弦也。在立面大句股形爲大股。乘之爲實。黃赤道大弦爲法除之。解見前。得黃赤道小股即立面平面兩小句股同用之楞綫。在立面與大股相比。故稱小股。置黃道半弧弦。即黃道正弦也。原法以黃道矢。求半背弦差。減黃道度得之。自乘爲股冪。黃赤小股自乘爲句冪。即楞綫也。先在立面爲小句股形之股。今又爲平面句股形之句。故其冪稱句冪。兩冪並之爲實。開平方法除之。爲赤道小弦。即各度黃赤距度餘弦也。周天半徑為平面上大句股之弦。故稱大弦。則此為小句股弦。當稱小弦。置黃道半弧弦。以周天半徑乘之為實。赤道小弦為法除之。得赤道半弧弦。即赤道正弦也。原法求半背弦差。以加半弧弦。得赤道。今省。

論曰。弧矢割圓者。平圓法也。以測渾圓。則有四用。一曰立弧矢。勢如張弓。以量黃赤道二至內外度。即側立圖也。一曰平弧矢。形如伏弩。以量赤道。即平視圖也。一曰斜弧矢。與平弧矢同法。而平面邊高邊下。其度起處如二至內外之度。以量黃道。即平視圖中小句股也。一曰斜立弧矢。與立弧矢同法。而其立稍偏。以量黃赤道各度之內外度。即側立圖中小句股也。自離二至一度起。至近二分一度止。一象限中逐度皆有之。但皆小于二至之距。郭太史弧矢平立三圖中具此四法。即弧三角之理。無不可通。言簡而意盡。包舉無窮。好古者所當珤愛而潛玩也。

又論曰。割圓之算。始于魏劉徽。至劉宋祖冲之父子。尤精其術。唐宋以算學設科。古書猶未盡亡。邢臺蓋有所本。厥後授時曆承用三百餘年。未加修改。測算之講求益稀。學士大夫既視爲不急之務。而臺官株守成法。鮮諳厥故。驟見西術。羣相駭詫。而不知舊法中理本相同也。疇人子弟。多不能自讀其書。又忌人之讀。而各私其本。久之而書亦不可問矣。攷元史曆成之後。所進之書。凡百有餘卷。（郭守敬傳。有修改源流及測驗等書。齊履謙傳。有經串演撰諸書。明曆法之所以然。）今其存軼。並不可攷。良可浩嘆。然天下之大。豈無有能藏弆遺文。以待後學者。庶幾出以相證。予于斯圖之義類。多通而深有望于同志矣。

問元初有回回曆法與今西法大同小異。所臺葢會通其說而爲之。故其法相通若是與。曰九章句股作于隸首。爲測量之根本。三代以上學有專家。大司徒以三物教民。而數居六藝之一。秦火以後。吾中土失之。而彼反存之。至于流遠派分。遂以各名其學。而不知其本之同也。况東西共戴一天。即同此句股測圓之法。當其心思所極。與理相符。雖在數萬里。不容不合。亦其必然者矣。攷元初有西域人進萬年曆。未經施用。迨明洪武年間。始命詞臣吳伯宗西域大師馬沙亦黑等譯回回曆書三卷。然亦粗具算法立成。並不言立法之原。究竟不知其所用何法。或即今三角八綫。或更有他術。俱無可攷。雖其子孫莫能言之。攷元史所載西域人晷影堂諸製。與郭法所用簡儀高表諸器無一同者或測量之理觸類增智容當有之然未見其有會通之處也徐文定公言回回曆緯度凌犯稍爲詳密然無片言隻字言其立法之故使後來入室無因更張無術蓋以此也又據曆書言新法之善係近數十年中所造則亦非元初之西法矣而與郭圖之理反有相通豈非論其傳各有本末而精求其理本無異同耶且郭法用圓容方直起算冬至西法用三角起算春分郭用三乘方以先得矢西用八綫故先得弦又西專用角而郭只用弧西兼用割切而郭只用弦種種各别而不害其同有所以同者在耳且夫數者所以合理也曆者所以順天也法有可采何論東西理所當明何分新舊在善學者知其所以異又知其所以同去中西之見以平心觀理則弧三角之詳明郭圖

之簡括皆足以資探索而啟深思務集衆長以觀其會通毋拘名相而取其精粹其于古聖人創法流傳之意庶幾無負而羲和之學無難再見于今日矣

角即弧解

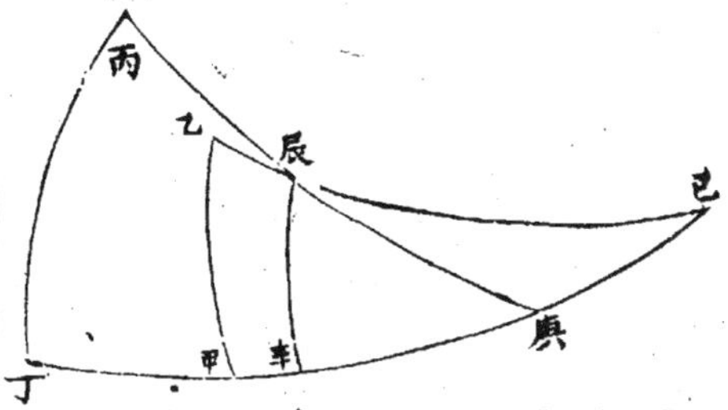

問古法只用弧而西法用角何以異乎曰角之度在弧故用角實用弧也何以明其然也假如辰庚巳三角形有庚鈍角有巳庚辰庚二邊欲求諸數依垂弧法于不知之辰角打虛綫先補求辰辛及辛庚戌辰辛庚三角虛形此必用庚角以求之而庚角之度爲丙丁是用庚角者實用丙丁也其法庚丙九十度之正弦（即半徑）與丙丁弧之正弦（即庚角正弦）若庚辰正

弦與辰辛正弦。是以大句股之例例小句股也。又丙丁弧之割綫即庚角割綫與庚丁九十度之正弦亦即半徑。凡角度所當弧。其兩邊並九十度。若庚辰之切綫與庚辛之切綫。亦是以大句股之例例小句股也。

既補成辰辛己三角形。可求己角。而己角之度為乙甲。是求己角者實求乙甲也。其法辛己弧之正弦與辰辛弧之切綫。若己甲象弧之正弦即半徑與乙甲弧之切綫即己角切綫。是以小句股例大句股也。

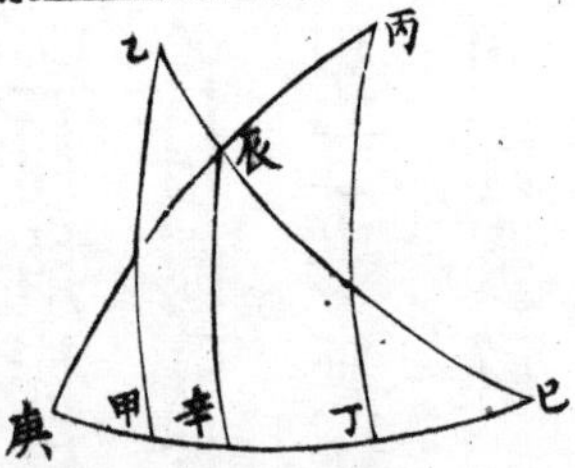

又如己辰庚形。庚為鋭角。當自不知之辰角打綫。分為二形。以求諸數。其一辰辛庚分形。先用庚角。而庚角之度為丙丁。用庚角實用丙丁也。法為丙庚象弧之正弦即半徑與丙丁弧之正弦即庚角正弦。若辰庚之正弦與辰辛之正弦又丙庚象弧之正弦（即半徑）與丙丁弧之餘弦（即庚角餘弦）若辰庚之切綫與辛庚之切綫是以大句股例小句股也

其一辰辛己分形（以庚辛減己庚得己辛）有辰辛己辛二邊可求己角而己角之度爲乙甲求己角實求乙甲也法爲己辛之正弦與辰辛之切綫若己甲象弧之正弦（即半徑）與乙甲弧之切綫（即己角切綫）是以小句股例大句股也

一系　用角求弧是以大句股比例比小句股用弧求角是以小句股比例比大句股

終

歷算叢書輯要卷四十一

歷學駢枝自序

歷猶易也易傳象以數猶律也律製器以數數者法所從出而理在其中矣世乃有未盡其數而謬謬然自謂能知歷理雖有高言雄辨廣引博稽其不足以折疇人之喙明矣而株守成法者復不能因數求理以明其立法之根於是有沿誤傳譌而莫之是正歷所以成絶學也然理可以深思而得數不可鑿空而撰然則苟非有前人之遺緒又安所衷乎　鼎自童年受易于先大父又側聞先君子餘論謂象數之學儒者當知謹識之不敢忘壬寅之夏獲從竹冠倪先生受臺官通軌大統歷算交食法歸與兩弟依法推步疑信相參乃相與晨夕討論爲之句櫛字

比不憚往復求詳過所難通則廢瞑食以助其憤悱夫然後氣朔發斂之由纏離朓朒之序黃赤道差變之率交食起虧復滿之算稍稍闚見藩籬廼知每一法必有一根而數因理立悉本實測爲端固不必強援鐘律率附著卦要其損益進退消息往來于易于律亦靡弗通也爰取商榷之語錄繫本文之下義從淺近俾可共曉辭取明暢不厭申重庶存一時之臆見以爲異時就正之藉雖于歷學未必有禆亦如駢拇枝指不欲以無用摺之云爾

康熙元年歲在元黓攝提格相月既望又三日宣城山口梅文鼎書於陵陽之東樓

釋凡四則

一印心

歷生于數。數生于理。理與氣偕。其中有神賾焉而不亂也。變焉而有常也。于是聖人以數紀之。堯命羲和舜在璣衡。皆是物也。中遭秦炬先憲略亡。自太初以後作者數十家。人各效才。王郭肇興。大成斯集。夫天不變理亦不變。故歷代賢者往往驗天以立法。要皆積有其畢生之精力始得其一法之合于理。有聖人雖起不復能易者。而後垂之不刊。以至今鼎何人也。敢與于斯。夫創起者難為功。觀成者易為力。昔人緣理以立數。今茲因數以知理。期以信吾心焉耳矣。所不能信者不敢知也。其或章句繁複往復諄然。

夫必如是而後自信以信于古人僭越獲罪既無所逃拘滯固陋謟誚通方幸有以教

一存疑

大統歷法所以仍元法不變者謂其法之善可以永久也夫既仍辛巳之元合用授時之數乃以今所傳較之歷經參伍多違豈別有說愚故不能無疑也按歷經上考往古則歲實百年長一周天百年消一下驗將來則歲實百年消一周天百年長一此其據往以知來自堯典徇征降而諸史所載可以數求者當時則既一一驗之矣而今所傳歲實一無消長此其可疑一也又按歷經諸應等數隨時推測不用爲元固也今則氣應仍是五十五日○六百分

周應仍是箕十度。至于閏應原是二十○萬一千八百五十分。今改爲二十○萬二千○五十分。較授時後二百分。轉應原是一十三萬一千九百○四分。今改爲一十三萬○千二百○五分。較授時先一千六百九十九分。交應原是二十六萬○千一百八十七分八十六秒。今改爲二十六萬○千三百八十八分。較授時後二百○○分一十四秒。或差而先。或差而後。以之上考辛巳。必與元算不諧。若據歷經以步今茲。亦與今算不合。然則定朔置閏月離交會之期。又安所取衷也。豈當時定大統歷有所測驗而改之與。夫改憲則必另立元。今氣應周應俱同。而獨于數者有更。此其可疑二也。又按歷經盈縮遲疾皆有二術。其一術不用立成。其一術用立成。然只有用之之法而無其圖。其遲疾圖則又仍如古式。只二十八日毋數。而無逐限細率。意者當時脩史者之遺忽與。抑有所禁秘也。今據此所載立成以求盈縮。二術俱諧。以求遲疾。則自八十三限以至八十六限。與前術有所不合。意其所謂立成者有異與。據元史。王恂先卒。其立成之藁俱未成書。郭公守敬爲之整齊。意者歷經前術。爲王公未定之藁與。此其可疑三也。又如日月食開方數。乃所求食分橫過半徑之數。據歷經皆五千七百四十乘之。今改月食者爲四千九百二十乘。是所測闇虛。小于原所測者二十分也。則其所測月輪圓徑亦小于原測一十分也。苟非實有測驗于天。又何敢據此以非彼與。苟非于交食之際。立渾比量周徑。縱橫之數。何從而定與。苟非于虧復之際。下漏刻以驗之。定用分之多少。何自而知與。此其可疑四也。又有自相背馳。如立成所載日出入半晝分。是自冬至夏至後順數。只問盈縮。不言初末。而通軌求日出入法。又似有初末二圖。此皆不可意斷者。至于晝夜永短。與元史所載。大都刻數不同。則以北極高下。黃道因之所在而殊。理固然也。然篇首既不言郡省。撰名復載王恂。豈當時九服晷漏之永短。皆推有圖。而元史止載其一歟。然畢竟此所列者。據何地為則也。此其可疑五也。凡此數端。同異出入。未敢偏據。姑卽所傳。畧附箋疏。去取是非。俟之君子。

一刋誤

大抵一書傳經數手多非其舊或謄寫魯魚或簡編蠹蝕故君子慎闕疑也乃若專守殘文習焉不察有所未解強入以已意參之遂使斲輪不傳糟粕并失金根輒改燕郢何憑今于其尤謬亂者是正數條或據歷經或據本書非敢逞私憑臆以重獲盭于古今也一者日月食限乃算家所憑以定食不食者也而今所載或失而出或失而入失而入不過虛費籌策而已失而出則將據此以斷不食其有不合將以疑立法之不詳今皆據陰陽食限極之諸差所變以爲常準即據本書以定似爲稍密脫有不合其必非本算所能御矣其日食夜刻月食晝刻亦據本書及歷

經所載時差并定用分得之。其月帶食若據歷經定用分。尚有微差。亦不多也。一者月食時差分據歷經爲定。蓋歷考古歷皆與此所載不合。故斷從歷經。一者黃道定積度。原以歲差推變。自大衍以後爲法畧同。今若定鈐。何異膠柱。今斷從歷經。仍以天啟辛酉一年。步定爲式。一者月食既內分據歷經。原以既內分。與一十分相減相乘平方開之也。今則訛爲一十五分。夫月食十分而既。其既內五分。倍之爲十分而止矣。安得有所謂既內十五分乎。今以弦較求句股法。求得既內小平圓積數。皆與所求相應。一如歷經原法。故斷從之。別有圖說以證其理。一者日月帶食。凡日出入分在初虧已上。復圓已下。是爲帶食。而出入也。

今則訛爲初虧已上食甚已下。是得其半。而失其半。求之歷經。亦復仍訛。故愚亦不敢全據歷經者。謂有此等處也。今據後已復光未復光條。改爲復圓分已下。厥數實諧。于理亦暢。又月食通軌前所錄數定望并晨昏分下註誤。又月食分秒定子法誤。又月食定用分并既內分定子俱誤。又月食更點歸除法。并定數法俱誤。又逕求次年天正交泛之分條。誤多有閏無閏每月加數。今皆刊正。

一補遺

算有所必不可畧。句與字有所必不可無。而或無之。或畧之。則非作法者之故爲秘惜也。如日食交前後條。正交交定度。在七度已下。數雖在正交度下。而實則陽歷交後度也。法宜加交終度減之。此算之所必不可畧者也。乃此書既不之載。至元歷經亦復闕焉。何也。夫此亦數之易知。當必非所甚秘。豈非梨棗鉛槧者之責乎。將謂精于算者自能知之。而無所用書歟。今輒斷之以理。重為補定。古人而得見我。何以幸教之也。續讀學曆小辨所載大統交食法有在七度以下。食在正交語。足與愚說相證。又如定子法為乘除後進退而設。甚便于初學。其立法立意不可謂不至也。乃多有遺去言十定一不滿法去一。二語者。夫定子所以御乘除之變。而此二語又所以通定子之窮。若無此二語。則何如不定子之為愈乎。又如求天正赤道黃道度二條。皆不用定子。夫赤道不定子。知其所減者為度位乎。為分位乎。黃道乘除不用定子。固也。然何以處夫除不滿法。與夫減過積度。只剩秒微者乎。又如食甚入盈縮條。遺食甚甚字。卯酉前後條。遺定望望字。凡此皆字與句之所必不可無者也。今皆補定。

歷學駢枝總目

太陰遲疾立成

日出入晨昏半晝立成

歷學駢枝五增　卷之四十五

平立定三差詳說

按駢枝成於康熙元年原止四卷越四十三年而有三差詳說之作因並為闡明授時精義之書故以類附云

孫瑴成敬識

歷算叢書輯要卷四十一

宣城梅文鼎定九甫著

受業李鍾倫世得
男　以燕正謀　同學
孫　瑴成玉汝
玕成肩琳　重較錄
曾孫　鈖用和較字

歷學駢枝一

大統歷步氣朔用數目錄

元世祖至元十七年辛巳歲前天正冬至爲歷元

按古歷並溯太古爲元。各立積年。未免牽合。故久而多差。惟授時歷不用積年。截用至元辛巳爲元。一遵實測而無假借。

故自元迄明承用三四百年。法無大差。以視漢晉唐宋之屢改屢差。不啻霄壤。故曰授時歷集諸家大成。蓋自西歷以前。未有精於授時者。徐文定公歷書亦載崇禎戊辰爲元。而廢積年用此法也。又按大統歷。以洪武甲子爲元。然易其名。不易其實。故臺官布筭。仍用至元辛巳也。

周天三百六十五萬二千五百七十五分

半周天一百八十二萬六千二百八十七分半

天體渾圓。自角初度順數至軫末度。得周天度分。

按天本無度。因日躔而有度。古歷代更。天度異測。授時歷用簡儀實測當時度分。視古爲密。

度法一萬分

按古歷以日法命度。並有畸零。如太初歷以八十一分爲日法。大衍歷以三千四百分爲日法。而度法因之亦有畸零。惟授時歷不用日法。故一度即爲一萬分。而周天三百六十五度二五七五。即命爲三百六十五萬二千五百七十五分。此王郭諸公之卓見。超越千古也。又按授時曆周天百年長一。今大統不用此。其與授時微異者也。

歲周三百六十五萬二千四百二十五分。

歲周。一名歲實。自今歲冬至數至來歲冬至。得此日數。實不及天周一百五十分。而歲差生焉。

半歲周一百八十二萬六千二百一十二分半。

均剖歲周也。自天正冬至算至本年夏至。又自本年夏至數至本年冬至。其日數並同。

氣策一十五萬二千一百八十四分三十七秒半。

置歲周日數以二十四氣平分之得此日數謂之恒氣

日周一萬分 自今日子正至來日子正共得此數 刻法一百分 每日百刻故也

旬周六十萬 自甲子至癸亥六十日之積分 紀法六十日 即旬周也

按日周一萬分乃整齊之數故旬周亦整六十日也太陽行天每日一度前云度法萬分者亦以此也並以整萬分立算而無畸零故曰不用日法也又按授時歷歲周上考已往百年長一分下推將來百年消一分大統省不用故不言也

通餘五萬二千四百二十五分

置歲周減六旬周得餘此數即五日二十四刻二十五分乃一年三百六十日常數外之餘日餘分

氣應五十五萬○千六百分

此授時歷所用至元辛巳天正冬至爲元之日時也。是爲已未日丑初一刻。乃實測當時恒氣之應。上考已往。下求將來。並距此立算。以此爲根也。其數自甲子日子正初刻算至戊午日夜子初四刻。得五十五日。又自已未日子正初刻算至丑初一刻。得六刻。合之爲五十五萬零六百分。

歲策三百五十四萬三千六百七十一分一十六秒

此十二朔策之積也。自今年正月經朔至來年正月經朔得此積分。或置歲實內減歲閏。亦同。

朔策二十九萬五千三百○五分九十三秒

此太陰與太陽合朔常數。乃晦朔弦望一周也。自本月經朔至次月經朔得此積分。又謂之朔實。乃十二分歲策之一。

望策一十四萬七千六百五十二分九十六秒半

此朔策之半。乃二十四分歲策之一。自經朔至經望。又自經望至次月經朔。並得此數。又謂之交望。

弦策七日三千八百二十六分四十八秒二五

此望策之半。乃四分朔策之一。自經朔至上弦。又自上弦至經望。又自經望至下弦。自下弦至次月經朔。其數並同。

月閏九千〇百六十二分八十二秒

此一月兩恒氣與一經朔相差之數。置氣策倍之。得三十〇萬四千三百六十八分七十五秒。內減朔策得之。

歲閏一十〇萬八千七百五十三分八十四秒

此十二個月閏之積也。亦名通閏。

閏應二十〇萬二千〇百五十〇分

此至元辛巳爲元之天正閏餘也。蓋卽己未冬至去經朔之數。當時實測得辛巳歲前天正經朔。是三十四萬八千五百五十分。卽至元庚辰年十一月經朔。爲戊戌日八十五刻半爲戊正二刻也。

閏準一十八萬六千五百五十二分〇九秒

置朔策。內減歲閏得之。

盈初縮末限八十八日九千〇百九十二分二十五秒

此冬至前後日行天一象限之日數。蓋冬至前後一象限太陽每日之行。過於一度故也。四分歲周所行度得九十一度三一〇六二五。爲一象限。

縮初盈末限九十三日七千一百二十〇分二十五秒

此夏至前後日行天一象限之日數也。蓋夏至前後一象限。太陽每日之行不及一度故也。

按盈初者定氣冬至距定氣春分之日數。縮末者定氣秋分距定氣冬至之日數也。此兩限者並以八十八日九十一刻稍弱而行天一象限。縮初者定氣夏至距定氣秋分日數。盈末者定氣春分距定氣夏至日數也。此兩限者並以九十三日七十一刻有奇而行天一象限。今現行時憲曆節氣有長短。即此法也。

又按古曆每日行一度。原無盈縮。言盈縮者自北齊張子信始也。厥後隋劉焯、唐李淳風、僧一行言之綦詳。歷宋至元。爲法益密。然不以之註曆者。爲閏月也。大衍曆議曰。以恒氣注歷。定氣算日月食由今以觀。固不僅交食用盈縮也。凡定朔定望定弦。無處不用。但每月中節。仍用恒氣。不似西洋之用定氣耳。西洋原無閏月。祗有閏日。故以定氣註歷爲便。若中土之法。以無中氣爲閏月。故以恒氣註歷爲宜。治西法者不諳此。氣輒訶古法爲不知盈縮。固其所矣。

轉終二十七萬五千五百四十六分

此月行遲疾一周之日數也。內分四限。入轉初日。太陰行最疾。積至六日八十餘刻。而復於平行。謂之疾初限。厥後行漸遲。積至十三日七十七刻奇。而其遲乃極。謂之疾末限。於是太陰又自最遲。以復於平行。亦六日八十餘刻。謂之遲初限。厥後行又漸疾。亦積至十三日七十七刻奇。其疾乃極。如初日矣。謂之遲末限合而言之。共二十七日五十五刻四十六分而遲疾一周。謂之轉終也。

轉中一十三萬七千七百七十三分

即轉終之半。解見上文。其數一名小轉中。

轉差一萬九千七百五十九分九十三秒

置朔策內減轉終得之。乃相近兩經朔入轉之相差日數也。

轉應一十三萬〇千二百〇五分

此至元辛巳天正冬至日入轉日數也。蓋實測得冬至已未日丑初一刻。太陰之行在疾末限之末日也。

交終二十七日二千一百二十二分二十四秒

此太陰出入黃道陽歷陰歷一周之日數也。

交差二日三千一百八十三分六十九秒。

置朔策內減交終得之乃相近兩經朔入交之相差日數也。

交應二十六萬○千三百八十八分

此至元辛巳天正冬至入交泛日也。乃實測冬至已未日丑初一刻月過正交日數

氣盈○日二千一百八十四分三十七秒半

此氣策內減十五整日外餘此數一月兩恒氣共盈四千三百六十八分七十五秒

朔虛○日四千六百九十四分○七秒

置三十日內減朔策得之乃一朔策少於常數三十日之數。

沒限○日七千八百一十五分六十二秒半

置日周一萬內減氣盈得之。

土王策一十二日一千七百四十七分五十○秒

又土王策三日〇千四百三十六分八十七秒半

按土王策一名貞策。置歲實以五除之得七十三日〇四八五。爲一歲中五行分王之日數。又爲實以四除之得一十八日二六二一二五。爲每季中土王日數。内減氣策得餘三日〇四三六八七五。爲土王策。乃自辰戌丑未四季月中氣日逆推之數。土王策四因之得十二日〇一七四七五。亦爲土王策。乃自四季月節氣日順數之數。二者只須用一。今並存者。所以相考也。

宿會二十八萬

宿餘分一萬五千三百〇五分九十三秒

日直宿二十八日一周。是爲宿會。以宿會減朔實得宿餘。

限策九十〇限〇六八三〇八六五

置弦策以十二限二十分乘之得此數故以全加得次限

限總一百六十八限〇八三〇六〇一名中限

置小轉中以十二限二十分乘之得此數故限策加滿則用以全減

朔轉限策二十四限一〇七一一四六

置轉差以十二限二十分乘之得此數故以全加得次朔限

按以上三者為求遲疾限之捷法然可不用蓋既有日率相減之法則十二限二十分乘之法已為筌蹄何況限策

盈策六十九萬六千六百九十五分二十八秒

置氣盈分為實以氣策除之得每日盈一百四十三分五三四七七五轉用為法以除日周得每六十九日六六九五二

八而盈一日。是爲盈策。故以加盈日。卽得次盈。

虛策六十二萬九千一百〇四分二十二秒

置朔虛分爲實。以朔策除之。得每日虛一百五十八分九五六一七一。轉用爲法。以除日周。得六十二日九一〇四二二。而虛一日。是爲虛策。故以加虛日。卽得次虛。

大統歷步氣朔法

求中積分

置歲實三百六十五萬二千四百二十五分爲實。以距至元辛巳爲元之積年減一爲法。乘之。卽得其年中積分。（定數。以歲實定六子。以積年視有十年定一子。百年定二子。乘法言十加定一子。得數後。共以八子約之。爲億也。）如徑求次年中積分者。加一歲實。卽可得之。

中積分者自所求年天正冬至逆推至辛巳為元之天正冬至中間所有之積日積分也積年減一者以歲前天正冬至為立算之根故也假如康熙元年壬寅距至元十七年辛巳該三百八十二算法祇以三百八十一年入算是為減一用也蓋欲算本年之氣朔必以年前天正冬至為根是所求康熙壬寅年之中積分乃順治辛丑年十一月冬至之數故也

定子法者為珠算定位設也其法十定一子百定二子千定三子萬定四子十萬定五子百萬定六子千萬定七子億萬定八子歲實首位是三百萬故定六子積年有十定一有百定二皆一法也言十加定一子者以乘法首位言之凡法首位與實首位相呼九九數有言十之句則得數進一位故加

定一子。此條原文缺。此句余所補也。得數以八子約之爲億者。謂視原定之子。若有八子。則乘得數首位是億也。未乘之先。視法實之數以定子。故既乘之後。卽據所定之子以定得數。此法最便初學也。

附歲實鈐

千百十萬

一　三六五二四二五

二　七三〇四八五〇

三　一〇九五七二七五

四　一四六〇九七〇〇

五　一八二六二一二五

凡用鈐自單年起。有十年則進一位。用之有百年。又進一位。卽得所求中積分。並以單年原定之位推而上之。卽算位俱定。

六　二一九一四五五○

七　二五五六六九七五

八　二九二一九四○○

九　三三八七一八二五

求通積分

置所得其年中積全分。加氣應五十五萬○千六百分。即得所求通積分。如徑求次年。亦加歲實。

前推中積分。是從辛巳歷元天正冬至起算。今加氣應。是又從辛巳歷元冬至前五十五日○六刻起。即甲子日子正初刻也。

求天正冬至

置通積全分，滿紀法六十萬去之。餘爲所求天正冬至分也。萬以上命起甲子算外，爲冬至日辰。欲求時刻，依發斂加時條求之。見後。如逕求次年者，不拘有無閏月，並加通餘五萬二四二五，滿紀法去之，即得。

通積分既從甲子起算，故滿紀法去之，即知日辰也。算外命日辰者，以有小餘也。凡滿萬分成一日者，爲大餘。九千分以下，皆爲小餘。大餘爲日，乃先一日之數。小餘爲時刻，乃爲本日。故取算外也。

求天正閏餘分

置其年中積全分，加閏應二十〇萬二千〇百五十分，爲閏積。以滿朔實二十九萬五千三百〇五分九十三秒除之，爲積月。

其不滿者即為所求年天正閏餘分也閏餘分滿閏準一十八萬六五五二〇九者其年有閏月（補法閏餘滿十六萬八四二六四五以上者其年有閏如用閏準須加兩月閏）如逕求次年天正閏餘者不拘有無閏月並加通閏一十〇萬八七五三八四滿朔策去之即得（如卻求前歲閏餘者置本年閏餘內減通閏得之閏餘小于通閏不及減加朔實減之即是）

閏餘分者乃歲前天正冬至距天正經朔數也法當自辛巳歷元天正經朔起算故以閏應通之也

閏準是朔實內去十二個月閏之數若閏其年十一二月者此法不能御故有補法也若於所得閏餘分加一萬八千一百二十五分六四（兩月閏之數）再用閏準取之亦同

附經朔鈐

百十萬

一　二九五三〇五九三　閏積內與經朔餘數同者

二　五九〇六一一八六　減去之減至不滿一朔實

三　八八五九一七七九　二十九萬五三〇五九三

四　一一八一二二三七二　而止其餘數即閏餘分

五　一四七六五二九六五

六　一七七一八三五五八

七　二〇六七一四一五一

八　二三六二四四七四四

九　二六五七七五三三七

求天正經朔

置其年通積全分內減去其年閏餘全分滿紀法六十萬去之餘爲所求天正經朔分

又法置冬至內減閏餘即得經朔如冬至小于閏餘不及減加紀法六十萬減之如逕求次年天正經朔者無閏加五十四萬三六七一一六（十二朔實去紀法之數）有閏加二十三萬八九七七〇九（十三朔實去紀法之數）並滿紀法去之即得

朔者日月同度之日經者常也經朔者朔之常數所以別于定朔也古人只用平朔故日蝕或在晦二唐以後始用定朔則蝕必於朔然不知經朔則定朔無根故必先求經朔

先推通積分自歷元甲子日算至冬至減去閏餘是從甲子日算至經朔故去紀法即得經朔之大小餘也

先推冬至分是以紀法減過通積而得乃冬至前甲子日距冬至數內減閏餘即爲甲子日距經朔數也如冬至小于閏餘是此甲子日雖在冬至前却在經朔後故加紀法減之是又從經朔前甲子算起也

求天正盈縮歷

置半歲周一百八十二日六二一二五內減去其年閏餘全分餘爲所求天正縮歷也補法若其年冬至與經朔同日而冬至加時在經朔前則天正經朔入盈歷如逕求次年天正縮歷者內減去通閏一十〇萬八七五三八四得之減後視在一百五十三日〇九以下者再加一朔策即是

按冬至交盈歷夏至交縮歷各得歲周之半今置半歲周是

減去盈歷半周。祇用縮歷半周。從夏至日算至冬至日之數也。內減閏餘。即爲從夏至算至十一月經朔日數。故恒爲縮歷。

亦有入盈歷者。其年前必有閏月。而至朔同日。冬至小餘又小于經朔小餘。先交冬至。後交經朔。其經朔已入盈歷。法當於經朔小餘內減去冬至小餘。命其餘爲天正盈歷也。若冬至小餘大於經朔小餘。不用此法。蓋雖至朔同日。而朔在至前。仍爲縮歷。此處原本所缺。故備著之。

凡閏餘加通閏。即爲次年閏餘。今所得天正縮歷。是半周內減閏餘之數。于中又減通閏。即如減次年閏餘矣。故逕得次年天正縮歷也。一百五十三日〇九以下者。半周內減一朔

策也減後得此必有閏月在次年天正經朔前故必復加朔策而得次年天正縮歷也

求天正遲疾歷

置其年中積全分內加轉應一十三萬○二○五減去其年閏餘全分爲實以轉終二十七萬五五四六爲法除之其不滿轉終之數若在小轉中一十三日七七七三以下者就爲所求天正疾歷也若在小轉中以上者內減去小轉中則爲天正遲歷也

如逕求次年天正遲疾歷者加二十三日七一一九一一六（十二轉差積數）經閏再加轉差一日九七五九九三並滿轉終去之遲疾各仍其舊若滿小轉中去之者遲變疾疾變遲也

中積分原從歷元冬至起算至所求年天正冬至止今加轉應減閏餘是從歷元冬至前十三日初交疾歷時起算至所求年天正經朔止故不滿轉終即爲天正疾歷也轉中者轉終之半故疾歷滿此即變遲歷也

附轉終鈐

	百十萬
一	二七五五四六
二	五五一〇九二
三	八二六六三八
四	一一〇二一八四
五	一三七七七三〇

六　一六五三三七六

七　一九二八八二三

八　二三〇四三六八

九　二四七九九一四

求天正入交泛日原本作交泛分。今依曆經改定。

置中積減閏餘加交應二十六萬〇三八八爲實以交終二十七萬二一二二三四爲法除之其不滿交終之數卽爲所求天正入交泛日及分也。

如還求次年天正入交日者無閏加六千〇百八二〇四。十二交差內減去交終之數。有閏加二萬九千二百六五七三。十三交差內減去交終之數。卽得。

中積減閏餘與求遲疾法同加交應是從辛巳歷元前二十六日初入正交時算起也故不滿交終即爲天正入交日也泛者對定而言也有經朔有定朔則入交之深淺亦從之而移此所得者經朔下數故别之曰泛

附交終鈐

	百十萬
一	二七二一二三三四
二	五四四二四四四八
三	八一六三六六七二
四	一〇八八四八八九六
五	一三六〇六一一二〇

六　一六三三七三三四四

七　一九○四八五五六八

八　二一七六九七七九二

九　二四四九一○○一六

推經朔次氣及弦望法

置天正經朔全分加五十九萬○六一一八六（即十二朔策）滿紀法六十萬去之為所求年正月經朔累加朔策二十九萬五千三百○五九三為逐月經朔累至次年天正經朔必相同也（次年天正經朔在本年為十一月）復以望策一十四萬七六五二九六五累加各月經朔得經望又加之即得次月經朔復以弦策七萬三八二六四八二五累加經朔得上弦加上弦即復得經望又加之得

下弦。又加之。復得次月經朔。

凡累加時並滿紀法去之。其復得數必與原推分秒不異。或先加弦策。次加望策。亦同。

前有逕求次年天正經朔法。與此挨次累加之數。互相參攷。即知無誤。算法還原之理也。以後並同。

推恒氣次氣法

置天正冬至日及分。加四十五萬六五五三一二五。即三氣策。滿紀法去之。為所求年立春恒氣。累加氣策一十五萬二一八四三七五。滿紀法去之。得各恒氣。加至本年冬至。即與前逕推次年天正冬至相同也。

附二十四恒氣鈐

立春　正月節　四十五萬六五五三一二五

雨水　中　〇〇萬八七三七五〇〇

驚蟄　節　一十六萬〇九二一八七五

春分　二月中　三十一萬三一〇六二五〇

清明　節　四十六萬五二九〇六二五

穀雨　三月中　〇一萬七四七五〇〇

立夏　節　一十六萬九六五九三七五

小滿　四月中　三十二萬一八四三七五〇

芒種　節　四十七萬四〇二八一二五

夏至　五月中　〇二萬六二一二五〇〇

小暑　六月節　一十七萬八三九六八七五

大暑	六月中	三十三萬○五八一二五○
立秋	七月節	四十八萬二七六五六二五
處暑	七月中	○　三萬四九五○○○○
白露	八月節	一十八萬七一二四三七五
秋分	八月中	三十三萬九三一八七五○
寒露	九月節	四十九萬一五○三一二五
霜降	九月中	○　四萬三六八七五○○
立冬	十月節	一十九萬五八七一八七五
小雪	十月中	三十四萬八○五六二五○
大雪	十一月節	五十○萬○二四○六二五
冬至	十一月中	○　五萬二四二五○○○

小寒　十二月節　二十〇萬四六〇九三七五

大寒　中　三十五萬六七九三七五〇

立春次年正月節　五十〇萬八九七八一二五

右鈐以加天正冬至滿紀法去之即逕得各月恒氣大小餘。

凡恒氣大餘命起甲子算外得日辰小餘命時刻。依法斂加時條取之。並同冬至法。

推盈縮歷次氣法

置天正盈縮歷日及分加五十九萬〇六一一八六滿半歲周一百八十二日六二一二五去之爲所求年正月經朔下盈歷也。累加朔策二十九萬五三〇五九三爲逐月經朔盈歷也盈歷加滿半歲周去之交縮歷又累加之滿半歲周去之復交盈歷也。累加至十一月即與次年天正盈縮歷相同。復以弦策七萬三八二六四八二五累加之各得弦望及次朔之盈縮歷也。至次朔亦必相同。盈歷滿初限八十八日九〇九二二五為有末之盈縮歷滿初限九十三日七一二〇二五為有末之縮

推初末限法

置半歲周一百八十二日六二一二五內減有末之盈縮歷全分餘為所求各末限日分也。復於各盈縮末限日分累減弦策七萬三八二六四八二五得各弦望及次朔下盈縮末限必相同也。若不及減弦策者末限已盡盈交縮縮交盈也。補法置弦策以不及減之餘末轉減之即各得所交盈縮初限日分相同也。

凡盈歷算起冬至。縮歷算起夏至。並從盈縮初日順推至所求日時。若盈末則算起夏至。縮末則算起冬至。並從盈縮盡日逆推至所求日時。故置半歲周減之而得末限日分也。所得末限日分。是所求日時距盈縮末盡日遠近之數。朔而弦望入歷益深。則其距末盡日益近。故在初限累加弦策者。在末限即用累減而得也。

推盈縮差法

置盈縮歷全分。若係末限。只置所得末限全分。減去大餘不用。只用小餘。有千分定三。有百定二。有十定一。並以立成相同日數下取其盈縮加分為法乘之。加分有百定二。有十定一。言十加定一子。得數以所定八子約之為度位。乃於立成取本日下所有盈縮積與得數相併。即得所求盈縮差。

凡言八子或九子約之爲度者乃是於得數上定此虛位以便與盈縮積度相加非言得數有八子九子也假如八子爲度位而原所定只有五子即得數爲度下三位若盈縮積有度即於得數上第三位加之法於得數首位呼五字逆上數之曰五六七八至八字住於此加積度即無誤也遲疾歷同

盈縮加分是本日太陽行度或過或不及于一度之分也或日行過于一度而有餘分是爲盈加分或日行不及一度而有欠分是爲縮加分盈縮積度則是本日以前加分累積之數也總計逐日盈加分爲盈積度總計逐日縮加分爲縮積度法當以小餘乘本日加分爲實日周一萬分爲法除之即得小餘時刻內所有之加分乃以得數併入本日以前原有之積度則爲本日本時之盈縮差矣歷經云萬約爲分即是以日周一萬除乃本法也茲以定

子法約之。故以八子爲度所得亦同。假如以千乘百。共定五子。則所得乘數爲十萬分。就用爲實。以日周一萬爲法除之。當去四子。剩一子。則所得除數成十分。是於度下爲第三位也。何也。度下有千有百。故十分爲第三位。今于所定五子虛進三位。至八子位命爲度。以加積度。卽得數十分。適居度下第三之位。而相加無誤矣。前條八子命億。而此以八子約爲度。何也。曰無二理也。八子于乘得數原是億位。蓋億卽一萬萬。用萬萬爲實。以一萬爲法除之。當去四子。剩四子。則除後得數爲萬。而成度位。今不去子。故以八子爲度。其實卽歷經萬約爲分之法。非有二也。

問初限是從盈縮初日順推。盈初從冬至起算。縮初從夏至起算。並數其已過之日。其小餘亦順推。並自本日子正刻起。順下丑寅。數至所求時刻。若末限則是從盈縮末盡日逆數。盈末距夏至。縮末距冬至立算。皆數其未到之日。其小餘亦逆數。並自本日夜子初刻逆轉亥戌。數至所求時刻。而加分乘小餘加積度之法。並無有異。且盈縮互用。盈末所用之加分積度。卽縮初之數。縮末所用之加分積度。卽盈初之數。何也。曰凡初限所積之盈縮度分並爲末限之所消假如盈初限共有積盈度二度四十分。一交盈末。即每日有所縮。以消其積盈。直至盈末盡日。其盈消盡。而交夏至爲縮歷矣。又如縮初限共有積縮度二度四十分。一交縮末。即每日有所盈。以消其積縮。直至縮末盡日。其縮消盡。而交冬至。復爲盈歷矣。故同一加分也在初限爲日增之分在末限則爲日消之分。假如盈末限未到夏至若干日。與縮初限已過夏至之日數等。則其日行度之所縮亦等。故盈末日即用縮加分。又如縮末日與盈初限之日數等。則其距冬至等。而日行之所盈亦等。故縮末日即用盈加分。同一積度也在初限爲已積之度分若末限則爲未消之度分。假如盈末。每日內各有縮加分以消其盈。而今盈末尚有若干日。則其縮加分未用。而積盈亦未消。累而計之。其數必與縮初限相同日數下之積度等。故即用縮積度爲盈積度也。縮末即用盈積度爲未消之縮積度。其理亦同。今末限既有小餘則此時刻內亦必有未消之零分在積度外故以小餘乘加分而萬約之即八子爲度之法。解已見前。併入積度即知此日此時尚有未經消盡之積度共若干度分而命之爲盈縮差矣。盈末日雖用縮加分縮積度取數。而仍爲盈差。縮末日雖用盈加分盈積度取數。而仍爲縮差。蓋其加分積度。爲逐日之盈縮。而盈縮差分。是總計初日以來之盈縮也。

推遲疾歷次氣法

置天正遲疾歷日及分。加三日九五一九八六。兩轉差數。爲所求年正月經朔下遲疾歷也。以後累加轉差。即得各月經朔下遲疾歷也。凡加後如滿小轉中一十三萬七七七三者去之。疾變爲遲。遲變爲疾。不滿者遲疾不變。累加至十一月。即與次年天正遲疾歷相同也。　復以弦策七日三八二六四八二五累加之。各得弦望及次朔之遲疾歷。亦滿小轉中去之。變遲疾也。

本宜累加朔策而去轉終。今用轉差。是捷法。其得數同也。

附轉差鈐

一	一日九七五九九三
二	三日九五一九八六
三	五日九二七九七九
四	七日九〇三九七二
五	九日八七九九六五
六	十一日八五五九五八
七	〇〇日〇五四六五一
八	二日〇三〇六四四
九	四日〇〇六六三七
十	五日九八二六三〇

用鈐加正月經朔下遲疾歷。可逕求各月遲疾歷。若加滿小轉中去之。疾變遲。遲變疾也。

自七個月以後。爲減過小轉中之數。加後卽變遲疾。若加滿小轉中去之反不變也。

十一　七日九五八六二三

十二　九日九三四六一六

推遲疾歷限數法

置遲疾歷日及分十日定五單日定四。日有千定三。日。千有百定二。有十定一。以十二限二十分定一。為法乘之言十定一。得數以所定有四子為單限五子為十限六子為百限即得各遲疾歷限數　如逕求次弦望之限數者如自朔求上弦自上弦求望之類。每加限策九十限即得加滿中限一百六十八限去之則變遲疾　如超次月如以朔求次朔以上弦求次月上弦之類。累加朔轉限策二十四限一。即得亦滿中限去之。而變遲疾。如累加之至十個月間有多一限乃二十分尾數積成故有退一限減之之法不必致疑皆以日率為定也遲疾分限數何也。太陰行天有遲疾，其遲疾又有初末，與太陽之盈縮同。所不同者，太陽之盈縮以半歲周分初末，而其盈縮之度止于二度奇；太陰之遲疾以十三日七十七刻奇分初末，而其遲疾之度至于五度奇。疾初只六日八十八刻奇而疾五度，遲初只六日八十八刻奇而遲五度。歷家以八百二十分為一限，即八刻奇。一日分十二限二十分，而自朝至暮逐限之遲疾細分可得而求矣。

捷法以所得遲疾歷與立成中遲疾日率相較，擇其相近者用之。或所得遲疾歷日及分與立成內日率相同，或稍強于日率，即可取用。即可逕得限數。此法可免十二限乘，亦即無退一限減之之事，余所補也。

推遲疾差法

置遲疾歷日及分，以立成內相同限下日率減之。如立成日率大，不及減，即退一限減之。用其餘分為實有百分定四子。十分定三子。單分定二子。十秒定一子。以其下損益分十分定五子。單分定四子。十秒定三子。單秒定二子。為法乘之。言十定一。得數又為實以八百二十分去二子。為法除之。不滿法又去一子。得數取所定八子為度位。視立成是益分。即于得數上依位加本限下遲疾積度。如盈縮差加積度法。若是損分。即置遲疾積度內減去得數。如八子為度位而所定只五子。則于度下第三位減之。餘倣此。即各得所求遲疾差。

遲疾日率者每限八百二十分之積數也。如滿八百二十分則為一限。滿兩個八百二十分。則為二限。乃至滿十個八百二十分即為十限。百個八百二十分。即為百限。故曰日率。而所得遲疾歷未必能與各限之日率巧合而無零分。故以此日率減之。即知此刻太陰之行度已足過若干限而尚餘若干時刻也。每限八百二十分。即八刻奇。未滿此數。皆為零分。

損益分者。各限內遲疾進退之差也。自初限至八十三限爲益分。其遲疾爲進也。在疾歷則益其疾。在遲歷亦益其遲。故並爲益分。自八十四限至一百六十八限爲損分。其遲疾爲退也。在疾歷則損其疾。在遲歷亦損其遲。故並爲損分。此損益分皆整限八百二十分之數。零分所有之損益必小于八百二十分之損益。故以零分乘八百二十分除也。

遲疾積度者。是本限以前所積之遲疾度分也。如在八十三限以前則爲日益之積數。八十四限以後。則爲日損之餘數。於是以所得零分內之損益分損之益之。便知此時此刻內太陰之遲疾所不同於平行者共有若干度分。而命之爲遲疾差也。

定子之法。于三百二十則萬四常爲度位。而此與盈縮差並用八子者。盈縮差原是萬約爲分。宜去四子。今省不去。故八子即是四子也。此求遲疾之損益。是以八百二十除。原非萬約爲分。而亦用八子爲度者。因乘時加定四子。餘分百定四子。是加定二子也。損益分之十分。是度下一位。宜定千三。今定五子。是又加二子也。合之共加定四子。則八子亦是四子。其故何也。遲疾歷遇八十一限至八十六。其損益分多爲單秒。則定子之法窮。故加四數以豫爲之地也。

不滿法又去一子者。亦以相除時算位言之。假如法是八。實亦是八。或八以上。可以除得一數。即爲滿法。若實在八以下。即不能除得一數。當退位除之。即爲不滿法也。此不論十百千萬之等。准論自一至九之數。假如以八十除六百。亦爲不滿法。若以八百除九十。亦爲滿法。皆以得數有進位不進位而分。算中精理也。蓋除法本是降位。如用十爲除法。是以十爲一。當降一位。故去一子。百爲除法。是以百爲一。當降兩位。故去二子。今不能除得一數而退位除之。是又降一位。故再去一子也。

按古歷太陽朓朒之行。但有各恒氣十五日奇之總率。而無每日細數。太陰朓朒之行。但有每一日之總率。而無一日內分十二限奇之細數。有之。皆自授時始。皆以平立定三差得之。授時之密於古法。此一大端也。

推加減差法

視各經朔弦望下盈縮差與遲疾差。如是盈遲縮疾爲同名。則相併用之。如是盈疾縮遲爲異名。則兩數相較用其餘分。有萬定四子。千定三子。百定二。十定一。以八百二十分定二子。乘之言十定一。得數爲實。以立成本限下遲疾行度爲法。遲用遲行度。疾用疾行度。並以萬去四子。千去三子。除之。不滿法又去一子。得數。以所定有三子爲千分。二子爲百分。即得所求加減差。

同名者　盈遲爲加差　縮疾爲減差

盈多疾少爲加差　疾多盈少爲減差

異名者

遲多縮少爲加差　縮多遲少爲減差

加減差者。時刻之進退也。前論盈縮遲疾二差。則行度之進退也。因日月之行度各有紓亟。而時刻因之進退。故前既分求之。茲乃論之也。

以右旋之度言之。日每日平行一度。月每日平行十三度有奇。合朔時日月同度。歷弦策七日三八二六四八二五而月度超前離日一象限。是爲上弦。又歷弦策而月度離日半周天。與日對度。是爲望。自此以後。月向日行。又歷弦策而距日一象限。是爲下弦更歷弦策而月追日及之又復同度而爲合朔矣凡此者皆有常度有常期故謂之經朔經望經弦也乃若定朔定望定弦則有時而後於常期故有加差焉有時而先於常期故有減差焉

凡加差之因有二一因於日度之盈夫日行既越於常度則月不能及一因於月度之遲夫月行既遲於常度則不能及日二者皆必於常期之外更增時刻而後能及於朔望弦之度故時刻加也

減差之因亦有二一因於日度之縮夫日行既緩於常度則月易及之一因於月度之速夫月行既速於常度則易及於日二者皆不待常期而已及於朔弦望之度故時刻減也

乃若以日之盈遇月之遲。二者皆宜有加差。以日之縮遇月之疾。二者皆宜有減差。故盈與遲。縮與疾。並爲同名。而其度宜併。若以日之盈遇月之疾。在日宜加。在月則宜減。以日之縮遇月之遲。在日宜減。在月宜加。故盈與疾。縮與遲。並爲異名。而其度宜相減。用其多者爲主也。

如上所論。既以盈縮遲疾二差同名相從。異名相消。則加減差之大致已定。然而又有乘除者。上所言者度也。非時刻也。故必以此所得之度分。卽同名相從。異名相消之度分。用每限之時刻。八百二十分。乘之爲實。每限之月行度爲法。卽遲疾行度。除之。卽變爲時刻。而命之爲加減差矣。

以異乘同除之理言之。月行遲疾行度。則所歷時刻爲八百

二十分今加減之度有幾個遲疾行度則月行時刻亦當有幾個八百二十分故以此乘除而知加減差之時刻

推定朔法

各置經朔弦望大小餘各以其加減差加者加之減者減之即各得所推定朔弦望大小餘大餘命起甲子算外得定日支干小餘命時刻依發斂加時條求之其定弦望日小餘若在本日日出分以下者退一日命之惟朔不退

定朔日干名與次月同者其月大不同者其月小 內無中氣者爲閏月

弦望退一日者以候月當用更點也假如定望在乙丑日日未出前則仍是甲子日之更點故也

按節氣爲兩月相交之界故謂之節中氣爲一月三十日之正中故謂之中月有中氣然後可正其名曰某月如有冬至則爲十一月有大寒則爲十二月有雨水則爲正月他皆若是若月內無中氣而但有節氣則在兩月交界之間不能名其爲何月而謂之閏月矣凡閏月前一月中氣必在晦後一月中氣必在朔則前後兩月各有定名而此月居其間不得復以前後月之名名之不得不爲閏月如月內但有立春節而無中氣則大寒中氣在前月之晦定其爲十二月雨水中氣在後月之朔定其爲正月前後兩月各有本名不可移動而本月無中氣即無月名必爲閏月也歷家以無中氣爲閏月則各月之中氣必在本月而不可稍移所謂舉正于中民則不惑也然惟以恒氣注歷始能若是唐一行之說所以確不可易而歷代遵守以爲常法非不知有定氣而但知

恒氣也。定氣即日行盈縮。若于各恒氣求其盈縮差。而以盈差爲減差。縮差爲加差。即得各定氣日及分。然而不用者爲閏月也。

推入交次氣法

置天正入交泛日及分。加四日六三六七三八。即兩交差。即爲所求年正月經朔下入交泛日及分也。以後累加交差二日三一八三六九。滿交終二十七日二一二二二四去之。即各月經朔下入交泛日也。累加至其年十一月。即與次年天正入交泛日相同也。復以交望一十四日七六五二九六五累加之。亦滿交終去之。即得各月經望下入交泛日。加朔得望。加望得次朔。亦必相同也。

附交差鈐

一	二日三一八三六九	用鈐加正月經朔下入交
二	四日六三六七三八	泛日。可逕得所求某月經
三	六日九五五一〇七	朔下入交泛日。若加正月
四	九日二七三四七六	經望下入交泛日。亦可逕
五	十一日五九一八四五	得所求某月經望下入交
六	十三日九一〇二一四	泛日。加滿交終二十七日。
七	十六日二二八五八三	二一二二二四並去之用
八	十八日五四六九五二	其餘數。
九	廿〇日八六五三二一	
十	廿三日一八三六九〇	
十一	廿五日五〇二〇五九	

十二　〇〇日六〇八二〇四

推盈日法

視各恒氣之小餘在沒限七千八百一五六二五以上者爲有盈之氣也。置策餘分一萬〇一四五。以十五日除氣策。得一萬一四五六二五。止用四位。取大內減有盈之氣小餘四位用其餘分爲實。以千三百二定之。以數也。六十八分六十秒。以氣盈除十五日。得六十八分六十六秒九五。今亦止用三位。定一爲法乘之。言十定一。得數取定四子爲日位用加恒氣大餘日滿紀法去之。命起甲子算外爲所推盈日也。

又法亦以有盈之恒氣小餘去減策餘分餘以一氣十五日乘之爲實。氣盈二千一百八四四三七五爲法除之。得數以加恒氣大餘。滿紀法去之。命爲盈日亦同。

若逕求次盈日者置所得盈日每加盈策六十九萬六六九五二八即得第二盈日亦滿紀法去之命干支也。盈日即古歷之沒日也凡氣內有盈日者多一日假如甲子日立春則己卯日雨水今盈一日爲庚辰日雨水故謂之盈日。

策餘分者十五日除氣策之數也蓋謂每大餘一日即帶有盈分。千一百四十五分故必足得策餘分一萬〇一四五之數則爲十五分氣策之一也。

六十八分六十秒者氣盈除十五日之數也蓋謂每盈一分在恒氣爲六十八分六十秒即六十八分六十秒盈一分也。

今有盈之恒氣小餘尚不及策餘分有若干分則必更歷若

千六十八分六十秒而其盈分始足命之盈日也

又法以十五日乘氣盈除卽六十八分六十秒乘也故其得數同

捷次盈以盈策加者卒六十九日奇而有盈日則每一歲周只有五盈日或四日也餘詳用數

推虛日法

視各經朔之小餘在朔虛四千六百九四〇七以下者爲有虛之朔也置有虛之朔小餘四位千定三百定二爲實以六十三分九十秒朔虛除三十日得六十三分九十一秒奇此用大數故只三位定一爲法乘之言十定一得數取定四子爲日位用與經朔大餘相加滿紀法去之命起甲子算外爲所推虛日也

又法以三十日乘有虛之小餘爲實朔虛四千六百九四○七爲法除之得數以加經朔大餘滿紀法去之爲虛日亦同

若還求次虛日者置所得虛日每加虛策六十二日九一○四二二即得第二虛日其命干支亦滿紀去之也

虛日即古歷之滅日也凡月內有虛日者其月小（以經朔言之）故謂之虛日

六十三分九十秒者朔虛除三十日之數也蓋謂每虛一分在月內爲六十三分九十秒即每六十三分九十秒當虛一分也今經朔小餘尚有若干分則必更歷若干六十三分九○○而其虛分始盡命之虛日也

其又法以三十日乘朔虛除即六十三分九○乘也故得數

亦同

捷法虛日以虛策加者率六十三日弱而有虛日則每一歲策亦只五虛日也餘亦詳用數

推土王用事法

置四季月節氣大小餘〔三月用清明。六月小暑。九月寒露。十二月小寒。〕各加土王策一十二萬一七四七五滿紀法去之大餘命起甲子算外各得所推土王用事日辰也

又法置四季月中氣大小餘〔三月用穀雨。六月大暑。九月霜降。十二月大寒。〕內各減策二土王策三日。四三六八七五如不及減加紀法減之所得亦同

天有五行而土無專位以體之立者言之則居中以用之行

者言之則在隅。土者木火金水之所以成終而成始也。參同契曰。土旺四季。羅絡始終。青赤白黑各居一方。皆稟中宮戊己之功。蓋謂此也。歷家以春木夏火秋金冬水分旺者。各得氣策四又十二日一七四七五。而土寄旺於四季之末者。各得策一又三日四三六八七五。與四行之數適以相等。而歲功成焉。前法用加節氣者。是於四行之末而要其終。後法用減中氣者。是據土王用事之初而原其始。餘詳用數。

推發斂加時法

各置定朔弦望及恒氣之小餘。爲實。以十二時爲法乘之。法實並以千三百二定之言十定一。以所定四子爲萬。取萬爲時。命起子正。有五千起作一時。命起子初。並以算外命時。其不滿五千者。取一千二百爲刻。命

起初正初刻算外爲某刻

又法各置小餘加二爲時減二爲刻不須定數就以千位爲時百位爲刻有五百起作一時命起子初初刻不起者命起子正初刻也

按古法以日行赤道外去北極遠謂之發日行赤道內去北極近謂之斂發斂字義並主北極爲言日道之自近而遠遠而復近皆以漸致故不曰遠近而曰發斂也古諸家歷法並有步發斂一章其所列者月卦律呂氣候之類而加時之法附焉授時亦然故曰步發斂加時也授時雖不用律呂月卦惟存七十二候而統以廿四中節蓋即其所謂發斂而所謂步發斂加時者以推各氣候初交之時刻發斂字義蒙上文而爲說猶云步氣候加時云爾大統則省去步發斂一章故加時之法在氣朔章後而

猶云推發斂加時因仍舊名無他義也。

以十二乘者何也。蓋以日周一萬分十二時則各得八百三十三分三三不盡。故以十二乘之通日周一萬爲十二萬。則可以勻分。乃算術通分法也。日周既通爲十二萬。故以一萬爲一時。以一千二百爲一刻也。有五千起作一時者。因時有初正。則各得五千。其子初四刻爲前半個子時。乃先一日之數。謂之夜子時。子正四刻爲後半個子時。乃本日之數。本日十二時並從茲起。故滿一萬者。命起子正也。命起子正。則算外爲丑正矣。因所滿一萬數中。有子正四刻。丑初四刻在內。則前半個丑時已滿。而算外爲丑正。若但滿五千。則算外爲丑初。但滿五千。則所滿者是後半個子時。而交前半個丑時。是爲丑初。非丑正也。故起作一時而命起子初。此是從先日夜子初刻算起。借前半個子時輳合成整。以便人算也。

其又法加二爲時。減二爲刻者。加是就身加二。即十二乘。但不變千位。不定子。故即以一千爲一時。而起子正。有五百起作一時而起子初也。減二即十二除。而挨身減二。不動算位。所謂定身除法也。故即以一百爲一刻。

附十二時鈐

	千	百	十	分	十	秒
子正	○	○	○	○	○	○
丑初	○	四	一	六	六	六
丑正	○	八	三	三	三	三
寅初	一	二	五	○	○	○

	千	百	十	分	十	秒
午正	五	○	○	○	○	○
未初	五	四	一	六	六	六
未正	五	八	三	三	三	三
申初	六	二	五	○	○	○

時	數	時	數
寅正	一六六六六六	申正	六六六六六六
卯初	二〇八三三三	酉初	七〇八三三三
卯正	二五〇〇〇〇	酉正	七五〇〇〇〇
辰初	二九一六六六	戌初	七九一六六六
辰正	三三三三三三	戌正	八三三三三三
巳初	三七五〇〇〇	亥初	八七五〇〇〇
巳正	四一六六六六	亥正	九一六六六六
午初	四五八三三三	夜子初	九五八三三三

凡日下小餘分。並以十二時鈐相減命時。如滿四一六六六者。即命其時爲丑初。滿八三三三者。即命其時爲丑正。減不盡者。以一百分爲一刻。如不滿百分。即命初刻。滿一百分。即命一刻。滿二百分。命二刻。滿三百分。

命三刻。滿四百分。命四刻。如小餘可減二千五百分。命其時爲卯正。減過餘數有一百分即爲卯正一刻。有二百分爲卯正二刻。有三百分爲卯正三刻。有四百分爲卯正四刻。若減餘不滿百分。只爲卯正初刻。他皆若是。初正並同。

推朔值宿法

置辛巳爲元。求到其年通積全分。內減去其年閏餘全分。加三萬○六一一八六。即兩宿餘。滿宿會二十八萬去之。命起虛宿算外。即得所求年正月經朔直宿。以後累加宿餘一萬五三○五九。三。滿宿會去之。即得各月經朔直宿。再以各朔下加減差加者加之。減者減之。亦滿朔會去之。命起虛宿算外。即得各月定朔直宿。其加減過小餘。亦必與定朔小餘相同爲準。

此蓋以辛巳爲元之天正冬至前甲子日正直虛宿。故逕以通積取之。即得直宿。

按日直宿法。乃演禽之用。占家之一種也。故諸家歷法無之。授時歷經亦所未載。而大統歷有之。蓋元統之所增。其實無關歷法。

推閏月所在

置朔實二十九萬五三〇五九三。內減去有閏之天正閏餘全分（即所推天正閏餘在閏準以上者。其年有閏是也。）其餘爲實。以月閏九千〇百六二八二爲法除之。滿法爲月。視所得有幾月。命起歲前十一月。算外得閏在何月。

此法仍多未的。然祇在其月之前後。皆以定朔爲準也。

滿法爲月者。滿得一個月閏之數。即爲一月。若滿兩個月閏。即爲兩月。此只求整月。不除分秒。故不必定子。

終

歷算叢書輯要卷四十二

歷學駢枝二

大統曆交食通軌用數目錄

周天三百六十五度二十五分七十五秒

按此即步氣朔章用數。但彼以萬分為度法，此以百分為度法。故百分為分，而分為秒，名異而實同也。

半周天一百八十二度六十二分八十七秒半

周天象限九十一度三十一分四十三秒七十五微

平分周天度為半周天，又平分之，則為象限，乃四分周天之一。一如兩儀之分四象也。

半歲周一百八十二度六十二分一十二秒半

此太陽行天半歲之度也。亦以度爲百分。與氣朔章異。而以日命度則同。以較半周天不及七十五秒。乃歲差所自生。

歲差一分五十秒。

若以萬分命度則爲一百五十分。

交終度三百六十三度七十九分三十四秒一十九微六

此以月平行度乘交終之數。月入交一轉。凡行天度有此數也。

交中度一百八十一度八十九分六十七秒。九八

此以月平行乘半交之數。月入交一半。凡行天度有此數也。

正交度三百五十七度六十四分

此于交終度內減去六度一五有奇也。

中交度一百八十八度〇五分

此于交中度內加入六度一五有奇也日食入交度有加減者日既高于月黃道在天亦高于月道故當其初入陰曆六度時月之行天雖在日北而人之見月尚在日南中交度所以有加也及其將入陽曆尚差六度時月之行天雖在日內而人之見月已出日外正交度所以有減也此皆由測驗而得也其所以然則亦中國地勢爲之

前準一百六十六度三十九分六十八秒

前者交前也入陰曆滿此是在正交前也入陽曆滿此是在中交前也以後準減交中卽得

後準一十五度五十分

後者交後也入陽歷在此數以下是正交後也入陰歷在此數以下是中交後也。準者定也。凡月食在交前後以此爲定。葢無論交前交後皆以十五度五十分爲定。過此則不食也。前準數雖多以減交中度則亦十五度五十分也。

月平行分一十三度三十六分八十七秒半

置月行極遲極疾度數一轉之積以月行一轉之日平分之得此數。

日行分八分二十秒

此乃一限之日行分也。月行一限在日周一萬内得八百二十分也。葢萬分日之百即百分度之一分也。

日食分二十分

此置日食十分倍之。併日體月影各十分。即二十分。

月食分三十分

此置月食一十五分倍之。併月體十分。闇虛二十分。共三十分。

陰食限八度　定法八十分

陰者月入陰曆是在黃道北在日內也。在日內則易爲揜。故八度食也。陰食八度。故陰定法亦八十分。以八十分除八度。即得陰食十分也。

陽食限六度　定法六十分

陽者月入陽曆是在黃道南在日外也。在日外則難爲揜。故六度食較陰食近也。陽食六度。故陽定法亦六十分。以六十分除六度。即得陽食十分也

月食限一十三度〇五分　定法八十七分

以定法八十七。除一十三度〇五分。即得月食一十五分也。

〇月既小于闇虚。闇虚所至。即月所至。無高下。故不論陰陽。曆皆十三度。即食也。闇虚者日之影。倍大于月。故月食十有五分。所謂既内既外也。

日月食限數　凡數滿萬爲日。千爲十刻。百爲單刻。

陽食入交

在〇日五十刻巳下日月不食

在二十六日〇二刻巳上日月皆食

在一十三日〇〇刻巳上日月皆食

在一十四日七十五刻巳上下日月皆食

在○日五千四百五五五巳上下日月皆食

在二十五日六一五一巳上日月不食

在一十二日○○八九巳上日月不食

在一十四日一五一六巳下日月皆食

陰食入交

在一日二十五刻巳下不食

在一十二日四十二刻巳上下月食

在一日一八七二巳下日食

在二十六日○二四九巳上日月皆食

在一十二日四一八九巳上

在一十四日七九三三巳下

又在交望一十四日七六五二一九六五五巳下日月皆食

又在交終二十七日二一二二二四巳下日月皆食

又在交中一十三日六○六一一二巳下日月皆食

右各日月食限。如日食。視其定朔小餘。在夜刻者。如月食。視其定望小餘。在晝刻者。即同不食。亦不必推算也。又與各交泛者數同。則食也。不同者不食。其巳上巳下皆指小餘而言。凡數自萬巳上為大餘。自千巳下為小餘。○凡日食視其定朔小餘。在一千二四九以下。八千八百巳上。皆在夜刻也。起亥初初刻。止丑正四刻。○凡月食視其定望小餘在三千○一六巳上。七千○八三巳下。皆在晝刻也。起辰初初刻。止申正四刻。晝夜刻。仍宜以日出入分。與定朔望小餘。相較而定之。

按自定朔之法行而日食必在朔歷家以是驗其疏密者千有餘年矣曆至授時法益密數益簡雖然月有交也逐逐步算雖簡亦繁許學士之譏世醫謂獵不知兎廣絡原埜術已疎矣今通軌所載食限顛倒繆亂殆不可以數求其誤後學將何已乎今爲訂定如左

今考定日月入交食限

朔汎交入陽歷

在〇日五〇一六已下爲入食限已上者日不食

在一十三日一〇四五已上爲入食限已下者日不食

朔汎交入陰歷

在一十四日不問小餘皆入食限

其小餘在一五一六巳下一三〇七巳上者的食

在一十五日一七七九巳下為入食限巳上者日不食

在二十五日六四〇四巳上為入食限巳下者日不食

在二十六日不問小餘皆入食限

其小餘在六六六七巳上六八七六巳下者的食

又在交終二十七日二一二二四巳下為入食限

又在交中一十三日六〇六一一二巳上為入食限

望汎交不問陰陽歷

在〇日不問小餘皆入食限

其小餘在七九六六巳下者月的食

在一日一五五六巳下為入食限巳上者不食

在一十二日四五〇五巳上爲入食限巳下者不食

其小餘在八〇九五巳上者月的食

在一十四日七六一七巳下爲入食限巳上者不食

其小餘在四〇二七巳下者月的食

在二十六日〇五六六巳上爲入食限巳下者不食

其小餘在四一五六巳上者月的食

又在交終二十七日二一二二二四巳下月的食

又在交中一十三日不問小餘皆的食〇

右日月食限皆視其朔望入交汎日其不入食限者即不必布算也〇其入的食限者必食也〇其入食限不言的者或食或不食也〇是皆以算御之也〇凡言巳上巳下者皆指小餘有不

問小餘者則只以大餘命之也又視其定朔小餘如在日入分後及日出分前十分巳上者夜刻也定望小餘如在日入分前及日出分後七百三十分巳上者晝刻也日食在夜刻月食在晝刻卽不得見初虧復圓同不食限不必布算也

按日食陰曆距交前後二十一度而止以月平行除之得一日五七一八日食陽曆距交前後六度七十一分而止以月平行除之得〇日五〇一六卽各其食限也其陰曆距交前後七度〇一三四至七度二九三四爲日的食限月平行除之得〇日五千二百四六至〇日五千四百五五也其陽曆則無的食何也葢日食雖有陽食限六度陰食限八度其實總在陰曆陽曆本無蝕法也今所定陽曆食限以諸差得之

皆或限也諸差者何一曰盈縮差加減之極至二度四十分一曰南北東西差加減之極至四度四十六分并二數六度八十六分內除未交陽曆前原空有一十五分餘六度七十一分是爲陽曆食限也其陰曆的食起七度○一至七度二九止者正交中交限距交皆六度一十五分而陽食限只六度是原空一十五分也加入盈縮差并南北東西差六度八十六分共七度○一而差變極矣故的限以此起置正交中交距交數加陰食限八度共一十四度一十五分內減去盈縮差并減去南北東西差餘七度二九而差變極矣故的限以此終不入此限度皆或限也置正交中交距交數加陰食限共一十四度一十五分又加入盈縮差又加入南北東西

差共二十一度是爲陰歷食限也葢極其變可以得其常執其常可以追其變今所訂定食限皆要其變之極者言之而其常可知也

又按月食不問陰陽曆只距交前後一十五度四十五分而止在月平行得一日一五五六爲食限也其距交前後一十度六十五分在月平行得日七九六六爲的食限也夫月食何以不問陰陽曆也月之掩日以形形則有所不周日之掩月以氣氣則無所不及故日必以陰曆食月不問陰陽曆皆食陽全陰半之理也又月雖掩日尚不能直至于日之所也故有東西南北差日以闇虛掩月則直至於月之所也故亦無東西南北差惟其不用東西南北差也故只以盈縮

差二度四十分加其食限一十三度○五分而得食限一十五度四十五分或食之數止此而差變極也只以盈縮差二度四十分減其食限一十三度○五分而得的食限一十度六十五分或不食之數亦至此而差變極也

又按夜刻不見日食以時差分與定用分相較知之大約日出入卯正酉正合朔當之時差之多至六百五十分若當二至日出入其差乃極亦不下六百三十分故定朔分若與日出入同者其食甚皆在日出前日入後六百三十分以上也假如日食十分當月行極遲之限定用分極多至六百三十五分止矣故知定朔在日出分前一十分以下者即不得見未復光定朔在日入分後一十分以上者即不得見初虧斷

爲夜刻無疑也其晝刻不見月食亦以時差分與定用分相較知之依授時時差法望在卯酉正時差之多至一百三十分若當二至日出入其差爲極亦不下八十九分故定望若與日出入分同者其食甚皆在日入前日出後八十九分已上也假如月食十五分當月行極遲之限定用分多至八百十六分止矣故知定望在日出分後七百三十分已上者卽不得見初虧定望在日入分前七百三十分已上者卽不得見未復光斷爲晝刻無疑也授時算月食時差法見後時差條

又按大衍歷有九服交食法庚午元歷有里差自宋以前歷法皆有晷漏所在差數今所定只據授時歷經所載大都食法其日出入據立成所載蓋是應天漏刻也元統作通軌是

洪武中故用南都漏刻。授時立法時宜有諸方漏刻及里差
推步之術今皆失傳故只據通軌。

日食通軌

錄各有食之朔下數

經朔全分　盈縮歷全分　盈縮差全分

遲疾歷全分　遲疾限數　遲疾差全分

加減差全分　定朔全分　入交汎日全分

按有食之朔即所推其朔入交汎日入食限者也故其下所有數皆全錄之葢數以倚數參伍相求此所錄皆毋數原定朔時俱已推定故也月食倣此

推定入遲疾歷法

置所推或遲歷或疾歷全分以本日下加減差加者加之減者

減之得爲定入遲疾曆分也。

按原推遲疾是經朔。今以差加減之。則是定朔下遲疾也。

推定入遲疾曆限數法

置所推定入遲疾曆全分。依朔下限數法推之。即得。

按定朔遲疾既不同經朔。則其入轉限數亦異。故復定之。

推定限行度法

視所推定入遲疾限。與太陰立成相同限下遲疾行度。遲用遲行度疾用疾行度。內減日行分八分二十秒。于度下二位減。即爲定限行度也。

定限行度內減去八分二十秒者。月行一限日行八百二十分。于百分度法爲八分二十秒也。蓋右旋之度月速于日。立成中遲疾。行度月行于天之數。此所推定限行度。乃月行距

日之數卽日月兩行之較也假如一限內月行一度日亦行八分二十秒則月行之多于日行爲九十一分八十秒

推日出入半晝分法

視有食之朔下是盈歷者大餘若干用立成內冬至後相同積日下日出入半晝分全錄之是縮歷者大餘若干用立成內夏至後相同積日下日出入半晝分全錄之

按日出入所以定帶食也以全晝分半之爲半晝分所以定午也只用經朔盈縮歷不加減者所差半日無甚差數也

推歲前冬至天正赤道宿次度分法

置歲差一分五十秒定二子爲實以所距積年減一算十定一百定二爲法乘之言十定一得數定有四子爲度置箕宿十度相減餘爲赤道箕宿度

分也。

按歲差者。日行黄道之度。所每歲遷徙不常者也。堯時冬至在虚一度。至元冬至在箕十度。漸差而西也。歲差一分五十秒者。凡六十六年有八月而差一度也。原至元冬至在箕十度。至今所求年。又差幾度。故以距算乘歲差而得所差之數。以減箕宿十度。便知退在箕宿幾度也。歲差之度自東而西。其數爲退。故用減也。

推歲前冬至天正黄道宿次度分法

置所推赤道度分內減去黄道立成相同積度下第三格積度全分。餘有十定三千。有分定二千。十秒定一千。爲實。以同度下第四格度率爲法。除之。不去千。只不得數。定有三千爲十分。二千爲單分。一滿法去一千。得數千爲十秒。千十分前一位加積度加入同度第一格積度得爲天正黄道箕宿度分也。

按此以箕宿赤道度變黄道也。欲明其交變之理。當先知渾天之形。葢天體渾員。而赤道紘帶天腰。其南北極皆等。赤道度勻分。如瓜瓣。離赤道遠。則其度漸斂漸狹。以會於兩極。若黄道之度。雖亦勻分。然半出赤道之外。半在赤道之内。與赤道有平斜之別。若自兩極作經度。縱剖赤道。必過黄道。則有時赤道一度。當黄道一度有奇。以黄道度斜也。（二分黄道斜穿赤道而過故赤道平而黄道斜。）有時赤道一度。當黄道則不及一度。以赤道度小也。（二至黄道所經離赤道二十四度弱。在赤道度則已爲瓜瓣漸斂之時。其度瘦小。故不能當黄道之一度。）古諸家歷法各有黄赤變率。惟授時依割員句股之法。剖渾度爲之。于古爲密也。

黄赤立成起二至畢二分起二分畢二至並于一象限內互相乘除各有定率。詳第三卷。箕宿近冬至故用至後立成。

立成第四格赤道度率也第二格所變黄道度率也凡至後赤道一度零若干分始可當黄道一度也。以赤道小度當黄道之平度則一度不能當一度必加零分始可相當。第三格赤道積度也第一格所變黄道積度也凡至後赤道幾度幾十幾分始可當黄道幾度也。

歲差之法每年冬至西移則冬至所在宿每年之距度不同。如至元辛巳冬至在箕十度則箕初距冬至亦十度今康熙壬寅冬至退至四度奇則箕初距冬至亦只四度奇。故必每年變之始為準的。如康熙壬寅箕宿赤道距冬至四度奇以變黄道則不足四度冬至愈退則距度愈近而每度之加率愈多。

今以所推箕宿赤道度分。是從本年天正冬至逆數至箕宿初度。與第二格積度相減。其滿積度數。即變成黃道積度。第三格赤道積度俱帶零分。第一格黃道積度並爲整度。以此相變。是以帶零分之赤道幾度。變爲無零分之黃道幾度也。其減不盡者。以第四格赤道度率爲法除之。則此赤道零分。亦變爲黃道零分。所變零分。必少于赤道零分。乃以所變零分。併入所變積度。爲箕宿初度距冬至之黃道度。即知天正黃道實躔箕宿若干度分也。

以異乘同除之理言之。赤道一度零幾分。於黃道爲一度。今有赤道零分若干。於黃道亦當爲零分若干。法當置赤道零分。以黃道度率乘之爲實。赤道度率爲法除之。得數爲所變黃道零分。今因黃道率是一度。乘訖數不動。故省不乘。而只用除。是捷法也。惟其省乘。故除亦不去子。惟不滿法去一子。蓋不去子。則實位暗陞。與乘過之得數無兩。

黃道立成

黄積度加此	度率此乘黄道	赤積度減此	度率此除黄道
初度	一度	初度〇〇〇〇	一度〇八六五
一度	一度	一度〇八六五	一度〇八六三
二度	一度	二度一七二八	一度〇八六〇
三度	一度	三度二五八八	一度〇八五七
四度	一度	四度三四四五	一度〇八四九
五度	一度	五度四二九四	一度〇八四三
六度	一度	六度五一三七	一度〇八三三
七度	一度	七度五九七〇	一度〇八二三
八度	一度	八度六七九三	一度〇八一二
九度	一度	九度七六〇五	一度〇八〇一

十度　一度　十度八四〇六　一度〇七八六

按黃赤道交變立成原有九十一度。今只用十度者。以箕宿只十度也。若再過二三百年。歲差於箕度退完。交入尾度。則立成數宜用二十度。箕宿度在冬至前而今用至後立成者。赤道變黃道之率。至前與至後本同一法。故可通用也。至後是從冬至順數。至前是從冬至逆溯。其距冬至度同。則赤黃之變率不異。大致與縮末盈初二限共一加分積度者同理。近乃有名家撰述輙譏此條為錯用立成。是未嘗深思而得其意也。

推交常度法

置有交食之入交汎日全分。十日定五子。单日定四子。空日定三子。空千定二子。空百定一子。空十不定子。以月平行一十三度三六八七五定一。為法乘之。言十定一。乘過定有四子為单度。五子為十度。六子為百度。卽得所推交常度分也。

按交常度者經朔太陽躔度距黃道白道相交之度也

推交定度法

置所推交常度全分內盈加縮減其朔下盈縮差度分為交定度分如遇交常度數少不及減縮差者加交終度三百六十三度七九三四一九減之餘為交定度分也遇滿交終度去之

按交定度者定朔太陽所在距黃道白道相交之度也闇虛為日對度故只用太陽盈縮差加減之也如遇交常度數少不及減縮差者是以常數言之雖已在交後計日行盈縮則仍在交前故加入交終度減之卽仍作交前算也

推日食在正交中交度

視交定度分如在七度已下三百四十二度已上者為食在正

交如在一百七十五度已上二百〇二度已下者爲食在中交

按正交者月自陰歷入陽歷交之始也中交者月自陽歷復入陰歷交之中也交終之度于此始即于此終故爲正交也交中之度于此適半故爲中交也七度已下三百四十二度已上者正交食限陽歷距交初七度陰歷距交終二十一度而止也一百七十五度者陽曆距交中亦七度而止爲食限二百〇二度者陰歷距交中亦二十一度而止爲食限也

推中前中後分法

視定朔小餘如在半日周五千分已下者就置五千分內減去定朔小餘而餘爲中前分也如在半日周已上者就于定朔小餘內減去半日周餘爲中後分也

按中前是從午逆推前所距分也。故以小餘減半日周。中後是從午順求後所距分也。故以半日周減小餘。順數逆推。皆自午正起算也。

推時差分法

置半日周内減去所推或中前或中後分。餘[千定三。百定二十。]爲實。復以中前或中後[千三百二定之。]爲法乘之。[言十定一。]得數。又以九十六分[去三子。按九十六分。宜去一子。今去三子者。經所謂退二位也。]爲法除之。[不滿法去一子。除過定有二子爲百分。一子爲十分。]得爲時差分也。中前爲減差。中後爲加差。

按時差分者。食甚之時刻有進退于定朔者也。葢經朔本有一定之期。既以月遲疾日盈縮加減之爲定朔矣。而猶有差者。則以合朔加時有中前中後之不同也。其所以不同者何也。大約日在外，月在內，故能掩之。人又在月內，故見其掩而有食。當其正相當一度，謂之食甚。如其合朔午正，則以人當月，以月當日，相當繩直，故無所差。若在午前以至于卯，則漸差而早。假如定朔卯正一刻，日月合在一度，是日月合朔本等時刻也。人自地上觀之，則不待其月之至於此度也。當其卯初初刻，月未及日一度時，已見其合于日，是差而早六刻有奇也。若在午後以至于酉，則漸差而遲。假如定朔酉正一刻，日月合在一度，是日月合朔本等時刻也。人自地上觀之，則月雖已至此度，尚未見其合也。直至戌初一刻，月行過于日將一度時，始見其合于日，是差而遲六刻有奇也。其自卯而辰而巳，所差漸少，至午正則復于無差也。其自午而未而中積差以漸而多至酉則差而極于六刻有奇也葢天體至圓其行至健運乎四虛地在其中爲氣所團結而不散若卵之有黃夫卵既圓矣黃安得獨方故地之方者其德其體則必不正方如碁局也夫日月並附天行而月在日下當其合時去日尚不知有幾許人自地上左右窺之與天心所見不同故日月平合在卯酉皆不能見所見食甚日稍在下月稍在上斜弦所當差近一度在月平行爲六百餘分惟午則自下仰觀所見正當繩直與在左右旁視者異故無差也昔人常云人能凌倒景以瞰日月則晦月之表光應如望吾亦云使人能逐景而行與日相偕則舉頭所見常如在午又使地如琉璃光人居其最中央旋而觀日入面皆平時差之法可

以不設矣。是其所差不問盈縮遲疾，而只在本日之加時，故曰時差。

推食甚定分法

視時差分，如是中前分，推得者，置定朔小餘，內減去時差分，餘爲食甚定分也。如是中後分，推得者，置定朔小餘，內加入時差分，共得爲食甚定分也。滿日周去之，至入盈縮度再加之。

按食甚，食而甚也。食甚分，是自虧至復之中，日月正相當于一度之時刻也。中前減小餘者，差而早也。中後加小餘者，差而遲也。若夜刻不算者，恐無滿日周去之之理，末二句疑誤。

推距午定分法

置所推中前或中後分，內加入時差分，共得爲距午定分也。

按距午定分是食甚時刻距午正之數也。食甚以時差加減。距午則不減只加者蓋食甚原是順推故有加減距午分則一自午順推一自午逆溯總是差而漸遠于午正故也。

推食甚入盈縮定度法

置前推或盈歷或縮歷初末全分加入定朔大餘及食甚定分。內減去經朔全分餘爲食甚入盈縮歷定度分也。

按原推盈縮歷是經朔下者故以定朔大餘及食甚分加之。減去經朔全分如以經朔大小餘加減作食甚大小餘故卽得食甚所入盈縮歷數也。

推食甚入盈縮差度法

置所推食甚盈歷或縮歷全分減去大餘依朔下盈縮差法推

入得食甚入盈縮差度分也如遇末限亦用反減半歲周之數數止秒

按食甚盈縮歷既異經朔則其所積盈縮之差亦不同故復求也

推食甚入盈縮歷行定度法

置食甚入盈縮歷全分以萬爲度內盈加縮減其所推食甚入盈縮差得爲食甚入盈縮歷行定度分也末限不用數止秒

按凡盈歷若干日即是常數日行距冬至宿之度數也凡縮歷若干日即是常數日行距夏至宿之度數也以其差加減之即得所推食甚日躔距二至宿之度數也凡用末限者所以紀其差是逆從二至推至二分其差整齊易知也今不用

末限者。所以積其度。是順從冬至數至夏至。從夏至數至冬至也。

推南北泛差度法

視所推食甚入盈縮曆行定度。如在周天象限九十一度三一四三七五巳下者。爲初限也。如在巳上者。置半歲周內減去行定度。餘爲末限也。或得初限。或得末限。俱自相乘之。初末限有十度。上下各定三子。単度各定二子。言十加定一子。得數以一千八百七十度去三子。爲法除之。不滿法去一子。除過定有四子爲度。三子爲十分。按上下各定二子。則四子矣。故四子爲度。復置四度四十六分。按四度四十六分者。即周天象限自乘。復以一千八百七十度除之者。內減去得數。餘爲南北泛差度分也。

推南北定差度法

置所推南北泛差全分。度定四子十分定三。以所推距午定分千定三子百定二子。為法乘之。言十定一。得數復以其所錄半晝分去二一子。為法除之不滿法去一子。除過定有四子為度。三子為十分。仍置泛差減去得數餘為南北定差也。若過泛差數少不及減者反減之而得也。　又視其盈縮歷及所推正交中交限度如是盈初縮末者食在正交為減差中交為加差也。如是縮初盈末者食在正交為加差中交為減差也。若過反減泛差者應加作減應減作加不可忽畧也。

按南北差者古人所謂氣差也。易之曰南北所以著其差之理也。葢日行盈初縮末限則在赤道南其遠于赤道也至二十三度九十分日行縮初盈末限則在赤道北其遠于赤道也亦二十三度九十分日之行天在月之上而高故月道與黄道相交之度有此差數以南北而殊也假如盈初縮末限一日空日間日行赤道外極南去人極遠去地益近日道所高于月道之中間人皆從南觀之易得而見故月道之出黄道而南也較常期數（所謂常期皆南北東西差折中之數即所定大都正交度中交度也）早四度有奇其入黄道而北也較常期遲四度有奇由是以漸而至于盈初縮末八十八日行天漸滿一象限之時黄道之在赤道南者去赤道以漸而近去地之數以漸而遠其日高月下相去之數人所從旁見者以漸而少故其所差四度有奇以漸而殺也又如縮初盈末限一日空日間日行赤道内極北去人益近去地極遠日道所高于月道之中間人仰而視之難得而見故月道之出黄道南而為正交也較常期遲四度

有奇。其入黃道北而爲中交也。較常期早四度有奇。由是以漸而至於縮初盈末九十三日。行天漸滿一象限之時。黃道之在赤道北者。去赤道以漸而近。去地之數亦以漸而近。其日高月下相懸之數。人所從旁見者。又以漸而多。故其所差四度有奇。亦以漸而殺也。四度四十六分者。據其極差者言也。以得數減之。便是今所有差也。然此皆據午地而言。故以距午分乘之。以半晝分除之。便知今距午之地應分得差數凡幾許。而今已距午幾許。則此所有之差。已不可用。故以減原得汎差數。而知其尚餘幾許之差。爲定差也。蓋于天則冬至夏至之黃道。爲南北。于地則加時在正子午。爲南北。今汎差之數。近二至則多。近二分則少。是以天之南北而差也。定差之數。近午正則多。近日出沒時刻則少。是以加時之南北而差也。故曰南北差。○月自黃道北出黃道南。謂之正交。即經所謂交前陰歷。交後陽歷也。月自黃道南。入黃道北。謂之中交。即經所謂交後陰歷。交前陽歷也。○其南北泛差不及減反減者。此帶食出入方有之。何也。此必是食甚定分在日入分已上。或日出分已下。則其距午定分。多于半晝分。故乘除。後得數亦多于泛差也。不則。以多除。以少乘。其數且不能泛差相等。況能多于泛差乎。愚故斷其爲帶食也。泛差數少不及減。是距午定分已過于半晝是在夜刻。故反算其距子之數。夫距子與距午。其盈縮南北遠近。并旁視仰視之理正相反。故加者減之。減者加之。以爲定差也。

推東西泛差度法

置所推食甚入盈縮歷行定度。就爲初限也。去減半歲周。餘爲末限也。以初末二限互相乘之。百度定四子。十度定三子。言十定一是也。得數復以一千八百七十度去三子。爲法除之。不滿法去一子。除過定有四子爲度。三子爲十分。即得所推東西泛差也。

推東西定差度法

置所推東西泛差全分。度定四子。千定三子。以所推距午定分千定三子。百定二子。爲法乘之。言十定一。得數以二千五百度去三子。爲法除之。不滿法去一子。除過定有四子爲度。三子爲十分。視所推如在東西泛差已下者。就爲東西定差度分也。如在已上者。倍其泛差。內減去得數。餘爲東西定差度分也。

又視其盈縮歷及中前中後分與正交中交限度。若是

盈歷中前縮歷中後者正交爲減差中交爲加差也若是盈歷中後縮歷中前者正交爲加差中交爲減差也

按東西差即古所謂刻差也易其名曰東西者其差只在東西也于天則近二分之黄道爲東西于地則近卯酉之時刻爲東西葢日行在二至前後其勢平直日行在二分前後則其黄道與赤道縱横相交其勢斜徑當其斜徑加時又在卯酉則有差也假如春分日在盈歷九十餘度其黄道之交于赤道自南而北勢甚斜徑若加時中前則是赤道倚而黄道横也加時中後則是赤道倚而黄道縱也又如秋分日在縮歷九十餘度其黄道之交于赤道自北而南勢甚斜徑若加時中前則是赤道倚而黄道縱與盈歷中後仝也加時中後

則是赤道倚而黃道橫與盈歷中前全也黃道縱立于卯酉月道之出入亦從而縱正面視之繩直相當其日內月外相去之中間人所見者少意與南北差縮初盈末正在人頂同也故月道之出黃道南而爲正交也較常期遲四度有奇其入黃道北而爲中交也較常期早四度有奇此盈歷中後縮歷中前皆于正交以差加中交以差減也黃道橫偃于卯酉月道之出入亦從而橫人在赤道之北斜而望之其日內月外相去之中間皆得而見意與南北差盈初縮末橫偃南上漸近于地者同也故月道之出黃道南而爲正交也較常期早四度有奇其入黃道北而爲中交也較常期遲四度有奇此盈歷中前縮歷中後皆于正交以差減中交以差加也

若盈縮歷當二分加時又在卯酉則其差之極四度有奇迨至二分前後黃道之斜徑以漸而平故其差亦以漸而少由是而至于二至黃道之斜徑依平而差亦復于平故曰二至無刻差也若加時不在卯酉則雖二分之黃道其差却與他氣不殊葢其斜徑之勢亦以漸而平故也假如二分加時辰巳之間其定差則正與四立泛差等漸而至于午中則其差亦漸而復于平是其所差只在東西故曰東西差。凡東西泛差近二分多是以天之東西而差也其定差以加時卯酉而多是以地之東西而差也以距午分乘之者距卯酉之數也以二千五百除之者日周四分之一乃卯酉距午之數也葢此所爲泛差乃距午二千五百分時所有之差也乘除後得數若多于泛差是食甚距午分其數亦多于日周四分之一。其加時乃在卯前酉後也。卯前酉後之差于正卯酉者其數正與卯後酉前等。故倍泛差減得數。即爲定差也。○凡差于南北者復于東西。差于東西者復于南北。并二差加減數總無過四度四十六分。以是爲交度進退之極也。蓋原所謂正交中交限各損陰歷六度餘。爲陽歷者。乃是據中國地勢所差于南戴赤道之下者言。人在北道之北。故所見黃道交處皆差而近北六度餘。此常數也。若黃道在冬至橫于南上。去人益遠。故其交處差而北者又四度餘而極。是其差十度餘矣。若黃道在夏至去人反近。正在中國人頂。故其交處原差而北者乃復而南。亦四度餘而極。是只差一度餘矣。此南北差之理據午上言也若移而至日出入時則其横于南上者已斜縱于卯酉其正當人頂者已横斜于卯酉所見差度以漸而平如常數故南北差近午多近日出没則少也若黄道在春分而加時卯黄道在秋分而加時酉其勢皆横偃于東西而與地相依故其交處益差而北又四度餘而極是亦共差十度餘矣若黄道在春分而加時酉黄道在秋分而加時卯其勢皆縱立于東西而與人相當故其交處原差而北者亦皆復而南四度餘而極是亦只差一度餘矣此東西泛差之理據卯酉而言也若移而至午則其横偃于卯酉者反斜縱于午上其縱立于卯酉者反横斜于午上所見差度自以漸而平如常數故東西差近卯酉多近午則少也假使人

能正當赤道之下。則兩極平見。相望子午。赤道平分。界乎卯酉。則凡正交只在交終。中交只在交中。其氣刻之差。減正交加中交者則差而北。其加正交減中交者則差而南。當亦各四度有奇也。今中國地勢則正在赤道之北。故所見赤道皆斜倚于人之南。其所見正交中交度常數。亦皆因其赤道之斜倚者而斷。惟其黃道交在四立之宿。加時在巽坤之維。則黃道之勢正自斜倚。適如赤道之理。而南北東西之差皆少與常數相依。若黃道橫。則其勢視赤道加偃。故正交中交之度益差而北。若黃道縱。則其勢視赤道反直。幾有類于南戴日下之赤道。故正交中交之度。雖曰復差而南。其實乃復于無差也。凡縮初盈末而加時午。盈歷而加時中後。縮歷而加時中前。皆黄道縱之類也。其縮初盈末當午。雖横在天心。然東西視之。則亦縱也。凡盈初縮末而加時午。盈歷而加時中前。縮歷而加時中後。皆黄道横之類也。其冬夏至黄道當日出入。其二分黄道當午。皆黄道斜倚之類也。

推日食在正交中交定限度

視所推日食在正交中交限度。如食在正交者。置正交度二百五十七度六十四分。在中交者。置中交度一百八十八度〇五分。俱以所推南北東西定差。是加者加之。減者減之。即爲所推正交中交定限度分也。

按正交本在交終三百六十三度七十九分。今曰三百五十七度六十四分者。于陰歷本數内損六度。餘爲陽歷也。中交本在交中一百八十一度八十九分。今曰一百八十八度。五分者。于陽歷本數外。增六度餘侵入陰歷也。葢黃道于月道。如大環包小環。月在日內。中間相去空隙。猶多人在月內稍北。日月交其南。人自北斜望。得見其間空隙。故其交處皆差而北也。惟其交處差而北。故其交而南也早六度。其交而北也遲六度。此據地勢爲言。在授時立法。原在大都。若迤而漸南。至于戴日之下。所差漸平。迤而向北。差當益大。當亦必有各方差數而不可攷矣。　又按此正交中交度增損六度者。只是地勢使然。已爲常數。其因時而差者。又有南北東西二差。于是復以加之減之。而後乃今所推正交中交之度可得而定。而後乃今交前交後陰陽歷可得而定矣。

推日食入陰陽歷去交前交後度法

視所推交定度若在正交定限度巳下者就于定限度內減去交定度餘為陰歷交前度也若在正交定限度巳上者于交定度內減去正交定限度餘為陽歷交後度也又視其交定度若在中交定限度巳下者就於定限度內減去交定度餘為陽歷交前度也若在中交定限度巳上者於交定度內減去中交定限度餘為陰歷交後度也按若交定度在七度以下者數雖在正交定限度下而實則為陽歷交後度也法當置交定度加入交終度復減去正交定限度餘為陽歷交後度也勿菴補

按凡交定度在正交後中交前者陽歷也其在正交前中交後者陰歷也若以東西南北差定之而正交度有加中交度

有減者是陽歷變爲陰歷也其正交度有減中交度有加者是陰歷變爲陽歷也正交陽變陰中交陰變陽是交後變爲交前也正交陰變陽中交陽變陰是交前變爲交後也故必以所推正交中交定限度爲則與交定度相較而得合朔日躔距交前後的數也凡以交定度去減正交中交定限度者爲交前是逆從交處數來也其于交定度內減去正交中交定限度者爲交後是順從交處數去也又按交定度在七度已下食在正交也若以減正交定限度其所餘者當在三百五十度內外爲陰歷交前度也勿菴曰非也若然則凡正交七度已下者永不入食限不必布算矣況所謂陰陽歷者自正交中交而斷（正交後爲陽　中交後爲陰）所謂交前後者皆附近正交

中交前後而斷正交後爲陽歷交後正交前爲陰歷交前中交後爲陰歷交後中交前爲陽歷交前交終度分爲陰陽歷陰陽歷又各分前後安得有陰歷交前度乃多至三百五十餘度者乎此必無之理亦必不可通之數也然則何以通之曰有法焉凡交定度在七度巳下是其數不特在正交度下并在中交度下也然而又與中交數遠并亦不得減中交爲交前也夫在中交數下是陽歷非陰歷也不在交前是交後也夫陽歷交後度法當置交定度內減去正交定限度而此交定度數少不及減故必加入交終度而後可以減之也加入交終度減之則陽歷交後之度復其本位也則凡距交七度巳下者皆得入陽食之限也然則歷經何以不云通軌何以闕載也曰是偶爾之遺也或姑畧之以

侯人之變通也或傳之久而失其眞原有闕文也夫夏五傳疑三豕徵信各行其是而已爲其恐誤後學也故訂之

推日食分秒法

視日食入陰陽歷交前交後度是陰者置陰食限八度是陽者置陽食限六度皆減去陰歷或陽歷交前交後度餘度定四十定三爲實各以其定法是陰者置八十分陽者置六十分去一爲法約之不滿法去一子所定有二子爲单分一子爲十秒即得所推日食分秒也如陰陽食限不及減交前交後度者皆爲不食也

按陰食限八度者陰歷距交八度內有食也陽食限六度者陽歷距交六度內有食也凡合朔若正當交度其食十分漸離其處食分漸少假如陽歷距交一度二十分則于食十分

內減二分，只食八分也。又如陰歷距交二度四十分，則于食十分內減三分，只食七分也。故各置陰陽食限，以距交前後度減之，即是于食十分內減去若干分秒也。其減不盡者，則正是今所推合食之數。故各以定法除之而得也。凡陰陽定法，皆十分食限之一也。如食限不及減爲不食者，是距交前後之度多于陰陽食限，其去交甚遠，不能相掩，斷爲不食也。

推日食定用分法

置日食分二十分內減去推得日食分秒，餘（十分定三，单分定二）爲實。即以日食分秒（单分定二）爲法乘之，（言十定一，所定有六子爲百分，五子爲十分）即爲所推開方積也。立天元一于单微之下，依平方法開之，得爲開方數。（有十定一）復以五千七百四十分（定五）爲法乘開方數，（言十定一）得數。又以所推定限行度去四子。空度去三子。爲法除之。不滿法去一子。所定有二子爲百分。一子爲十分。

即爲所推定用分也。

按定用分者。日食虧初復末中距食甚所定用之時刻也。凡日食若干分。則其所經歷凡有若干刻。食分深者歷時久。以月所行之道長也。食分淺者歷時暫。以月所行之道短也。今所求開方之數。即自虧至甚。或自甚至復。月行白道之率也。今日食只十分。今用二十分者何也。日月各徑十分。其半徑五分。凡兩圓相切。則兩半徑聯爲一直線。正得十分。爲兩心之距。以此兩心之距爲半徑。從太陽心爲心。運規作大圓。其外周各距日之邊五分。爲日月相切時太陰心所到之界。其大圓全徑正得二十分也。

以日食分秒相減相乘何也。此句股術中弦較求股法也。依前所論初虧時兩圓相切。其兩心之距十分。此大圓之半徑。常爲句股之弦。食甚時兩心之距如句。而太陰心侵入大圓邊之數如句弦較。自虧至甚太陰心所行白道如股。而太陰心侵入大圓邊之數與食分正同。蓋月邊掩日一分。則月心亦移進一分也。故即以日食分秒爲句弦較。與大圓全徑二十分相減。其餘即爲句弦和。和較相乘爲開方積。即股實也。其開方數即股。亦即自虧至甚月心所行之白道矣。其自食甚至復光理同。

五千七百四十分乘者何也。先求日食分秒及句股開方等。率皆就日體分爲十分。其實日體不滿一度。大約爲十之七耳。五千七百四十者。七因八百二十也。月行一限得八百二十分。其十之七。則五百七十四分矣。故以五百七十四分乘開方爲實。以定限行度除之。爲定用分之時刻也。

以異乘同除之理言之。月行定限行度歷時八百二十分。則月行處至甚之白道。即開方數。該歷時有若干分。然此所得開方數。於度分爲十之七。法當置開方數七因退位。如有十分只作七分。然後乘除。今開方數不動而七因八百二十爲五千七百四十。得數亦同。即算術中異乘同乘之用。

開方數之分。是度下一位。宜定三子。七因八百二十而退位。實爲五百七十四。宜定二子。今開方數不定子。故於五千七百四十加定三子爲五子。其乘除後定數同也。

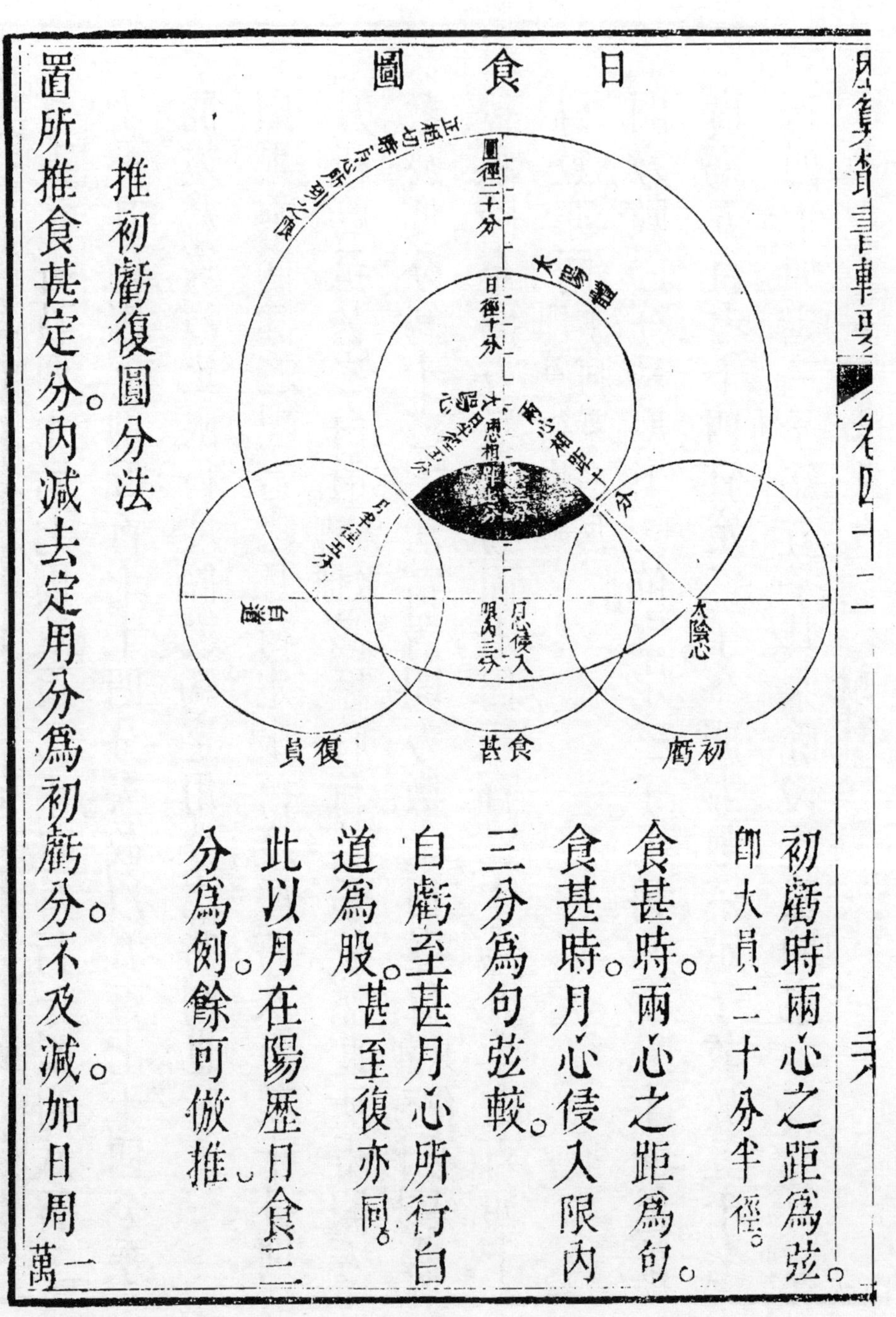

初虧時兩心之距爲弦。即大員二十分半徑。食甚時兩心之距爲句。食甚時月心侵入限内三分爲句弦較。自虧至甚月心所行白道爲股。甚至復亦同。此以月在陽曆日食三分爲例。餘可倣推。

推初虧復圓分法

置所推食甚定分内減去定用分爲初虧分。不及減加日周。萬一

減之復置食甚定分加入定用分爲復圓分滿日周去之時刻依合朔法推之

按食甚者食之甚食之中也日月正相當于一度也初虧者虧之初食之始也月始進而掩日也復圓者復于圓食之終也月已掩日而退畢也凡言分者皆時刻也蓋初虧在食甚前幾刻故減小餘復圓在食甚後幾刻故加小餘初虧距食甚時刻正與食甚距復圓數等故皆以定用分加減之也月食倣此又按據加日周減滿日周去二語定用分當不止此數也

推日食起復方位法

視所推日食入陰陽歷如是陽歷者初起西南甚于正南復圓

于東南也。如是陰曆者，初起西北，甚于正北，復圓于東北也。若食在八分以上者，無論陰陽曆，皆初起正西，復圓于正東也。

按日食起復方位，主日體言之，卽人所見日之左右上下也。以午位言，則左爲東，右爲西，上爲北，下爲南也。日食入陰陽曆者，主月道言之。月在日道南爲陽曆，月在日道北爲陰曆也。如是陽曆食，是月在日南掩而過，故食起西南，甚于正南，復于東南也。如是陰曆食，是月在日北掩而過，故食起西北，甚于正北，復于東北也。其食在八分已上者，是月與日相當一度，正相掩而過，故食起正西，復于正東，其食甚時正相掩覆，而無南北，不言可知也。凡日月行天，並自西而東，日速月遲，其有食也，皆日先在東，月自西追而及之。旣相及矣，則又

行而過于日出于日東故日食虧初皆在西復末皆在東也又按歷經云此所定起復方位皆自午地言之其餘處則更當臨時消息也

推帶食分法

視朔下盈縮歷與太陽立成同日之日出入分如在初虧分巳上食甚分（按食甚當作復圓）巳下爲帶食之分也若是食在晨刻者置日出分昏刻者置日入分皆與食甚分相減餘爲帶食差也置帶食差（百定六十定五）以所推日食分秒（十定五单定四）爲法乘之（言十定一）得數復以所推定用分（百去六子）爲法除之（不滿法去一子所定有五子爲十分四子爲单分三子爲十秒）得數去減所推日食分秒餘上下兩處皆爲帶食巳見未見之分也

按帶食分者日出入時所見食分進退之數也假如日出分在初虧分已上是初虧在日未出前但見食甚不見虧初也日入分在初虧分已上是食甚在日入後但見虧初不見食甚也又如日出分在復圓分以下是食甚在日未出前不見食甚但見復末也日入分在復圓分已下是復圓在日入後不見復末但見食甚也見食甚不見虧初是食在未出已有若干尚有見食若干帶之而出其食爲進也見初虧不見食甚是食在未入見有若干尚有不見食若干帶之而入其食亦爲進也不見食甚但見復末是食在未出前已復若干尚有見復光若干帶之而出其食爲退也不見復末但見食甚是食在未入前見復若干尚有未復光若干帶之而入其食

亦爲退也。凡此日出入所帶進退分秒，何以知之？則視其帶食而出爲晨刻者，置日出分，其帶食而入爲昏刻者，置日入分，皆以食甚分與之相減，而得帶食之差也。假如日出分在初虧分已上，其食甚分又在日出分已上，則以日出分減其食甚分，其減不盡者，則是日出已後距食甚之時刻也。若日入分在初虧分已上，其食甚分又在日入分已上，則以日入分減其食甚分，其減不盡者，則是日入已後距食甚之時刻也。又如日出分在復圓分已下，其食甚分又在日出分已下，則于日出分內減去食甚分，其減不盡者，則是日出已前距食甚之時刻也。若日入分在復圓分已下，其食甚分又在日入分已下，則于日入分內減去食甚分，其減不盡者，則是日入已前距食甚之時刻也。凡此帶食差分。用乘日食分秒。又以定用分除之。便知日出入時所距食甚時刻。在定用分全數。內占得幾許。即知日出入時所帶食分。于日食分秒全數內占得幾許也。以得數減食分。所餘分秒。即是日出入前距虧初已過食分。或日出入後距復末未見食分也。上下兩處者。得數與減餘兩處之數。已見未見之分。即已復未復已食未食。如後二條所列也。

日有帶食例。

置日出入分內減去食甚分。謂之已復光未復光。將所推帶食分錄于前。

晨	昏
日未出已復光若干	日未入見復光若干
日已出見復光若干	日已入未復光若干

置食甚分內減去日出入分謂之見食不見食將所推帶食分錄于後。

晨　日未出已食若干　日已出見食若干

昏　日未入見食若干　日已入不見食若干

按置日出入分內減去食甚分者其日出入分皆在復圓分已下也故謂之已復光未復光假如日食甚五分在日出入前其帶食三分以之相減尚餘二分若在晨刻是日未出前已復光三分日已出後見復光二分也若在昏刻是日未入前見復光三分日已入後未復光二分也此二端帶食分皆是已復光數故錄于前也其以帶食分減之而餘者則是未復光數故錄于帶食之後也置食甚分內減去日出入分者其日出入分皆在初虧分已上也故謂之見食不見食假如

日食甚五分。在日出入後。其帶食三分。以之相減。尚餘二分。若在晨刻。是日未出前已食二分。日已出後見食三分也。若在昏刻。是日未入前見食二分。日已入後不見食三分也。此二端。帶食分皆是未食數。故錄于後也。其以帶食分減之而餘者。則是已食數。故錄于帶食之前也。月食倣此。但以日之昏爲月之晨。以日之晨爲月之昏。蓋日出于晨入于昏。月出于昏入于晨也。其餘並同。

推黄道定積度法

置所推食甚入盈縮歷行定度。如是盈歷者。内加入天正黄道箕宿度。共得爲黄道定積度也。如是縮歷者。内加入半歲周及天正箕宿黄道度。共得爲黄道定積度也。

按黃道定積度者逆計食甚日躔度距天正冬至日躔宿度積數也盈曆加入天正黃道箕度者是逆從天正冬至所躔宿初度積算起也縮曆復加半歲周者縮曆本數是從夏至度起算今加入半歲周又加入天正箕宿度一變而如盈曆亦從天正冬至箕宿初度起算也所得定積度即是今所躔宿度與箕宿初度相距遠近之數也

推食甚日距黃道宿次度法

置所推黃道定積度無論盈縮曆皆以黃道各宿次積度鈐挨及減之餘爲食甚日躔黃道某宿次度分也

按所推黃道定積度無問盈縮皆是今食甚躔度前距箕宿初度之積數也然尚未知其爲黃道何宿度也故以黃道各

宿積度鈐取其相挨及者減之其減去者是今積度內已滿其宿之度日躔已過此宿斷爲前宿也其不及減而餘者則是前宿算外所餘度分也是日躔正在此宿中未過故其積度亦未滿當卽以所減算外之度分斷爲食甚日躔某宿幾度幾分也假如食甚定積十度則以箕宿積度九度五九減之餘○度四十一分爲箕宿算外餘數斷爲食甚日躔黃道斗宿初度四十一分也餘倣此

黃道各宿次積度鈐

箕九度五九　斗三十三度○六　牛三十九度九六

女五十一度○八　虛六十○度太○八　危七十六度太○

室九十四度太三五　壁一百○三度太六九　奎一百廿一度太五六

婁一百卅三度太九二　胃一百四九度太七三　昴一百六十度太八一
畢一百七七度太三一　觜一百七七度太三六　參一百八七度太六四
井二百十八度太六七　鬼二百廿○度太七八　柳二百卅三度太七八
星二百四十度太○九　張二百五七度太八八　翼二百七七度太九七
軫二百九六度太七二　角三百○九度太五九　亢三百十九度太一五
氐三百卅五度太五五　房三百四一度太○三　心三百四七度太三○
尾三百六五度太二五

按黃道積度鈐皆自箕初度積至其宿埰積之數也。假如日躔斗二十三度四七加入箕宿九度五九則已共積得三十三度○六也。又如日躔牛六度九十分加入斗二十三度四七又加入箕九度五九共積得三十九度九六也。餘倣此。

又按凡言鈐者皆豫將所算之數并其已前之數絫積而成以便臨算取用意同立成也雖然黄道不可以立鈐算者當知黄道度之所由生則可以斷其是非矣蓋黄道積度生于其宿黄道度各宿黄道度皆生于赤道赤道三百六十五度二五七五黄道亦三百六十五度二五七五而其各宿度數不同者則以二至二分所躔不同也赤道近二至則其變黄道度也損而少赤道近二分則其變黄道度也益而多蓋赤道平分天腹適當二極之中所紀之度終古不易黄道不然其冬至則近南極在赤道外二十三度九十分其夏至則近北極在赤道內亦二十三度九十分其自南而北自赤道外而入于其內也則交于春分之宿其自北而南自赤道內而

出于其外也。則交于秋分之宿。交則斜。以斜較平。視赤道之度必多。此處既多。則二至黃道視赤道之數必少。理勢然也。二至赤道以斂小之度當黃道大度。已詳天正箕宿註。黃道之損益。旣係于分至。分至旣以歲而差。黃道積度。是必每歲不同。古人則旣言之矣。此所載者。猶據授時歷經所測黃道之度。乃至元辛巳一年之數也。上考下求。數十年間。則皆有所不合。况距今三百八十餘算。積差尤多。安得海制此鈐。以盡古今之無窮乎。今仍以授時歷經黃赤道差法。求得天啓辛酉年黃道積度如左。

依授時歷經求得天啓辛酉年黃道積度

天正冬至赤道箕宿四度九。

赤道四象積度

箕五度五 斗三十○度七 牛三十七度九

女四十九度二五 虛五十八度二○太 危七十三度六○太

室九十○度七○太 壁九十一度三一四三太

右冬至後一象之度

壁七度九九三一少 奎二十四度五九三一少 婁三十六度三九三一少

胃五十一度九九三一少 昴六十三度二九三一少 畢八十○度六九三一少

觜八十○度七四三一少 參九十一度三一四三太

右春分後一象之度

參初度五二八太 井三十三度八二八太 鬼三十六度○二八太

柳四十九度三二八太 星五十五度六二八太 張七十二度八七八太

翼九十一度三一四三太

右夏至後一象之度

翼初度三一四三太　軫一十七度六一四三太　角二十九度七一四三太

亢三十八度九一四三太　氐五十五度二一四三太　房六十〇度八一四三太

心六十七度三一四三太　尾八十六度四一四二太　箕九十一度三一四三太

右秋分後一象之度

黃道積度

箕五度〇七　斗二十八度七一　牛三十五度六九

女四十六度九五　虛五十六度〇六太　危七十二度二〇太

室九十〇度六五太　壁九十九度九八太　奎一百十七度七一太

婁一百廿九度九三太　胃一百四五度五四太　昴一百五六度四八太

畢一百七二度八二太　觜一百七二度八七太　參一百八三度一一太

井二百十四度太三五　鬼二百十六度太四八　柳二百廿九度太六五
星二百卅六度太○四　張二百五四度太○五　翼二百七四度太二八
軫二百九二度太九五　角三百○五度太六八　亢三百十五度太一二
氐三百卅一度太三二　房三百卅六度太七三　心三百四二度太九三
尾三百六十度太七四　箕三百六五度太二五

天正冬至黃道箕宿四度五一二○

黃道各宿度

角十二度七三　亢○九度四四　氐十六度二一　房○五度四一
心○六度二　尾十七度八一　箕○九度五八
右東方七宿七十七度三十七分
斗廿三度六四　牛○六度九八　女十一度二六　虛○九度太一

危十六度一四　室十八度四五　壁〇九度三三

右北方七宿九十四度九十一分太

奎十七度七三　婁十二度二二　胃十五度六一　昴一十度九四

畢十六度三四　觜初度〇五　參一十度二四

右西方七宿八十三度一十三分

井卅一度二四　鬼〇二度一三　柳十三度一七　星〇六度三九

張十八度〇一　翼二十度二三　軫十八度六七

右南方七宿一百〇九度八十四分

黄道各宿次積度鈐

箕九度五八　斗三十三度二二　牛四十〇度二

女五十一度四六　虛六十〇度太五七　危七十六度太七一

室九十五度太一六　壁一百〇四度太四九　奎一百廿二度太二二
婁一百卅四度太四四　胃一百五十度太〇五　昴一百六十度太九九
畢一百七七度太三三　觜一百七七度太三八　參一百八七度太六二
井二百十八度太八六　鬼二百二十度太九九　柳二百卅四度太一六
星二百四十度太五五　張二百五八度太五六　翼二百七八度太七九
軫二百九七度太四六　角三百一十度太一九　亢三百十九度太六三
氐三百卅五度太八三　房三百四一度太二四　心三百四七度太四四
尾三百六五度太二五

已上度鈐據天啓辛酉歲差所在步定。俟歲差移一度時再改步之。又按歷經有增周天加歲差法。因前所推俱依通軌。故仍之。

終

歷算叢書輯要卷四十三

歷學駢枝三

月食通軌

錄各有食之望下數

經望全分　盈縮歷全分　盈縮差全分

遲疾歷全分　遲疾限數　遲疾差全分

加減差全分　定望全分　將本日日出分。推在卯時何刻。望在何刻。已下者退一日也。

說見定朔望條。卯時舉例言也。按其定望退一日。只據小餘在日出分已下斷之。并不必求時刻。

入交泛日全分　定入遲疾歷　定入遲疾限　此限與前全者。便不必書出損損益分并行度。按此處損益分。不言何用。似總不必書出。

定限行度　晨分　月入之時刻也。先于復圓有帶食。　日出分

日入分　昏分月出之時刻也。後于初虧有帶食。

按晨昏分。所以定更點也。其帶食分只用日出入分。不用晨昏。蓋晨刻日未出。月則猶見。昏前日已入。月則已見也。註誤

天正赤道度　天正黃道度　交常度　交定度

已上諸法皆與日食同

推卯酉前後分法

視定望小餘如在二千五百分已下者就爲卯前分若已上者去減半日周五千分爲卯後分又如在七千五百分已下者內減去五千分爲酉前分已上者去減日周一萬分爲酉後分

按凡卯酉前後分皆距子午言之。卯前分是距子正後之分。故即以小餘定之。卯後分是逆數午正前之距分。故以小餘減半日周。酉前分是順數午正後之距分。故以半日周減小

餘酉後分是逆數子正前之距分故以小餘減日周

推時差分法

置日周一萬內減去卯前卯後分或酉前酉後分滿千分者命爲十分滿百分者命爲單分爲時差分

推食甚定分法

置所推時差分加入定望小餘共得爲食甚定分

按日食氣刻時三差皆起于唐宣明歷非月食所用後來諸歷或有用月食時差者皆于近卯酉則差多近子午則差少又皆子前減子後加今依通軌所推則近卯酉者差反少近子午者差反多又不問子前子後皆以加定望小餘而無減法種種與歷經相反竊依元史月食時差法定之如左

依歷經求月食甚定分法

置卯酉前後分。有千。法實皆定三。有百法實皆定二。自相乘。言十加定一子。退二位。去二子。如四百七十八而一。去二子。不滿法又去一子。以所定二子爲百分。一子爲十分。爲時差。子前以減子後以加皆加減定望分爲食甚定分依發斂加時求之。卽食甚時刻。

按卯酉前後分。卽前所推卯前卯後分。或酉前酉後分。自相乘者。如求南北差法。卽以所得卯酉前後分爲法與實也。凡卯酉前後分。皆自子午起算。以自相乘。則近卯酉差多。近子午差少矣。退二位。法同日食時差。以得數後有百萬。退作萬有十萬。退作千。而後除之也。如四百七十八而一者。是以四百七十八除之。如四百七十八分爲一分也。子前減子後加者凡望時之月在日所衝故日在子前月乃在午前日食午前減故月食亦子前減也日在子後月乃在午後月食午後加故月食亦子後加也其差多者不過一百三十分有奇而止故以四百七十八爲法除之也

推食甚入盈縮歴及食甚入盈縮差併食甚入盈縮歴行定度三法俱與日食同只換望日

推月食入陰陽歴法

視所推交定度如在交中度一百八十一度八九六七巳下者便爲入陽歴也如在巳上者内減去交中度餘爲入陰歴也

按交中度數原生于陰陽歴月入陽歴則在黄道南行一百八十一度有竒畢復入黄道北而行陰歴一百八十一度有

奇畢則又復入陽曆矣行陽曆陰曆各一次謂之交終半之爲交中今交定度在交中度已下是月在黄道南就爲入陽曆度數也其在已上者是月在黄道北故于交定度内减去交中度命其餘爲入陰曆度數也陽曆數自交初起算陰曆數自交中起算也

推交前交後度法

視所推月食入陰陽曆如在後準一十五度五十分已下者便爲交後度也如在前準一百六十六度三九六八已上者置交中度内减去陰陽曆餘爲交前度也

按凡言交者皆月出入黄道斜十字相交之際也凡陰曆在後準已下者是月入陰曆去交未遠尚在十五度内故爲陰

歷交後度也凡陰歷在前準巳上者是將交陽歷距交巳近只在十五度內故爲陰歷交前度也陽歷同月食限只一十三度〇五分而此言十五度五十分者蓋以盈縮差加減之則亦十三度有竒故以十五度五十分爲食準也

推月食分秒法

置月食限一十三度〇五分內減去交前或交後度十度定三。单度定二。按定子法疑有誤。若如所云。則月食必無十分者。安得有旣內外之分乎。愚意當是十度定五。单度定四也。以定法八十七分去一爲法除之不滿法去一子。所定有三子爲十分。二子爲单分。爲月食分秒不及減者不食十分巳下者用三限辰刻法巳上者用五限辰刻法

按月食限度多于日食者闇虛大而月小也故不問陰陽歷但距交前後一十三度〇五分內即能相掩而有食也定法

八十七即食限十五分之一故定望正當交度其食十五分漸離其處食分漸殺假如距交前後一度七十四分則于食十五分內減二分只十三分又如距交前後九度五十七分則于食十五分內減十一分只食四分也故置食限以距交度減之即于食十五分內減去若干分秒減不盡者如定法而一爲所食之分秒也如食限不及減則是距交前後度多于月食限（已在十三度五分之外）闇虛雖大至此不能相掩斷不食也

推月食定用分法

置月食分三十分內減去所推月食分秒餘（十分定三單分定二）爲實却以月食分秒者（十分定三單分定二按十分宜定一今加定三子以分下有十有秒也故亦以定六子爲百分法實共加定四子也）爲法乘之（言十定一定有六子爲百分五子爲十分）得爲開方積立天元

一於单微之下依平方法開之得爲開方數有十定一復以四千九百二十分定五按以六分乘八百二十分得四千九百二十分又按元史數同日食爲法乘開方數有十定一得數又以其前推得定限行度去四子空度去三子爲法除之不滿法去一子定有二子爲百分一子爲十分得數爲所推定用分也

定用分者月食自初虧復滿距食甚之時刻也然日食只十分而月食則有十五分者闇虛大也闇虛之大幾何曰大一倍何以知之以算月食用三十分知之也依日食條論兩圓相切法闇虛半徑十分月半徑五分兩邊相切則兩半徑聯爲一直線共十五分爲兩心之距以此距線用闇虛心爲心運作大圓正得全徑三十分也此大圓邊距闇虛邊四周各五分爲兩圓相切時月心所到之界其兩心之距十五分即

大圓半徑常用爲弦。而以食甚時兩心之距爲句。食甚時月心使入大圓邊之數爲句弦較。其數與月食分秒同。以此與大圓全徑相減。餘即句弦和。和較相乘爲股實。開方積也。其開方數爲股。即自虧復至食甚月心所行之白道也。四千九百二十乘者何也。依日食條論。又是十分八百二十而用其六也。蓋所得月體又小于日一分也。然歷經所用與日食同。此不同者。蓋攺率也。或亦攺三應數時所定。

推三限辰刻等法。

置所推食甚定分。内減去定用分。餘爲初虧分也。不及減者。加日周減之。復置食甚定分。内加入定用分。共得爲復圓分也。滿日周去之。時刻依合朔推之。　按三限辰刻同日食理。不復贅。

月食三限之圖

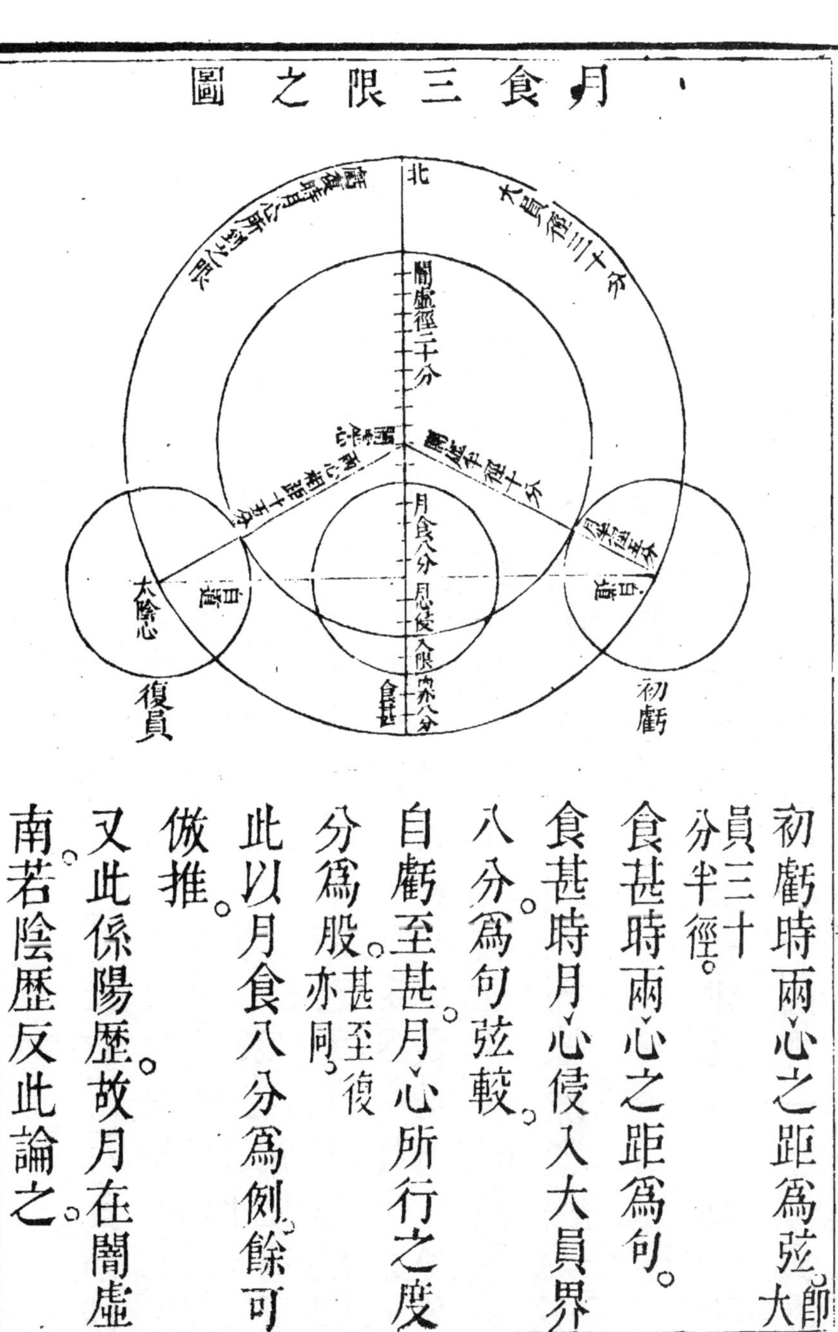

初虧時兩心之距爲弦。即大員三十分半徑。

食甚時兩心之距爲句。

食甚時月心侵入大員界八分爲句弦較。

自虧至甚月心所行之度分爲股。甚至復亦同。

此以月食八分爲例。餘可倣推。

又此係陽歷。故月在闇虛南。若陰歷反此論之。

推既內分法

置月食限一十五分，按歷經作月食既一十分。今從之。內減去所推月食分秒，自单以下全分。餘十分定三，单分定二。句誤。按此處無十分。當是有分定二，十秒定一也。爲實。却以月食分秒自单分以下分秒，单分定二，十秒定一。爲法乘之。言十定一，所定有五子爲十分，四子爲单分。得爲開方積。立天元一於单微之下，依平方法開之，得爲開方數。就置開方數，十分定五，单分定四。按十分定五句誤。此處開方數必無十分。當作十秒定三，有分定四也。分加定四子者，以有秒微也。復以四千九百二十分定五。爲法乘之。言十定一。得數。又以所推定限行度去四子。空。度去三子。爲法除之。不滿法去一子。所定有六子爲百分，五子爲十分。得爲所推既內分也。

按歷經原是以既內分與一十分相減相乘，此則改爲一十五分。今以大圓掩小圓率求得既內小平圓徑一十分與歷經合。故斷從歷經。

月食十分則既矣。此時月體十分全入闇虛。而月之邊正切闇虛之心。兩心之距正得五分。以此五分爲半徑。自闇虛心作小平圓。其全徑十分。其邊各距闇虛心五分。爲食既時月心所到之界。過此界則爲既內矣。假如月食十二分。食既時月心正掩小圓之邊。食甚時月體則入闇虛內二分。而月心亦侵入小平圓二分。故卽用此二分爲句弦較。以與小平圓全徑相減。餘爲句弦和。和較相乘得積。開方得股。卽月心從食既至食甚。在闇虛內所行小平圓內之白道也。於是亦如前法。變爲度分。而計其行率。則知月入闇虛以後行至食甚所歷時刻之數。而命爲既內之分也。食甚至復圓同論。

月食五限之圖

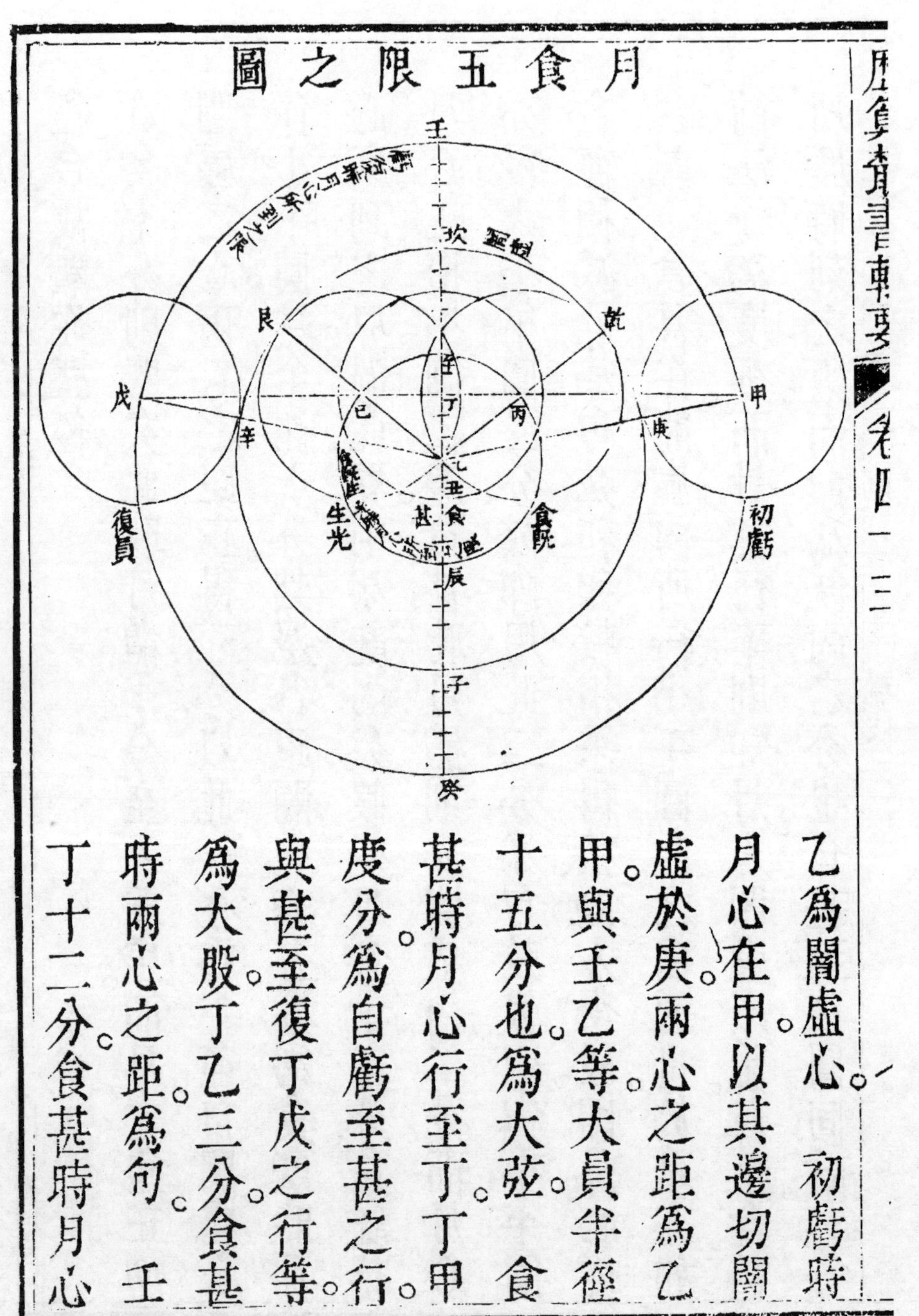

乙爲闇虚心。初虧時月心在甲。以其邊切闇虚於庚。兩心之距爲乙甲。與壬乙等。大員半徑十五分也。爲大弦。食甚時月心行至丁。丁甲度分。爲自虧至甚之行。與甚至復丁戊之行等。爲大股。丁乙三分。食甚時兩心之距爲句。壬丁十二分。食甚時月心侵入大圓內之數也。爲句弦較。

食旣時月心在丙。兩心之距乙丙。與生光時巳乙之距等。小圓半徑五分也。爲小弦。丙丁爲月心自旣至甚之行。與甚至生光巳丁之行等。爲小股。丁乙仍爲句。午丁二分爲食甚時月心侵入小員之數。爲句弦較。丙至丁所歷時刻與巳至丁時刻等。是爲旣內分。甲至丙所歷時刻與巳至戊等。是爲旣外分。此以陰歷月食十二分爲式。餘皆倣論。

開方數

壬丁十二。丁癸十八。相乘二一六。平方開之。得丁甲十四六九。

午丁二分。丁辰八分。相乘十六。平方開之。得丁丙四分。

推旣外分法

置所推定用分內減去既內分餘爲既外分也

按既外分者是月食初虧至食既生光至復圓所歷時刻也原所推定用是自虧初復末中距食甚之數乃既內既外摠數也故於其中減去既內時刻其餘即既外時刻

推五限辰刻等法

置食甚定分內減去定用分爲初虧分初虧分加既外分爲食既分食既分加既內分爲食甚分食甚分加既內分爲生光分生光分加既外分爲復圓分也不及減者加日周減之滿日周去之推時刻同前

按月食有五限辰刻異於日食者日食只十分故其食而既也即其食甚也才食而既其光即生則其生光之分亦即其

食甚也。若月食則十五分。自食既以至生光。歷時且久。爲刻皆殊。中折二數。以知食甚。總計虧復。故有五限也。以定用減小餘者。所算定用原是食甚距初虧之數也。故以減食甚得初虧。以既外加初虧及生光者。所算既外原是初虧距食既及生光距復圓數也。故以加初虧得食既。以加生光得復圓。至於所算既內原是食既至生光折半之數。即是食既生光中距食甚之數也。故以加食既得食甚。以加食甚得生光。不及減加日周者。是食甚在子正後。初虧等在子正前也。加滿日周去之者。是食甚等在子正前。復圓等在子正後也。凡言時刻同前者。皆依發斂加時推法也。

推月食入更點法

視望下盈縮歷與太陽立成同日之晨分就加一倍得數用五千分而一。句誤。按當作五而一。下同。得爲更法分也。定數滿法得千分。將更不滿法得百分也。法。又用五千分而一得爲點法分也。定數滿法得百分。不滿法得十分也。句誤甚。按當作滿法者百已上。不滿法者二百已上也。大約更法有千者。則不滿法。

按更點倍晨分者凡日入後二刻半而昏日未出前二刻半而晨晨則辨色未昏則不禁行晨昏啓閉以此爲節是益晝五刻損夜五刻聖人扶抑之道無所往而不存也其晨分皆自子正距晨之數夜之有晨分猶日之有半晝分也逆推子正前距昏之數正與相等故倍其晨分卽爲夜刻也於是以五除之卽其夜每更所占時刻之數也假如晨分二千五百倍之五千五除之則知每一更中占有一千分也滿法者是

在五千分已上。故知得數爲千分。不滿法者。是在五千分已下。故知得數爲百分。於是又置更法。以五除之。即其夜每點所占刻數也。假如更法分一千五。除之。則知每點中占有二百分也。其點法得數。無論滿法不滿法。總是百分。不必定數。又除法只是單五。每夜五更。每更五點。故以五除之也。

推初虧等更點法

視初虧分。如在晨分已下者。就加入晨分。共爲初虧更分也。如在昏分已上者。內減去昏分。餘爲初虧更分也。却以元推更法分爲法除之。命起一更。算外得爲初虧更數也。其不及更法數者。却以元推點法分爲法除之。命起一點。算外得爲初虧點數也。次四限更點。倣此而推。各得更點也。若在日入以上。昏分以下者。命爲昏刻。若在日出以下。晨分以上者。命為晨刻。皆無更點。

按初虧等分如在晨分已下者。是在子後也。加入晨分是逆從子前昏刻算起也。其在昏分以上。是在昏後也。故減去昏分。是減去晝刻。截從初昏算起也。二者總是從初更初點起算。初更初點。即一更一點。加減後得數。即知今距初更初點已若干數。於是以本日更法除之。其滿過更法有幾數。便知已過幾更。故算外命為更數也。其不滿更法而餘者。則正是初入此更以來未滿之數。故又以點法除之。其滿過點法有幾數。便知在此更中已過幾點。故算外命為點數。便知所推初虧等。尚在第幾更第幾點中未滿也。其有總不滿更法數者。則只是初更。其有以點法除總不滿法者。則只是初點也。

推月食起復方位法

視月食入陰陽歷。如是陽歷者。初起東北。食甚正北。復圓于西北也。如是陰歷者。初起東南。食甚正南。復圓於西南也。若食在八分已上者。無論陰陽歷。皆初起正東。復圓於正西也。

按月食起復方位。主月體言之。即人所見月之上下左右也。以卯位言之。則東爲下。西爲上。北爲左。南爲右。以酉位言之。則東爲上。西爲下。南爲左。北爲右也。月食入陰陽歷。亦主月道言之。如是陽歷食。是月在日道南。其入闇虛被掩者在北。故食起東北。甚於正北。復於西北也。如是陰歷食。是月在日道北。其入闇虛被掩者在南。故食起東南。甚於正南。復於西南也。其食在八分已上者。是月入闇虛正相掩而過。故食起正東復於正西也。凡闇虛在日所冲，太陽每日行一度，闇虛隨之而移。月之行天既視闇虛爲速，故其食也皆闇虛先在東，月自西來，道有必經，無所於避，遂入其中而爲所掩。既受掩矣，則行而出於闇虛之東，郤視闇虛又在月西，故月食虧初皆在東，復末皆在西也。又按歷經此亦據午地言之。

推月有帶食分法同日食推

月有帶食例

昏　月未出，已復光若干。
　　月已出，見復光若干。

晨　月未入，見復光若干。
　　月已入，未復光若干。

昏　月未出，已食若干。
　　月已出，見食若干。

晨　月未入，見食若干。
　　月已入，不見食若干。

按月帶食法同日食，而只互易其晨昏書法者，何也？蓋月食於望，望者日月相望，故日出則月入，月出則日入，故易日之昏爲月之晨易日之晨爲月之昏也其所以同者何也假如日入分在復圓分巳下是復圓在日入月出後于日爲見食甚不見復末者於月則爲見復末不見食甚也若日出分在復圓分巳下是復圓在日出月入後於日爲見復末不見食甚者於月則爲見食甚不見復末也之二者揔是以食甚分減日出入分其所推帶食分則總是日月出入前距食甚之數其以減食分而餘者亦總是日月出入後未復光之數故總謂之巳復光未復光而以所推帶食分錄於前也又如日入分在初虧分巳上是初虧在日入月出前於日爲見虧初不見食甚者於月則爲見食甚不見虧初也若日出分在初虧分巳上是食甚在日出月入後於日爲見食甚不見虧初

者於月則爲見虧初不見食甚也之二者總是以日出入分減食甚分其所推帶食分則總是日月出入後距食甚之數其以減食分而餘者亦總是日月出入前已食之數故總謂之見食不見食而以所推帶食分錄於後也餘詳日食又按歷經月食既者以既內分減帶食差餘進一位如既外分而一以減既分即帶食出入所見之分不及減者爲帶食既出入蓋凡所推帶食差是食甚所距日出入時刻今以既內分減之而餘者即是日出入後距食既前或日出入前距生光後其間所有時刻也進一位者即是以既分乘之也又以既外分除之則知其食既生光距日出入時于既外全數中分得幾許時刻即知其於食既全數內分得幾許食分也故以減食

既十分卽爲帶食出入之食分也。不及減者。是帶食差少於既內分。其日出入分已在既內分內。故爲帶食既出入也。

推食甚月離黃道宿次度法

置元推食甚入盈縮歷行定度全分。如是盈歷者。加半周天一百八十二度六二八七五及天正黃道箕宿度共得爲黃道定積度也。如是縮歷者。止加天正黃道箕宿度內減去七十五秒餘爲黃道定積度也。無論盈縮歷皆以其黃道各宿次積度鈐挨及減之。餘爲食甚月離黃道某宿次度分也。

按月食黃道定積度者。逆計月離度前距天正日躔宿度之數也。元推食甚入盈縮歷行定度。則是所求日躔距天正宿度。乃月食所冲也。如日在北。正月食於南。正故盈歷加半周天便是食甚月離宿度又加天正箕宿度便知食甚月離距黃道箕宿初度若干也其縮歷行定度則是日躔距夏至度數故即用其數爲月離蓋月食日冲日躔夏至宿後第幾度月食即亦在冬至宿後第幾度故不必加半周天也內減去七十五秒者盈歷縮歷相距半歲周不及半周天七十五秒

減黃道積度鈐法仝日食不贅

依授時歷經黃赤道法　勿菴補定

求四正後赤道積度

置天正冬至所在宿赤道全度以天正赤道減之餘爲距後度以赤道宿度累加之即各得其宿距冬至後赤道積度加滿象限去之爲四正宿距後度亦以赤道宿度累加之滿象限去之

即各得其宿距春分夏至秋分後赤道積度

按四正者四仲月中氣即二至二分也凡天正赤道度是天正冬至前距其宿初度之數故以減其宿全度即各得冬至後距其宿末度之數也於是以後宿赤道累加之即知冬至後各宿距冬至度所積之數也滿象限去之者加滿象限是其宿當四正所躔故減去象限即知四正後距其宿末度之數也於是又以赤道各宿度累加之即各得四正後各宿所距四正度之數也

求赤道變黃道

置各宿距四正後赤道積度用黃赤道立成視在至後者以第三格赤道積度相挨者減之餘（有十定三　有分定二）爲實以其上第二格

黃道率乘之（不用乘。只加定四子。）以下第四格黃道率爲法除之。（有度去四。有十去三。不滿法再去一。視定有四子爲度。三子爲十分。）加入第一格黃道積度。卽爲其宿距至後黃道積度。其夏至後再加半周天。卽各得其宿距天正黃道積度也。若在分後者。以第一格赤道積度相同者減之。只用小餘。（有十定三。有分定二。）爲實。以下第四格黃道率爲法。（有度定四。度定三。）乘之。（言十定一。）得數。以其上第二格赤道率除之。（不用除。只去四子。視定有四子爲度。三子爲十分。）加入第三格黃道積度。卽得其宿距分後積度。其春分後。再加一象限。秋後分再加三象限。卽各得其宿距天正黃道積度也。於是各置其宿距天正黃道積度。以相挨前一宿黃道積度減之。卽各得其宿黃道本度也。（秒就近約爲分。）

按至後不用乘者。其立成黃道率只是一度。乘過數不動。故只加定四子也分後不用除者其立成赤道率亦是一度除過數亦不動故只虛去四子也夏至後加半周天春分後加一象限秋分後加三象限者此所求黃道積度皆距四正起算故各以四正距天正黃道數加之即其宿前距天正之數也蓋至後黃道雖減于赤道分後黃道雖加于赤道其實至四立之後則加之極而反減減之極而反加總計一象皆得九十一度有奇此天道如環平陂往復間不容髮也減前宿積度爲其宿本度者積度即是距天正數原包前宿在內故減之即得本度也秒就近約爲分者凡秒五十已上收爲分已下棄之就整數也其七十五秒寄虛度

求天正冬至黃道度

置周天度三百六十五度二五七五內減天正前一宿距天正黃道積度餘

命爲天正冬至宿黃道度分也若逕求者置象限以其年天正赤道度減之餘爲天正前宿距秋分後赤道積度依赤道變黃道法求出其宿距分後黃道積度以減象限餘爲天正黃道度

按周天度是自天正後積至天正前黃道總數故減去前宿距天正黃道積度即得天正距所在宿初度之數也逕求法置象限者即是自天正前距秋分後赤道總數也內減去天正赤道度其餘即是前宿距秋分後赤道積度也赤道變黃道法即是以立成第一格積度減餘以第四格度率乘以第二格度率除加入第三格積度而命爲前宿距秋分後黃道積度也又以減象限者此所爲象限即是自天正前距秋分後黃道總數故減去前宿距秋分黃道積度其餘即是天正

冬至距其宿初度黄道之數也。

求黄道宿積度定鈐

置天正冬至宿黄道度及分。加入其宿距至後黄道積度及分。共得爲天正冬至宿黄道定積度。以各宿黄道度累加之。即各得其宿黄道定積度。

按分至每歲有差。黄道因之而易。即不能每歲步之。當於六十六年歲差一度時。更定度鈐。始爲無弊也。凡冬至所在宿皆有前後距其黄道。皆減於赤道。今所推其宿至後積度。是自冬至日躔後距其宿末度黄道數。其天正黄道宿度。則是自冬至日躔前距其宿初度黄道數也。合二數爲其宿初度距其末度揔數。故即命爲天正宿定積度也。於是以各宿黄

道度累加之即所得其宿所距天正宿初度之數而命爲定積度也

求日月食甚宿次黄道度及分秒法同通軌

又術置所推食甚盈縮歷縮歷加半周天爲黄道定積度月食盈縮歷俱加半周天滿周天分去之爲黄道定積度皆遞以距天正黄道積度相挨者減之即各得日月食甚黄道宿度及分秒

按此法不用定積度鈐故亦不加天正黄道度然必每年步定黄道積度方可用之也

赤道宿度

角十一度一〇亢九度二〇氐十六度三〇房五度六〇

心○六度五○尾十九度一○箕一十度四○

斗廿五度二○牛○七度二○女十一度三五虛○八度九五太

　右東方七宿七十九度二十分

危十五度四○室十七度一○壁○八度六○

　右北方七宿九十三度八十分太

奎十六度六○婁十一度八○胃十五度六○昴十一度三○

畢十七度四○觜○○度○五參十一度一○

　右西方七宿八十三度八十五分

井卅三度三○鬼○二度二○柳十三度三○星○六度三○

張十七度二五翼十八度七五軫十七度三○

　右南方七宿一百○八度四十分

黄赤道立成

積度至後黄道分後赤道	度率	積度至後赤道分後黄道	度率
初度	一度		一度○八六五
一度	一度	○一度○八六五	一度○八六三
二度	一度	○二度一七二八	一度○八六○
三度	一度	○三度二五八八	一度○八五七
四度	一度	○四度三四四五	一度○八四九
五度	一度	○五度四二九四	一度○八四三
六度	一度	○六度五一三七	一度○八三三
七度	一度	○七度五九七○	一度○八二三
八度	一度	○八度六七九三	一度○八一二

九度	十度	十一度	十二度	十三度	十四度	十五度	十六度	十七度	十八度	十九度
一度	一度	一度	一度	一度	一度	一度	一度	一度	一度	一度
○九度七六○五	十○度八四○六	十一度九一九二	十二度九九六四	十四度○七一九	十五度一四五九	十六度二一七九	十七度二八八三	十八度三五六七	十九度四二三○	廿○度四八七二
一度○八○一	一度○七八六	一度○七七二	一度○七五五	一度○七四○	一度○七二○	一度○七○四	一度○六八四	一度○六六三	一度○六四二	一度○六二二

積度至後黃道分後赤道	度率
廿○度	一度
廿一度	一度
廿二度	一度
廿三度	一度
廿四度	一度
廿五度	一度
廿六度	一度
廿七度	一度
廿八度	一度
廿九度	一度

積度至後赤道分後黃道	度率
廿一度五四九四	一度○五九九
廿二度六○九三	一度○五七五
廿三度六六六八	一度○五五四
廿四度七二二二	一度○五三○
廿五度七七五二	一度○五○六
廿六度八二五八	一度○四八二
廿七度八七四○	一度○四五六
廿八度九一九六	一度○四三二
廿九度九六二八	一度○四○八
卅一度○○三六	一度○三八二

卅○度	一度
卅一度	一度
卅二度	一度
卅三度	一度
卅四度	一度
卅五度	一度
卅六度	一度
卅七度	一度
卅八度	一度
卅九度	一度
四○度	一度

卅二度○四一八	一度○三五五
卅三度○七七三	一度○三三二
卅四度一一○五	一度○三○六
卅五度一四一一	一度○二八○
卅六度一六九一	一度○二五四
卅七度一九四五	一度○二三九
卅八度二一七四	一度○二○三
卅九度二三七七	一度○一七七
四○度二五五四	一度○一五三
四一度二七○六	一度○一二六
四二度二八三二	一度○一○二

積度 至後黃道 分後赤道	度率	積度 至後赤道 分後黃道	度率
四一度	一度	四三度二九三四	一度〇〇七五
四二度	一度	四四度三〇〇九	一度〇〇四九
四三度	一度	四五度三〇五八	一度〇〇二七
四四度	一度	四六度三〇八五	一度〇〇〇〇
四五度	一度	四七度三〇八五	〇度九九〇四
四六度	一度	四八度三〇五九	〇度九九五一
四七度	一度	四九度三〇一〇	〇度九九二五
四八度	一度	五〇度二九三五	〇度九九〇一
四九度	一度	五一度二八三六	〇度九八七六
五〇度	一度	五二度二七一二	〇度九八五一

五一度	一度	五三度二一五六三	○度九八七二
五二度	一度	五四度二二三九○	○度九八○三
五三度	一度	五五度二一一九三	○度九七八○
五四度	一度	五六度一九七三	○度九七五五
五五度	一度	五七度一七二八	○度九七三一
五六度	一度	五八度一四五九	○度九七○八
五七度	一度	五九度一一六七	○度九六八五
五八度	一度	六○度○八五二	○度九六六一
五九度	一度	六一度○五一三	○度九六三九
六○度	一度	六二度○一五二	○度九六一六
六一度	一度	六二度九七六八	○度九五九四

積度（至後黃道　分後赤道）	度率
六二度	一度
六三度	一度
六四度	一度
六五度	一度
六六度	一度
六七度	一度
六八度	一度
六九度	一度
七○度	一度
七一度	一度

積度（至後赤道　分後黃道）	度率
六三度九三六二	○度九五七二
六四度八九三四	○度九五五一
六五度八四八五	○度九五二九
六六度八○一四	○度九五○九
六七度七五二三	○度九四八七
六八度七○一○	○度九四七○
六九度六四八○	○度九四五○
七○度五九三○	○度九四二七
七一度五三五七	○度九四一二
七二度四七六九	○度九三九二

七二度	一度	七三度四一六一	○度九三八五
七三度	一度	七四度三五四六	○度九三五三
七四度	一度	七五度二八九九	○度九三四三
七五度	一度	七六度二二四二	○度九三二九
七六度	一度	七七度一五七一	○度九三一五
七七度	一度	七八度○八八六	○度九三○四
七八度	一度	七九度○一九○	○度九二八六
七九度	一度	七九度九四七六	○度九二七五
八○度	一度	八○度八七五一	○度九二六五
八一度	一度	八一度八○一六	○度九二五五
八二度	一度	八二度七二七一	○度九二四四

積度（至後黃道／分後赤道）	度率
八三度	一度
八四度	一度
八五度	一度
八六度	一度
八七度	一度
八八度	一度
八九度	一度
九〇度	一度
九一度	三一
九一度三一	

積度（至後赤道／分後黃道）	度率
八三度六五一五	〇度九二三八
八四度五七五三	〇度九二二八
八五度四九八一	〇度九二二二
八六度四二〇三	〇度九二一五
八七度三四一八	〇度九二一二
八八度二六三〇	〇度九二一〇
八九度一八四〇	〇度九二〇四
九〇度一〇四四	〇度九二〇四
九一度〇二四八	〇度二八七七
九一度三一二五	終

歷算叢書輯要卷四十四

歷學駢枝四

盈縮歷立成

太陽冬至前後二象盈初縮末限

積日	平立合差	盈縮加分	盈縮積	行度
初日	四分九三八六	五百一〇八五六九	空	一度〇五一〇八五
一日	四分九五七二	五百〇五九一八三	〇萬〇五一〇八五六九	一度〇五〇五九一
二日	四分九七五八	五百〇〇九六一一	〇萬一〇一六七七五二	一度〇五〇〇九六
三日	四分九九四四	四百九五九八五三	〇萬一五一七七三六三	一度〇四九五九八
四日	五分〇一三〇	四百九〇九九〇九	〇萬二〇一三七二一六	一度〇四九〇九九
五日	五分〇三一六	四百八五九七七九	〇萬二五〇四七一二五	一度〇四八五九七

	平立合差	盈縮加分	盈縮積	行度
[illegible]日	五分○五○二	四百八○九四六三	○萬二九九○六九○四	一度○四八○九四
七日	五分○六八八	四百七五八九六一	○萬三四七一六三六七	一度○四七五八九
八日	五分○八七四	四百七○八二七三	○萬三九四七五三二八	一度○四七○八二
九日	五分一○六○	四百六五七三九九	○萬四四一八三六○一	一度○四六五七三
十日	五分一二四六	四百六○六三三九	○萬四八八四一○○○	一度○四六○六三
十一日	五分一四三二	四百五五五○九三	○萬五三四四七三三九	一度○四五五五○
十二日	五分一六一八	四百五○三六六一	○萬五八○○二四三二	一度○四五○三六
十三日	五分一八○四	四百四五二○四三	○萬六二五○六○九三	一度○四四五二○
十四日	五分一九九○	四百四○○二三九	○萬六六九五八一三六	一度○四四○○二
十五日	五分二一七六	四百三四八二四九	○萬七一三五八三七五	一度○四三四八二

十六日五分　二三六二　四百二九　六○七三　○萬七五七○六六二四　一度○四二九六○
十七日五分　二五四八　四百二四　三七一一　○萬八○○○二六九七　一度○四二四三七
十八日五分　二七三四　四百一九　一一六三　○萬八四二四六四○八　一度○四一九一一
十九日五分　二九二○　四百一三　八四二九　○萬八八四三七五七一　一度○四一三八四
二○日五分　三一○六　四百○八　五五○九　○萬九二五七六○○○　一度○四○八五五
廿一日五分　三二九二　四百○三　二四○三　○萬九六六六一五○九　一度○四○三二四
廿二日五分　三四七八　三百九七　九一一一　一萬○○六九三五一二　一度○三九七九一
廿三日五分　三六六四　三百九二　五六三三　一萬○四六七三○二三　一度○三九二五六
廿四日五分　三八五○　三百八七　一九六九　一萬○八五九八六五六　一度○三八七一九
廿五日五分　四○三六　三百八一　八一一九　一萬一二四七○六二五　一度○三八一八一
廿六日五分　四二二二　三百七六　四○八三　一萬一六二八八七四四　一度○三七六四○

積日	平立合差	盈縮加分	盈縮積	行度
廿七日	五分四四○八	三百七○九八六一	一萬二○○五二八二七	一度○三七○九八
廿八日	五分四五九四	三百六五五四五三	一萬二三七六二六八八	一度○三六五五四
廿九日	五分四七八○	三百六○○八五九	一萬二七四一八一四一	一度○三六○○八
卅○日	五分四九六六	三百五四六○七九	一萬三○○一九○○○	一度○三五四六○
卅一日	五分五一五二	三百四九一一一三	一萬三四五六五○七九	一度○三四九一一
卅二日	五分五三三八	三百四三五九六一	一萬三八○五六一九二	一度○三四三五九
卅三日	五分五五二四	三百三八○六二三	一萬四一四九二一五三	一度○三三八○六
卅四日	五分五七一○	三百三二五○九九	一萬四四八七二七七六	一度○三三二五○
卅五日	五分五八九六	三百二六九三八九	一萬四八一九七八七五	一度○三二六九三
卅六日	五分六○八二	三百二一三四九三	一萬五一四六七二六四	一度○三二一三四

廿七日	廿八日	廿九日	四〇日	四一日	四二日	四三日	四四日	四五日	四六日	四七日
五分六二六八	五分六四五四	五分六六四〇	五分六八二六	五分七〇一二	五分七一九八	五分七三八四	五分七五七〇	五分七七五六	五分七九四二	五分八一二八
三百一五七四一一	三百一〇一一四三	三百〇四四六八九	二百九八八〇四九	二百九三一二二三	二百八七四二一二	二百八一七〇一三	二百七五九六二九	二百七〇二〇五九	二百六四四三〇三	二百五八六三六一
一萬五四六八〇七五七	一萬五七八二八一六八	一萬六〇九三九三一一	一萬六三九八四〇〇〇	一萬六六九七二〇四九	一萬六九九〇三二七二	一萬七二七七七四八三	一萬七五五九四四九六	一萬七八三五四一二五	一萬八一〇五六一八四	一萬八三七〇〇四八七
一度〇三一五七四	一度〇三一〇一一	一度〇三〇四四六	一度〇二九八八〇	一度〇二九三一二	一度〇二八七四二	一度〇二八一七〇	一度〇二七五九六	一度〇二七〇二〇	一度〇二六四四三	一度〇二五八六三

積日	平立合差盈縮加分	盈縮積	行度
四八日五分八三一四	二百五二八二三三	一萬八六二八六八四八	一度○二五二八二
四九日五分八五○○	二百四六九九一九	一萬八八八一五○八一	一度○二四六九九
五○日五分八六八六	二百四一一四一九	一萬九一二八五○○○	一度○二四一一四
五一日五分八八七二	二百三五二七三三	一萬九三六九六四一九	一度○二三五二七
五二日五分九○五八	二百二九三八六一	一萬九六○四九一五二	一度○二二九三八
五三日五分九二四四	二百二三四八○三	一萬九八三四三○一三	一度○二二三四八
五四日五分九四三○	二百一七五五五九	二萬○○五七七八一六	一度○二一七五五
五五日五分九六一六	二百一一六一二九	二萬○二七五三三七五	一度○二一一六一
五六日五分九八○二	二百○五六五一三	二萬○四八六九五○四	一度○二○五六五
五七日五分九九八八	一百九九六七一一	二萬○六九二六○一七	一度○一九九六七

五八日	五分○一七四	一百九三六七二三	二萬○八九二二七二八	一度○一九三六七
五九日	六分○三六○	一百八七六五四九	二萬一○八五九四五一	一度○一八七六五
六○日	六分○五四六	一百八一六一八九	二萬一二七三六○○○	一度○一八一六一
六一日	六分○七三二	一百七五五六四三	二萬一四五五二一八九	一度○一七五五六
六二日	六分○九一八	一百六九四九一一	二萬一六三○七八三二	一度○一六九四九
六三日	六分一一○四	一百六三三九九三	二萬一八○○二七四三	一度○一六三三九
六四日	六分一二九○	一百五七二八八九	二萬一九六三六七三六	一度○一五七二八
六五日	六分一四七六	一百五一一五九九	二萬二一二○九六二五	一度○一五一一五
六六日	六分一六六二	一百四五○一二三	二萬二二七二一二二四	一度○一四五○一
六七日	六分一八四八	一百三八八四六一	二萬二四一七一三四七	一度○一三八八四
六八日	六分二○三四	一百三二六六一三	二萬二五五五○八○八	一度○一三二六六

積日	平立合差	盈縮加分	盈縮積	行度
六九日	六分二二二〇	一百二六四五七九	二萬二六八八六四二一	一度〇一二六四五
七〇日	六分二四〇六	一百二〇二三五九	二萬二八一五一〇〇〇	一度〇一二〇二三
七一日	六分二五九二	一百一三九九五二	二萬二九三五三三五九	一度〇一一三九九
七二日	六分二七七八	一百〇七七三六一	二萬三〇四九三三一二	一度〇一〇七七三
七三日	六分二九六四	一百〇一四五八三	二萬三一五七〇六七三	一度〇一〇一四五
七四日	六分三一五〇	〇百九五一六一九	二萬三二五八五二五六	一度〇〇九五一六
七五日	六分三三三六	〇百八八八四六九	二萬三三五三六八七五	一度〇〇八八八四
七六日	六分三五二二	〇百八二五一三三	二萬三四四二五三四四	一度〇〇八二五一
七七日	六分三七〇八	〇百七六一六一一	二萬三五二五〇四七七	一度〇〇七六一六
七八日	六分三八九四	〇百六九七九〇三	二萬三六〇一二〇八八	一度〇〇六九七九

七九日	六分四○八○	○百六三四○○九	二萬三六七○九九九一	一度○○六三四○
八○日	六分四二六六	○百五六九九二九	二萬三七三四四○○○	一度○○五六九九
八一日	六分四四五二	○百五○五六六三	二萬三七九一三九二九	一度○○五○五六
八二日	六分四六三八	○百四四一二一一	二萬三八四一九五九二	一度○○四四一二
八三日	六分四八二四	○百三七六五七三	二萬三八八六○八○三	一度○○三七六五
八四日	六分五○一○	○百三一一七四九	二萬三九二三七三七六	一度○○三一一七
八五日	六分五一九六	○百二四六七三九	二萬三九五四九一二五	一度○○二四六七
八六日	六分五三八二	○百一八一五四三	二萬三九七九五八六四	一度○○一八一五
八七日	六分五五六八	○百一一六一六一	二萬三九九七七四○七	一度○○一一六一
八八日	六分五七五四	○百○五○五九三	二萬四○○九三五六八	一度○○○五○五
八九日			二萬四○一四四一六一	一度○○○○○○

置本限八十八度九〇九二二五，加入盈積度二度四〇一四，即合周歲一象限九十一度三一〇六二五之數。

太陽夏至前後二象縮初盈末限

積日	平立合差盈縮加分	盈縮積	行度
初日	四分四三六二	四百八四八四七三	空	〇度九五一五一六
一日	四分四五二四	四百八〇四一一一	〇萬〇四八四八四七三	〇度九五一九五九
二日	四分四六八六	四百七五九五八七	〇萬〇九六五二五八四	〇度九五二四〇五
三日	四分四八四八	四百七一四九〇一	〇萬一四四一二一七一	〇度九五二八五一
四日	四分五〇一〇	四百六七〇〇五三	〇萬一九一二七〇七二	〇度九五三三〇〇
五日	四分五一七二	四百六二五〇四三	〇萬二三七九七一二五	〇度九五三七五〇
六日	四分五三三四	四百五七九八七一	〇萬二八四二二一六八	〇度九五四二〇二
七日	四分九四九六	四百五三四五三七	〇萬三三〇〇二〇三九	〇度九五四六五五

日	分	百	萬	度
八日	四分五六五八	四百四八九○四一	○萬三七五三六五七六	○度九五五一一○
九日	四分五八二○	四百四四三三八三	○萬四二○二五六一七	○度九五五五六七
十○月	四分五九八二	四百三九七五六三	○萬四六四六九○○○	○度九五六○二五
十一日	四分六一四四	四百三五一五八一	○萬五○八六六五六三	○度九五六四八五
十二日	四分六三○六	四百三○五四三七	○萬五五二一八一四四	○度九五六九四六
十三日	四分六四六八	四百二五九一三一	○萬五九五二三五八一	○度九五七四○九
十四日	四分六六三○	四百二一二六六三	○萬六三七八二七一二	○度九五七八七四
十五日	四分六七九二	四百一六六○三三	○萬六七九九五三七五	○度九五八三四○
十六日	四分六九五四	四百一一九二四一	○萬七二一六一四○八	○度九五八八○八
十七日	四分七一一六	四百○七二二八七	○萬七六二八○六四九	○度九五九二七八
十八日	四分七二七八	四百○二五一七一	○萬八○三五二九三六	○度九五九七四九

積日	平立合差	盈縮加分	盈縮積	行度
十九日	四分七四四○	三百九七七八九三	○萬八四三七八一○七	○度九六○二二一
廿○日	四分七六○二	三百九三○四五三	○萬八八三五六○○○	○度九六○六九六
廿一日	四分七七六四	三百八八二八五一	○萬九二二八六四五三	○度九六一一七二
廿二日	四分七九二六	三百八三五○八七	○萬九六一六九三○四	○度九六一六五○
廿三日	四分八○八八	三百七八七一六一	一萬○○○○四三九一	○度九六二一二九
廿四日	四分八二五○	三百七三九○七三	一萬○三七二一五五三	○度九六二六一○
廿五日	四分八四一二	三百六九○八二三	一萬○七五五○六二二	○度九六三○九二
廿六日	四分八五七四	三百六四二四一一	一萬一一二二一四四八	○度九六三五七六
廿七日	四分八七三六	三百五九三八三七	一萬一四八六三八五九	○度九六四○六二
廿八日	四分八八九八	三百五四五一○一	一萬一八四五七六九六	○度九六四五四九

廿九日	四分九〇六〇	三百四九六二〇三	一萬二二〇〇二七九七	〇度九六五〇三八
卅〇日	四分九二二二	三百四四七一四三	一萬二五四九九〇〇〇	〇度九六五五二九
卅一日	四分九三八四	三百三九七九二一	一萬二八九四六一四三	〇度九六六〇二一
卅二日	四分九五四六	三百三四八五三七	一萬三二三四四〇六四	〇度九六六五一五
卅三日	四分九七〇八	三百二九八九九一	一萬三五六九二六〇一	〇度九六七〇一一
卅四日	四分九八七〇	三百二四九二九三	一萬三八九九一五九二	〇度九六七五〇八
卅五日	五分〇〇三二	三百一九九四八三	一萬四二二四〇八七五	〇度九六八〇〇六
卅六日	五分〇一九四	三百一四九一一一	一萬四五四四〇二八八	〇度九六八五〇七
卅七日	五分〇三六五	三百〇九九七八八	一萬四八五八九六六九	〇度九六九〇〇九
卅八日	五分〇五一八	三百〇四八一三三	一萬五[illegible]六八八八五六	〇度九六九五一二
卅九日	五分〇六八〇	二百九九八三一三	一萬五四七三七六八七	〇度九七〇〇一七

積日	平立合差	盈縮加分	盈縮積	行度
四○日	五分○八四二	二百九四七六三三	一萬五七七三六○○○	○度九七○五二四
四一日	五分一○○四	二百八九六七九一	一萬六○六八三六三三	○度九七一○三三
四二日	五分一一六六	二百八四五七八九	一萬六三五八○四二四	○度九七一五四三
四三日	五分一三二八	二百七九四六二一	一萬六六四二六二一一	○度九七二○五四
四四日	五分一四九○	二百七四三二九三	一萬六九三二○八三二	○度九七二五六八
四五日	五分一六五二	二百六九一八○三	一萬七一九六四一二五	○度九七三○八二
四六日	五分一八一四	二百六四○三五一	一萬七四六五五九二八	○度九七三五九九
四七日	五分一九七六	二百五八八三三七	一萬七七二九六○七九	○度九七四一一七
四八日	五分二一三八	二百五三六一六二	一萬七九八八四四一六	○度九七四六三七
四九日	五分二三○○	二百四八四二二三	一萬八二四二○七七七	○度九七五一五八

五〇日	五分二四六二	二百四三一九二三	一萬八四九〇五〇〇〇	〇度九七五六八一
五一日	五分二六二四	二百三七九四六一	一萬八七三三六九二三	〇度九七六二〇六
五二日	五分二七八六	二百三二六八三七	一萬八九七一六三八四	〇度九七六七三二
五三日	五分二九四八	二百二七四〇五一	一萬九二〇四三二二一	〇度九七七二六〇
五四日	五分三一一〇	二百二二一一〇三	一萬九四三一七二七二	〇度九七七七八九
五五日	五分三二七二	二百一六七九九三	一萬九六五三八三七五	〇度九七八三二一
五六日	五分三四三四	二百一一四七二一	一萬九八七〇六三六八	〇度九七八八五三
五七日	五分三五九六	二百〇六一二八七	二萬〇〇八二一〇八九	〇度九七九三八八
五八日	五分三七五八	二百〇〇七六九一	二萬〇二八八二三七八	〇度九七九九二四
五九日	五分三九二〇	一百九五三三三三	二萬〇四八九〇〇六七	〇度九八〇四六一
六〇日	五分四〇八二	一百九〇〇〇一三	二萬〇六八四四〇〇〇	〇度九八一〇〇〇

積日	平立合差	盈縮加分	盈縮積	行度
六一日	五分四二四四	一百八四五九三一	二萬○八七四四○一三	○度九八一五四一
六二日	五分四四○六	一百七九一六八七	二萬一○五八九九四四	○度九八二○八四
六三日	五分四五六八	一百七三七二八一	二萬一二三八一六三一	○度九八二六二八
六四日	五分四七三○	一百六八二七一三	二萬一四一一八九一二	○度九八三一七三
六五日	五分四八九二	一百六二七九八三	二萬一五八○一六二五	○度九八三七二一
六六日	五分五○五四	一百五七三○九一	二萬一七四二九六○八	○度九八四二七○
六七日	五分五二一六	一百五一八○三七	二萬一九○○二六九九	○度九八四八二○
六八日	五分五三七八	一百四六二八二一	二萬二○五二○七三六	○度九八五三七二
六九日	五分五五四○	一百四○七四四三	二萬二一九八三五五七	○度九八五九二六
七○日	五分五七○二	一百三五一九○三	二萬二三三九一○○○	○度九八六四八一

七一日	五分五八六四	一百二九六二○一	二萬二四七四二九○三	○度九八七○三八
七二日	五分六○二六	一百二四○三三七	二萬二六○三九一○四	○度九八六五九七
七三日	五分六一八八	一百一八四三一一	二萬二七二七九四四一	○度九八八一五七
七四日	五分六三五○	一百一二八二二七	二萬二八四六三七五二	○度九八八七一九
七五日	五分六五一二	一百○七一三七二	二萬二九五九一八七五	○度九八九二八三
七六日	五分六六七四	一百○一五一六五	二萬三○六六三六四八	○度九八九八四八
七七日	五分六八三六	○百九五八七八七	二萬三一六七三九○九	○度九九○四一五
七八日	五分六九九八	○百九○一一五七	二萬三二六三七四九六	○度九九○九八三
七九日	五分七一六○	○百八四四七五三	二萬三三五三九二四七	○度九九一五五二
八○日	五分七三二二	○百七八七五九三	二萬三四三八四○○○	○度九九二一二五
八一日	五分七四八四	○百七三○二七一	二萬三五一七一五九三	○度九九二六九八

積日	平立合差	盈縮加分	盈縮積	行度
八二日	五分七六四六	○百六七二七八七	二一萬三五九○一八六四	○度九九三二七三
八三日	五分七八○八	○百六一五一四一	二一萬三六五七四六五一	○度九九三八四九
八四日	五分七九七○	○百五五七三三三	二一萬三七一八九七九二	○度九九四四二七
八五日	五分八一三二	○百四九九三六二	二一萬三七七四七一二五	○度九九五○○七
八六日	五分八二九四	○百四四一二三一	二一萬三八二四六四八八	○度九九五五八八
八七日	五分八四五六	○百三八二九三七	二一萬三八六八七七一九	○度九九六一七一
八八日	五分八六一八	○百三二四四八一	二一萬三九○七○六五六	○度九九六七五六
八九日	五分八七八○	○百二六五八六三	二一萬三九三九五一三七	○度九九七三四二
九○日	五分八九四二	○百二○七○八三	二一萬三九六六一○○○	○度九九七九三○
九一日	五分九一○四	○百一四八一四一	二一萬三九八六八○八三	○度九九八五一九

九二日	五分九二六六	○百○八九○三七	二萬四○○一六二二四	○度九九九一一○
九三日	五分九四二八	○百○二九七七一	二萬四○一○五二六一	○度九九九七○三
九四日	空		二萬四○一三五○三二	一度○○○○○○

置本限九十三度七一二一○二五。減去縮積度二度四○一四。即合周歲一象限九十一度三一○六二五之數。

布立成法

先依歷經盈縮招差。各以其日平差立差。求到每日盈縮積。次以相挨兩日盈縮積相減。餘爲每日盈縮加分。以其日加分盈加縮減一度。即每日日行度。又以兩日加分相減。餘爲每日平立合差。再置末日平立合差。以初日平立合差減之。餘爲實。末日日數爲法。法除實。即得每日平立合差之差數也。如盈初。置八十七日下平立合差六分五五六八。內減初日四分九三八六。餘一分六一八二爲實。八十七日爲法除之。得○一八六。爲每日之差。

縮初。置九十二日下平立合差五分九二六六。內減初日四分四三六二。餘一分四九〇四為實。九十二日為法除之。得〇一六二為每日之差。又法盈初置立差三十一。縮初置立差二十七。各六因之。即得每日平立合差之差數。

歷經盈縮招差法

	立差	平差	定差
盈初縮末	三十一	二萬四千六百	五百一十三萬三千二百
縮初盈末	二十七	二萬二千一百	四百八十七萬〇千六百

凡求盈縮積。皆以入曆初末日乘立差。得數用加平差。再以初末日乘之。得數以減定差。餘數復以初末日乘之。得數萬約為分。即各得其日盈縮積。

太陰遲疾歷立成

限數	日率	損益分	遲疾積度	行度
	日 千百 十分	十分	度十分	度十分十秒
初限	○日○○○○	益十一○八一五七五	空	疾一二○七一 遲○九八五五
一限	○日○八二○	益十一○二三四二五	○十一○八一五七五	疾一二○六五 遲○九八六一
二限	○日一六四○	益十○九六三三二五	○廿二一○五○○○	疾一二○五九 遲○九八六七
三限	○日二四六○	益十○九○一二七五	○卅三○六八三二五	疾一二○七三 遲○九八五三
四限	○日三二八○	益十○八三七二七五	○四三九六九六○○	疾一二○四七 遲○九八七九
五限	○日四一○○	益十○七七一三二五	○五四八○六八○五	疾一二○四○ 遲○九八八六
六限	○日四九二○	益十○七○三四二五	○六五五七八二七○	疾一二○三三 遲○九八九三
七限	○日五七四○	益十○六三三五七五	○七六二八一六二五	疾一二○二六 遲○九九○○

駢枝四　二

限	限數日率	損益分	遲疾積度	行度
限	日 千百 十分	十分	度十分	度十分十秒
八限	○日 六五 六○	益十○ 五六一 七七五	○八六 九一五 二○○	疾一二○一九 遲○九九○七
九限	○日 一三 八○	益十○ 四八八 ○二五	○九七 四七六 九七五	疾一二○一二 遲○九九一四
十限	○日 八二 ○○	益十○ 四一二 三二五	一○七 九六五 ○○○	疾一二○○四 遲○九九二二
十一	○日 九○ 二○	益十○ 三三四 六七五	一一八 三七七 三二二	疾一一九九六 遲○九九二九
十二	○日 九八 四○	益十○ 二五五 ○七五	一二八 七一二 ○○○	疾一一九八八 遲○九九三七
十三	一日 ○六 六一	益十○ 一七三 五二五	一三八 九六七 ○七五	疾一一九八○ 遲○九九四六
十四	一日 一四 八一	益十○ ○九○ ○二五	一四九 一四○ 六○○	疾一一九七二 遲○九九五四
十五	一日 二三 ○一	益十○ ○○四 五七五	一五九 二三○ 六二五	疾一一九六三 遲○九九六二
十六	一日 三一 二一	益○九 九一七 一七五	一六九 二三五 二○○	疾一一九五五 遲○九九七一

十七	一日三九四一	益○九八二七八二五	一七九一三二三七五	疾一一九四六 遲○九九八○
十八	一日四七六一	益○九七三六五二五	一八八九八○二○○	疾一一九三七 遲○九九八九
十九	一日五五八一	益○九六四三二七五	一九八七一六七二五	疾一一九二七 遲○九九九九
廿限	一日六四○一	益○九五四八○七五	二○八三六○○○○	疾一一九一八 遲一○○○八
廿一	一日七二二一	益○九四五○九二五	二七一九○八○七五	疾一一九○八 遲一○○一八
廿二	一日八○四一	益○九三五一八二五	二二七三五九○○○	疾一一八九八 遲一○○二八
廿三	一日八八六一	益○九二五○七七五	二三六七一○八二五	疾一一八八八 遲一○○三八
廿四	一日九六八一	益○九一四七七七五	二四五九六一六○○	疾一一八七八 遲一○○四八
廿五	二日○五○二	益○九○四二八二五	二五五一○九三七五	疾一一八六八 遲一○○五七
廿六	二日一三二二	益○八九三五九二五	二六四一五二二○○	疾一一八五九 遲一○○六六
廿七	二日二一四二	益○八八二七○七五	二七三○八八一二五	疾一一八四九 遲一○○八○

限	限數日率（日 千百十分）	損益分（十分）	遲疾積度（度十分）	行度（度十分十秒）
廿八	二一日二九六二	益○八七一六二七五	二八一九一五二○○	疾一一八三五 遲一○○九一
廿九	二一日三七八二	益○八六○三五二五	二九○六三一四七五	疾一一八二三 遲一○一○三
卅限	二一日四六○二	益○八四八八八二五	二九九二三五○○○	疾一一八一二 遲一○一一四
卅一	二一日五四二二	益○八三七二一七五	三○七七二三八二五	疾一一八○○ 遲一○一二六
卅二	二一日六二四二	益○八二五三五七五	三一六○九六○○○	疾一一七八八 遲一○一三八
卅三	二一日七○六二	益○八一三三○二五	三二四三四九五七五	疾一一七七六 遲一○一五○
卅四	二一日七八八二	益○八○一○五二五	三三二四八二六○○	疾一一七六四 遲一○一六二
卅五	二一日八七○二	益○七八八六○七五	三四○四九三一二五	疾一一七五一 遲一○一七四
卅六	二一日九五二二	益○七七五九六七五	三四八三七九二○○	疾一一七三九 遲一○一八七

二二

卅七	三日○三四三	益○七六三一三二五	三五六一三八八七五	疾一一七二六	遲一○二○○
卅八	三日一一六三	益○七五○一○二五	三六三七七○二○○	疾一一七一三	遲一○二一三
卅九	三日一九八三	益○七三六八七七五	三七一二七一二二五	疾一一七○○	遲一○二二六
四十	三日二八○三	益○七二三四五七五	三七八六四○○○○	疾一一六八六	遲一○二三九
四一	三日三六二三	益○七○九八四二五	三八五八七四五七五	疾一一六七三	遲一○二五三
四二	三日四四四三	益○六九六○三二五	三九二九七三○○○	疾一一六五九	遲一○二六七
四三	三日五二六三	益○六八二○二七五	三九九九三三三二五	疾一一六四五	遲一○二八一
四四	三日六○八三	益○六六七八二七五	四○六七五三六○○	疾一一六三一	遲一○二九五
四五	三日六九○三	益○六五三四三二五	四一三四三一八七五	疾一一六一六	遲一○三○九
四六	三日七七二三	益○六三八八四二五	四一九九六六二○○	疾一一六○二	遲一○三二四
四七	三日八五四三	益○六二四○五七五	四二六三五四六二五	疾一一五八七	遲一○三三九

限	限數日率（日千百十分）	損益分（十分）	遲疾積度（度十分）	行度（度十分十秒）
四八	三日九三六三	益○六○九○七七五	四三二五九五二○○	疾一一五七二 遲一○三五四
四九	四日○一八三	益○五九三九○二五	四三八六八五九七五	疾一一五五七 遲一○三六九
五十	四日一○○四	益○五七八五三二五	四四四六二五○○○	疾一一五四一 遲一○三八四
五一	四日一八二四	益○五六二九六七五	四五○四一○三二五	疾一一五二六 遲一○四○○
五二	四日二六四四	益○五四七二○七五	四五六○四○○○○	疾一一五一○ 遲一○四一六
五三	四日三四六四	益○五三一二五二五	四六一五○二○一五	疾一一四九四 遲一○四三二
五四	四日四二八四	益○五一五一○二五	四六六八二四六○○	疾一一四七八 遲一○四四八
五五	四日五一○四	益○四九八七五七五	四七一九七五六二五	疾一一四六二 遲一○四六四
五六	四日五九二四	益○四八二二一七五	四七六二六三二○○	疾一一四四五 遲一○四八一

五七	四日	六七四四	益○四	六五四八二五	四八一	七八五三七五	疾一一四二八　遲一○四九七
五八	四日	七五六四	益○四	四八五五二五	四八六	四四○二○○	疾一一四一一　遲一○五一四
五九	四日	八三八四	益○四	三一四二七五	四九○	九二五七二五	疾一一三九四　遲一○五三一
六十	四日	九二○四	益○四	一四一○七五	四九五	二四○○○○	疾一一三四七　遲一○五五九
六一	五日	○○二四	益○三	九六五九二五	四九九	三八一○七五	疾一一三五九　遲一○五六六
六二	五日	○八四五	益○三	七八八八二五	五○三	三四七○○○	疾一一三四二　遲一○五八四
六三	五日	一六六五	益○三	六○九七七五	五○七	一三五八二五	疾一一三二四　遲一○六○二
六四	五日	二四八五	益○三	四二八七六五	五一○	七四五六○○	疾一一三○六　遲一○六二○
六五	五日	三三○五	益○三	二四五八二五	五一四	一七四三七五	疾一一二八七　遲一○六三八
六六	五日	四一二五	益○三	○六○九二五	五一七	四二○二○○	疾一一二六九　遲一○六五七
六七	五日	四九四五	益○二	八七四○七五	五二○	四八一一二五	疾一一二五○　遲一○六七六

限數日率 限	限數日率 日	限數日率 千百十分	損益分 十分	遲疾積度 度十分	行度 度十分十秒
六八	五日	五七六五	益○二六八五二七五	五二三三五五二○○	疾一一二三一　遲一○六九四
六九	五日	六五八五	益○二四九四五二五	五二六○四○四七五	疾一一二一二　遲一○七一三
七十	五日	七四○五	益○二三○一八二五	五二八五三五○○○	疾一一一九三　遲一○七三三
七一	五日	八二二五	益○二一○七一七五	五三○八三六八二五	疾一一一七四　遲一○七五二
七二	五日	九○四五	益○一九一○五七五	五三二九四四○○○	疾一一一五四　遲一○七七二
七三	五日	九八六五	益○一七一二○二五	五三四八五四五七五	疾一一一三四　遲一○七九二
七四	六日	○六八五	益○一五一一五二五	五三六五六六六○○	疾一一一一四　遲一○八一二
七五	六日	一五○六	益○一三○九○七五	五三八○七八一二五	疾一一○九四　遲一○八三三
七六	六日	二三二六	益○一一○四六七五	五三九三八七二○○	疾一一○七二　遲一○八五二

1	2	3	4	5	6	7
七七	六日 三一 四六	益○○	八九八 三二五	五四○ 四九一 八七五	疾一 遲一	一○五三 ○八七三
七八	六日 三九 六六	益○○	六九○ ○二五	五四一 三九○ 二○○	疾一 遲一	一○三二 ○八九四
七九	六日 四七 八六	益○○	四七九 七七五	五四二 ○八○ 二二五	疾一 遲一	一○一一 ○九一五
八十	六日 五六 ○六	益○○	二六七 五七五	五四二 五六○ ○○○	疾一 遲一	○九九○ ○九三六
八一	六日 六四 二六	益○○	○五三 四二五	五四二 八二七 五七五	疾一 遲一	○九六八 ○九五八
八二	六日 七二 四六	益○○	○三五 六一六	五四二 八八一 ○○○	疾一 遲一	○九六六 ○九五九
八三	六日 八○ 六六	益○○	○一七 八○八	五四二 九一六 六一六	疾一 遲一	○九六五 ○九六一
八四	六日 八八 八六	損○○	○一七 八○八	五四二 九三四 四二四	疾一 遲一	○九六一 ○九六五
八五	六日 九七 ○六	損○○	○三五 六一六	五四二 九一六 六一六	疾一 遲一	○九五九 ○九六六
八六	七日 ○五 二六	損○○	○五三 四二五	五四二 八八一 ○○○	疾一 遲一	○九五八 ○九六八
八七	七日 一三 四六	損○○	二六七 五七五	五四二 八二七 五七五	疾一 遲一	○九三六 ○九九○

限數	日率	損益分	遲疾積度	行度
限	日千百十分	十分	度十分	度十分十秒
八八	七日二一六七	損○○四七九七七五	五四二五六○○○○	疾一○九一五　遲一一○一一
八九	七日二九八七	損○○六九○○二五	五四二○八○二二五	疾一○八九四　遲一一○三二
九十	七日三八○七	損○○八九八三二五	五四一三九○二○○	疾一○八七三　遲一一○五三
九一	七日四六二七	損○一一○四六七五	五四○四九一八七五	疾一○八五二　遲一一○七三
九二	七日五四四七	損○一三○九○七五	五三九三八七二○○	疾一○八三二　遲一一○九四
九三	七日六二六七	損○一五一一五二五	五三八○七八一二五	疾一○八一二　遲一一一一四
九四	七日七○八七	損○一七一二○二五	五三六五六六六○○	疾一○七九二　遲一一一三四
九五	七日七九○七	損○一九一○五七五	五三四八五四五七五	疾一○七七二　遲一一一五四
九六	七日八七二七	損○二一○七一七五	五三二九四四○○○	疾一○七五二　遲一一一七四

九七	七日 九五 四七	損○二 三○一 八二五	五三○ 八三六 八二五	疾一○七二三	遲一一一九三
九八	八日 ○三 六七	損○二 四九四 五二五	五二八 五三二 ○○○	疾一○七一三	遲一一二一二
九九	八日 一一 八七	損○二 六八五 二七五	五二六 ○四○ 四七五	疾一○六九四	遲一一二三一
一百	八日 二○ ○八	損○二 八七四 ○七五	五二三 三五五 二○○	疾一○六七六	遲一一二五○
百○一	八日 二八 二八	損○三 ○六○ 九二五	五二○ 四八一 一二五	疾一○六五七	遲一一二六九
百○二	八日 三六 四八	損○三 二四五 八二五	五一七 四二○ 二○○	疾一○六三八	遲一一二八七
百○三	八日 四四 六八	損○三 四二五 七七八	五一四 一七四 三七五	疾一○六二○	遲一一三○六
百○四	八日 五二 八八	損○三 六○五 七七九	五一○ 七四五 六○○	疾一○六○二	遲一一三二四
百○五	八日 六一 ○八	損○三 七八五 八二八	五○七 一三五 八二五	疾一○五八四	遲一一三四二
百○六	八日 六九 二八	損○三 九六五 九二五	五○三 三四七 ○○○	疾一○五六六	遲一一三五九
百○七	八日 七七 四八	損○四 一四五 ○七五	四九九 三八一 ○七五	疾一○五四九	遲一一三七七

限	限數日率（日、千百、十分）	損益分（十分）	遲疾積度（度十分）	行度（度十分十秒）
百○八	八日八五六八	損○四三一四二七五	四九五二四○○○○	疾一○五三一　遲一一三九四
百○九	八日九三八八	損○四四八五五二五	四九○九二五七二五	疾一○五一四　遲一一四一一
百十○	八日○二○八	損○四六五四八二五	四八六四四○二○○	疾一○四九七　遲一一四二八
百十一	九日一○二八	損○四八二二一七五	四八一七八五三七五	疾一○四八一　遲一一四四五
百十二	九日一八四八	損○四九八七五七五	四七六九六三二○○	疾一○四六四　遲一一四六二
百十三	九日二六六九	損○五一五一○二五	四七一九七五六二五	疾一○四四八　遲一一四七八
百十四	九日三四八九	損○五三一二五二五	四六六八二四六○○	疾一○四三二　遲一一四九四
百十五	九日四三○九	損○五四七二○七五	四六一五一二○七五	疾一○四一六　遲一一五一○
百十六	九日五一二九	損○五六二九六七五	四五六○四○○○○	疾一○四○○　遲一一五二六

百十七	九日五九四九	損〇五七八五三二五	四五〇四一〇三二五	疾一〇三八四	遲一一五四一
百十八	九日六七六九	損〇五九三九〇二五	四四四六二五〇〇〇	疾一〇三六九	遲一一五五七
百十九	九日七五八九	損〇六〇九〇七七五	四三八六八五九七五	疾一〇三五四	遲一一五七二
百廿〇	九日八四〇九	損〇六二四〇五七五	四三二五九五二〇〇	疾一〇三三九	遲一一五八七
百廿一	九日九二二九	損〇六三八八四二五	四二六三五四六二五	疾一〇三二二	遲一一六〇四
百廿二	十日〇〇四九	損〇六五三四三二五	四一九九六六二〇〇	疾一〇三〇九	遲一一六一六
百廿三	十日〇八六九	損〇六六七八二七五	四一三四三一八七五	疾一〇二九五	遲一一六三一
百廿四	十日一六八九	損〇六八二〇二七五	四〇六七五三六〇〇	疾一〇二八一	遲一一六四五
百廿五	十日二五一〇	損〇六九六〇三二五	三九九九三三三二五	疾一〇二六七	遲一一六五九
百廿六	十日三三三〇	損〇七〇九八四二五	三九二九七三〇〇〇	疾一〇二五三	遲一一六七三
百廿七	十日四一五〇	損〇七二三四五七五	三八五八七四五七五	疾一〇二三九	遲一一六八六

限	限數日率（日 千百 十分）	損益分（十分）	遲疾積度（度十分）	行度（度十分十秒）
百廿八	十日四九七○	損○七三六八七七五	三七八六四○○○○	疾一○二二六　遲一一七○○
百廿九	十日五七九○	損○七五○一○二五	三七一二七一二二五	疾一○二一三　遲一一七一三
百卅○	十日六六一○	損○七六三一三二五	三六三七七○二○○	疾一○二○○　遲一一七二六
百卅一	十日七四三○	損○七七五九六七五	三五六一三八八七五	疾一○一八七　遲一一七三九
百卅二	十日八二五○	損○七八八六○七五	三四八三七九二○○	疾一○一七四　遲一一七五二
百卅三	十日九○七○	損○八○一○五二五	三四○四九三一二五	疾一○一六二　遲一一七六四
百卅四	十日九八九○	損○八一三三○二五	三三二四八二六○○	疾一○一五○　遲一一七七六
百卅五	十一日○七一○	損○八二五三五七五	三二四三四九五七五	疾一○一三八　遲一一七八八
百卅六	十一日一五三○	損○八三七二一七五	三一六○九六○○○	疾一○一二六　遲一一八○○

百卅七	十一日二三五○	損○八四八八八二五	三○七七二三八二五	疾一○一一四　遲一一八一二
百卅八	十一日三一七一	損○八六○三五二五	二九九二三五○○○	疾一○一○三　遲一一八二三
百卅九	十一日三九九一	損○八七一六二七五	二九○六七一四三五	疾一○○九一　遲一一八三五
百四十	十一日四八一一	損○八八二七○七五	二八一九○五二一五	疾一○○八○　遲一一八四六
百四十一	十一日五六三一	損○八九三五九二五	二七三○八八一○○	疾一○○六九　遲一一八五六
百四十二	十一日六四五一	損○九○四二八二五	二六四一五五二二二	疾一○○五九　遲一一八六七
百四十三	十一日七二七一	損○九一四七七七五	二五五一○九三○○	疾一○○四八　遲一一八七八
百四十四	十一日八○九一	損○九二五○七七五	二四五九六五六七一	疾一○○三八　遲一一八八八
百四十五	十一日八九一一	損○九三五一八二五	二三六七一○八二九	疾一○○二八　遲一一八九八
百四十六	十一日九七三一	損○九四五○九二五	二二七三○○○五○	疾一○○一八　遲一一九○八
百四十七	十二日○五五一	損○九五四八○七五	二一七九○八○七五	疾一○○○八　遲一一九一八

限數	日率	損益分	遲疾積度	行度
限	日千百十分	十分	度十分	度十分十秒
百四八	十二日一三七一	損〇九六四三二七五	二〇八三六〇〇〇〇	疾〇九九九九 遲一一九二七
百四九	十二日二一九一	損〇九七三六五二五	一九八七一六七二五	疾〇九九八九 遲一一九三七
百五十	十二日三〇一二	損〇九八二七八二五	一八八九八〇二〇〇	疾〇九九八〇 遲一一九四六
百五一	十二日三八三二	損〇九九一七一七五	一七九一五二三七五	疾〇九九七一 遲一一九五五
百五二	十二日四六五二	損十〇〇〇四五七五	一六九二三五二〇〇	疾〇九九六二 遲一一九六三
百五三	十二日五四七二	損十〇〇九〇〇二五	一五九二三〇六二五	疾〇九九五四 遲一一九七二
百五四	十二日六二九二	損十〇一七三五二五	一四九一四〇六〇〇	疾〇九九四六 遲一一九八〇
百五五	十二日七一一二	損十〇二五五〇七五	一三八九六七〇七五	疾〇九九三七 遲一一九八八
百五六	十二日七九三二	損十〇三三四六七五	一二八七一二〇〇〇	疾〇九九二九 遲一一九九六

百五七	十二日八七五二	損十○四一二三二五	一一八三七七三二五	疾○九九二二　遲一二○○四
百五八	十二日九五七二	損十○四八八○二五	一○七九六五○○○	疾○九九一四　遲一二○一二
百五九	十三日○三九二	損十○五六一七七五	○九七四七六九七五	疾○九九○七　遲一二○一九
百六十	十三日一二一二	損十○六三三五七五	○八六九一五二○○	疾○九九○○　遲一二○二六
百六一	十三日二○三二	損十○七○三四二五	○七六二八一六二五	疾○九八九三　遲一二○三三
百六二	十三日二八五三	損十○七七一三二五	○六五五七八二○○	疾○九八八六　遲一二○四○
百六三	十三日三六七三	損十○八三七二七五	○五四八○六八七五	疾○九八七九　遲一二○四七
百六四	十三日四四九三	損十○九○一二七五	○四三九六九六○○	疾○九八七三　遲一二○五三
百六五	十三日五三一三	損十○九六三三二五	○三三○六八三二五	疾○九八六七　遲一二○五九
百六六	十三日六一三三	損十一○二三四二五	○二二一○五○○○	疾○九八六一　遲一二○六五
百六七	十三日六九五三	損十一○八一五七五	○一一○八一五七五	疾○九八五五　遲一二○七一

百六十八三日七七七三

布立成法

依歷經垜疊招差。各以平差立差。求到各限遲疾度。次以相挨兩限遲疾度相減。餘爲各限損益分。次以各限損益分加減每限月平行度。得爲各限遲疾行度也。數止秒。秒以下不用。其加減。法在疾歷益加損減。遲歷反之。

求每限月平行度法

置小轉中十三日七七七三。以每日月平行度十三度三六八七五乘之。得一百八十四度一八五二七九三七五。爲實以一百六十八限除之得一度〇九六三四〇九四是爲每限月平行度也。

歷經遲疾歷三差法

立差　三百二十五

平差　二萬八千一百

定差　一千一百一十一萬

凡推遲疾在八十四限以下者爲初限。以上者去減一百六十八限。餘爲末限。置立差。以初末限乘之。得數。用加平差。再以初末限乘之。以減定差。餘數再以初末限乘之。得數滿億爲度。即得各限遲疾積度。凡初限是從初順數至後。末限是從末盡日逆溯至前。故其數並同也。

月與日立法同。但太陽以定氣立限。故盈縮異數。太陰以平行立限。故遲疾同原。

日出入晨昏半晝分立成

冬至後半歲周

積日 百十日	晨分 千百	晨分 十分	晨分 十秒	日出分 千百	日出分 十分	日出分 十秒	半晝分 千百	半晝分 十分	半晝分 十秒	日入分 千百	日入分 十分	日入分 十秒	昏分 千百	昏分 十分	昏分 十秒
初	二六	八一	七○	二九	三一	七○	二○	六八	三○	七○	六八	三○	七三	一八	三○
一	二六	八一	六二	二九	三一	六二	二○	六八	三八	七○	六八	三八	七三	一八	三八
二		八一	三九		三一	三九		六八	六一		六八	六一		一八	六一
三		八一	○一		三一	○一		六八	九九		六八	九九		一八	九九
四		八○	四八		三○	四八		六九	五二		六九	五二		一九	五二
五		七九	七九		二九	七九		七○	二一		七○	二一		二○	二一
六		七八	九六		二八	九六		七一	○四		七一	○四		二一	○四

	七	八	九	一〇	一一	一二	一三	一四	一五	一六	一七
二六	七七 九七	七六 八三	七五 五五	七四 一一	七二 五二	七〇 七八	六八 八九	六六 八五	六四 六六	六二 三二	五九 八三
二九	二七 九七	二六 八三	二五 五五	二四 一一	二二 五二	二〇 七八	一八 八九	一六 八五	一四 六六	一二 三二	〇九 八三
二〇	七二 〇三	七三 一七	七四 四五	七五 八九	七七 四八	七九 二二	八一 一一	八三 一五	八五 三四	八七 六八	九〇 一七
七〇	七二 〇三	七三 一七	七四 四五	七五 八九	七七 四八	七九 二二	八一 一一	八三 一五	八五 三四	八七 六八	九〇 一七
七三	二二 〇三	二三 一七	二四 四五	二五 八九	二七 四八	二九 二二	三一 一一	三三 一五	三五 三四	三七 六八	四〇 一七

積日 百十日	晨分 千百　十分　十秒	日出分 千百　十分　十秒	半晝分 千百　十分　十秒	日入分 千百　十分　十秒	昏分 千百　十分　十秒
一八	五七　一九	〇七　一九	九二　八一	九二　八一	四二　八一
一九	五四　四一	〇四　四一	九五　五九	九五　五九	四五　五九
二〇	五一　四七	二九　〇一　四七	二〇　九八　五三	七〇　九八　五三	四八　五三
二一	四八　三九	二八　九八　三九	二一　〇一　六一	七一　〇一　六一	五〇　六一
二二	四五　一七	九五　一七	〇四　八三	〇四　八三	五四　八三
二三	四一　八一	九一　八一	〇八　一九	〇八　一九	五八　一九
二四	三八　二九	八八　二九	一一　七一	一一　七一	六一　七一
二五	三四　六四	八四　六四	一五　三六	一五　三六	六五　三六
二六	三〇　八五	八〇　八五	一九　一五	一九　一五	六九　一五

二七	二八	二九	三○	三一	三二	三三	三四	三五	三六	三七
二六 九二 二六	八二 四二	六一 六八	三一 三四	八○ 八九	三○ 一五	二六 六○ 一○	二五 七九 九五	八九 五○	八八 ○五	六八 五○
二八 九七 二六	八七 四二	六六 六八	三六 三四	八五 八九	三五 一五	六五 一○	七四 九五	八四 五○	八三 ○五	六三 五○
二一 ○二 八三	一二 六七	三三 四一	六三 七五	一四 二○	六四 九四	三四 九九	二五 一四	一五 五九	二六 ○四	三六 五九
七一 ○二 八三	一二 六七	三三 四一	六三 七五	一四 二○	六四 九四	三四 九九	二五 一四	一五 五九	二六 ○四	三六 五九
七三 ○七 八三	一七 六七	三八 四一	六八 七五	一九 二○	六九 九四	七三 三九 九九	七四 二○ 一四	一○ 五九	二一 ○四	三一 五九

積日	晨分	日出分	半晝分	日入分	昏分
百十日	千百十分十秒	千百十分十秒	千百十分十秒	千百十分十秒	千百十分十秒
三八	七五三九	二五三九	七四六一	七四六一	二四六一
三九	七〇〇二	二〇〇二	七九九八	七九九八	二九九八
四〇	六四五六	一四五六	八五四四	八五四四	三五四四
四一	五九〇〇	〇九〇〇	九一〇〇	九一〇〇	四一〇〇
四二	五三三六	二八〇三三六	二一九六六四	七一九六六四	四六六四
四三	四七六三	二七九七六三	二二〇二三七	七二〇二二七	五二三七
四四	四一八一	九一八一	〇八一九	〇八一九	五八一九
四五	三五九二	八五九二	一四〇八	一四〇八	六四〇八
四六	二九九六	七九九六	二〇〇四	二〇〇四	七〇〇四

四七	四八	四九	五〇	五一	五二	五三	五四	五五	五六	五七
二五			二五	二四						
二三 九二	一七 八二	一一 六七	〇五 四四	九九 一八	九二 八六	八六 五〇	八〇 一〇	七三 六六	六七 一八	六〇 六七
二七										
七三 九二	六七 八二	六一 六七	五五 四四	四九 一八	四二 八六	三六 五〇	三〇 一〇	二三 六六	一七 一八	一〇 六七
二二										
二六 〇八	三二 一八	三八 三三	四四 五六	五〇 八二	五七 一四	六三 五〇	六九 九〇	七六 三四	八二 八二	八九 三三
七二										
二六 〇八	三二 一八	三八 三三	四四 五六	五〇 八二	五七 一四	六三 五〇	六九 九〇	七六 三四	八二 八二	八九 三三
七四			七四	七五						
七六 〇八	八二 一八	八八 三三	九四 五六	〇〇 八二	〇七 一四	一三 五〇	一九 九〇	二六 三四	三二 八二	三九 三三

積日（百十日）	晨分（千百十分十秒）	日出分（千百十分十秒）	半晝分（千百十分十秒）	日入分（千百十分十秒）	昏分（千百十分十秒）
五八	五四一四	二七〇四一四	二二九五八六	七二九五八六	四五八六
五九	四七五九	二六九七五九	二三〇二四一	七三〇二四一	五二四一
六〇	四一〇二	九一〇二	〇八九八	〇八九八	五八九八
六一	三四四二	八四四二	一五五八	一五五八	六五五八
六二	二七八一	七七八一	二二一九	二二一九	七二一九
六三	二一一九	七一一九	二八八一	二八八一	七八八一
六四	一四五六	六四五六	三五四四	三五四四	八五四四
六五	〇七九三	五七九三	四二〇七	四二〇七	九二〇七
六六	二四〇一二八	五一二八	四八七二	四八七二	七五九八七二

七七 七六	七五 七四 七三	七二 七一 七〇	六九 六八 六七
			二三
二二八三	四四一四七五	三六〇六六七	三八九八六九
三八五四	七一〇八四四	八一三八八四	三一八七三四
	二五 二六		二六
二七八八	四九一九七〇	三一〇一六二	三三九三六四
三八五四	七一〇八四四	八一三八八四	三一八七三四
	二四 二三		二三
七二一一	五〇九〇二九	六八九八三七	六六〇六三五
七一五五	三八〇一六五	二八七一二五	七八二二七五
	七四 七三		七三
七二一一	五〇九〇二九	六八九八三七	六六〇六三五
七一五五	三八〇一六五	二八七一二五	七八二二七五
			七六
七七一六	五五九五二四	六三九三三二	六一〇一三〇
七一五五	三八〇一六五	二八七一二五	七八二二七五

積日（百十日）	晨分（千百十分十秒）	日出分（千百十分十秒）	半晝分（千百十分十秒）	日入分（千百十分十秒）	昏分（千百十分十秒）
七八	二一六二	七一六二	二八三八	二八三八	七八二八
七九	一五○三	六五○三	三四九七	三四九七	八四九七
八○	○八四三	五八四三	四一五七	四一五七	九一五七
八一	○一八四	五一八四	四八一六	四八一六	九八一六
八二	二二九五二六	四五二六	五四七四	五四七四	七七○四七四
八三	二三八八六九	三八六九	六一三一	六一三一	七六一一三一
八四	八二一三	三二一三	六七八七	六七八七	一七八七
八五	七五五八	二五五八	七四四二	七四四二	二四四二
八六	六九○四	一九○四	八○九六	八○九六	三○九六

八七	八八	八九	九〇	九一	九二	九三	九四	九五	九六	九七
二三 六二四九	五五九六	四九三九	四二八六	三六三四	二九八二	二三三一	一六八〇	一〇二九	二二 〇三七八	二一 九七二六
二五 一二四九	〇五九六	二四 九九三九	九二八六	八六三四	七九八二	七三三一	六六八〇	六〇二九	五三七八	四七二六
二四 八七五一	九四〇四	二五 〇〇六一	〇七一四	一三六六	二〇一八	二六六九	三三二〇	三九七一	四六二二	五二七四
七四 八七五一	九四〇四	七五 〇〇六一	〇七一四	一三六六	二〇一八	二六六九	三三二〇	三九七一	四六二二	五二七四
七七 三七五一	四四〇四	五〇六一	五七一四	六三六六	七〇一八	七六六九	八三二〇	八九七一	七七 九六二二	七八 〇二七四

積日	晨分	日出分	日出分	半晝分	半晝分	日入分	日入分	昏分
百十日	千百十分 / 十秒	千百	十分 / 十秒	千百	十分 / 十秒	千百	十分 / 十秒	千百十分 / 十秒
九八	九〇 / 七五		四〇 / 七五		五九 / 二五		五九 / 二五	〇九 / 二五
九九	八四 / 二三		三四 / 二三		六五 / 七七		六五 / 七七	一五 / 七七
一〇〇	七七 / 七三		二七 / 七三		七二 / 二七		七二 / 二七	二二 / 二七
一〇一	七一 / 二二		二一 / 二二		七八 / 七八		七八 / 七八	二八 / 七八
一〇二	六四 / 七一		一四 / 七一		八五 / 二九		八五 / 二九	三五 / 二九
一〇三	五八 / 二〇		〇八 / 二〇		九一 / 八〇		九一 / 八〇	四一 / 八〇
一〇四	五一 / 六九	二四	〇一 / 六九	二五	九八 / 三一	七五	九八 / 三一	四八 / 三一
一〇五	四五 / 一八	二三	九五 / 一八	二六	〇四 / 八二	七六	〇四 / 八二	五四 / 八二
一〇六	三八 / 六七		八八 / 六七		一一 / 三三		一一 / 三三	六一 / 三三

一〇七	一〇八	一〇九	一一〇	一一一	一一二	一一三	一一四	一一五	一一六	一一七
二二 三二一七	二五六八	一尤一九	一二七一	二一 〇六二三	二〇 九九七六	九三二九	八六八七	八〇四四	七四〇三	六七六三
二三 八二一七	七五六八	六九一九	六二七一	五六二三	四九七六	四三二九	三六八七	三〇四四	二四〇三	一七六三
二六 一七八三	二四三二	三〇八一	三七二九	四三七七	五〇二四	五六七一	六三一三	六三五九	七五九七	八二三七
七六 一七八三	二四三二	三〇八一	三七二九	四三七七	五〇二四	五六七一	六三一三	六三五九	七五九七	八二三七
七八 六七八三	七四三二	八〇八一	八七二九	七八 九三七七	七九 〇〇二四	〇六七一	一三一三	一三五九	二五九七	三二三七

積日 百十日	晨分 千百十分 十秒	日出分 千百十分 十秒	半晝分 千百十分 十秒	日入分 千百十分 十秒	昏分 千百十分 十秒
一一八	六一 二六	一一 二六	八八 七四	八八 七四	三八 七四
一一九	五四 九一	二三○四 九一	二六九五 ○九	七六九五 ○九	四五 ○九
一二○	四八 五九	二二九八 五九	二七○一 四一	七七○一 四一	五一 四一
一二一	四二 二九	九二 二九	○七 七一	○七 七一	五七 七一
一二二	三六 ○二	八六 ○二	一三 九八	一三 九八	六三 九八
一二三	二九 七九	七九 七九	二○ 二一	二○ 二一	七○ 二一
一二四	二三 五九	七三 五九	二六 四一	二六 四一	七六 四一
一二五	一七 四四	六七 四四	三二 五六	三二 五六	八二 五六
一二六	一一 三二	六一 三二	三八 六八	三八 六八	八八 六八

二二七	二二八	二二九	二三〇	二三一	二三二	二三三	二三四	二三五	二三六	二三七
二〇 二〇 五五	一九 二九 三九	二九 六三	三八 四七	四八 九一	六七 九五	九六 六九	三六 〇四	七五 一八	一五 九三	七四 五七
二二 二五 五五	二四 三九	二四 六三	三三 四七	四三 九一	六二 九五	九一 六九	三一 〇四	七〇 一八	二二 一〇 九三	二一 七九 五七
二七 七四 五四	七五 七〇	七五 四六	六六 六二	五六 一八	三七 一四	〇八 四〇	七八 〇五	二九 九一	二七 八九 一六	二八 二〇 五二
七七 七四 五四	七五 七〇	七五 四六	六六 六二	五六 一八	三七 一四	〇八 四〇	七八 〇五	二九 九一	七七 八九 一六	七八 二〇 五二
七九 七九 五四	八〇 七〇 七〇	七〇 四六	六一 六二	五一 一八	三二 一四	〇三 四〇	七三 〇五	二四 九一	八四 一六	二五 五二

積日	晨分	日出分	半晝分	日入分	昏分
百十日	千百十分 十秒	千百十分 十秒	千百十分 十秒	千百十分 十秒	千百十分 十秒
一三八	四二 三九	九二 三九	○七 六一	○七 六一	五七 六一
一三九	三七 一三	八七 一三	一二 八七	一二 八七	六二 八七
一四○	三一 九四	八一 九四	一八 ○六	一八 ○六	六八 ○六
一四一	二六 八五	七六 八五	二三 一五	二三 一五	七三 一五
一四二	二一 八六	七一 八六	二八 一四	二八 一四	七八 一四
一四三	一六 九六	六六 九六	三三 ○四	三三 ○四	八三 ○四
一四四	一二 一六	六二 一六	三七 八四	三七 八四	八七 八四
一四五	○七 四六	五七 四六	四二 五四	四二 五四	九二 五四
一四六	一九○二 八八	五二 八八	四七 一二	四七 一二	八○九七 一二

一四七	一四八	一四九	一五〇	一五一	一五二	一五三	一五四	一五五	一五六	一五七
一八 三九 九八	〇九 二四	七八 六九	六八 一五	五八 七一	六七 七七	八七 六三	一七 七〇	六六 二六	一六 八三	八五 七九
二一 三四 九八	〇四 二四	七三 六九	六三 一五	五三 七一	六二 七七	八二 六三	一二 七〇	六一 二六	一一 八三	八〇 七九
二八 六五 一一	九五 八五	二六 四〇	三六 九四	四六 三八	三七 三二	一七 四六	八七 三九	三八 八三	八八 二六	一九 三〇
七八 六五 一一	九五 八五	二六 四〇	三六 九四	四六 三八	三七 三二	一七 四六	八七 三九	三八 八三	八八 二六	一九 三〇
八一 六〇 一一	九〇 八五	二一 四〇	三一 九四	四一 三八	三二 三二	一二 四六	八二 三九	三三 八三	八三 二六	一四 三〇

積日 百十分	晨分 千百	晨分 十分	晨分 十秒	日出分 千百	日出分 十分	日出分 十秒	半晝分 千百	半晝分 十分	半晝分 十秒	日入分 千百	日入分 十分	日入分 十秒	昏分 千百	昏分 十分	昏分 十秒
一五八		五六	六九		〇六	六九		九三	三一		九三	三一		四三	三一
一五九		五三	六三		〇三	六三		九六	三七		九六	三七		四六	三七
一六〇		五〇	六九	二一	〇〇	六九	二八	九九	三一	七八	九九	三一		四九	三一
一六一		四七	八八	二〇	九七	八八	二九	〇二	一二	七九	〇二	一二		五二	一二
一六二		四五	二〇		九五	二〇		〇四	八〇		〇四	八〇		五四	八〇
一六三		四二	六四		九二	六四		〇七	三六		〇七	三六		五七	三六
一六四		四〇	二一		九〇	二一		〇九	七九		〇九	七九		五九	七九
一六五		三七	九一		八七	九一		一二	〇九		一二	〇九		六二	〇九
一六六		三五	七四		八五	七四		一四	二六		一四	二六		六四	二六

	一六七	一六八	一六九	一七〇	一七一	一七二	一七三	一七四	一七五	一七六	一七七
一八	三三七〇	三一七八	二九九九	二八三三	二六八一	二五四一	二四一四	二二九九	二一九七	二一〇七	二〇三一
二〇	八三七〇	八一七八	七九九九	七八三三	七六八一	七五四一	七四一四	七二九九	七一九七	七一〇七	七〇三一
二九	一六三〇	一八二二	二〇〇一	二一六七	二三一九	二四五九	二五八六	二七〇一	二八〇三	二八九三	二九六九
七九	一六三〇	一八二二	二〇〇一	二一六七	二三一九	二四五九	二五八六	二七〇一	二八〇三	二八九三	二九六九
八一	六六三〇	六八二二	七〇〇一	七一六七	七三一九	七四五九	七五八六	七七〇一	七八〇三	七八九三	七九六九

積日	晨分	日出分	半晝分	日入分	昏分
百十日	千百十分十秒	千百十分十秒	千百十分十秒	千百十分十秒	千百十分十秒
一七八	一九六六	六九六六	三〇三四	三〇三四	八〇三四
一七九	一九一四	六九一四	三〇八六	三〇八六	八〇八六
一八〇	一八七五	六八七五	三一二五	三一二五	八一二五
一八一	一八四九	六八四九	三一五一	三一五一	八一五一
一八二	一八三四	六八三四	三一六六	三一六六	八一六六

夏至後半歲周

積日	晨分	日出分	半晝分	日入分	昏分
百十日	千百十分 十秒	千百十分 十秒	千百十分 十秒	千百十分 十秒	千百十分 十秒
初	一八一八 三○	二○六八 三○	二九三一 七○	七九三一 七○	八一八一 七○
一	一八 六三	六八 六三	三一 六四	三一 六四	八一 六四
二	一八 五六	六八 五六	三一 四四	三一 四四	八一 四四
三	一八 八七	六八 八七	三一 一三	三一 一三	八一 一三
四	一九 三○	六九 三○	三○ 七○	三○ 七○	八○ 七○
五	一九 八七	六九 八七	三○ 一三	三○ 一三	八○ 一三
六	二○ 五六	七○ 五六	二九 四四	二九 四四	七九 四四
七	二一 三七	七一 三七	二八 六三	二八 六三	七八 六三

積日	晨分	日出分	半晝分	日入分	昏分
百十日	千百十分 十秒	千百十分 十秒	千百十分 十秒	千百十分 十秒	千百十分 十秒
八	二二 三一	七二 三一	二七 六九	二七 六九	七七 六九
九	二三 三八	七三 三八	二六 六二	二六 六二	七六 六二
一〇	二四 五八	七四 五八	二五 四二	二五 四二	七五 四二
一一	二五 九〇	七五 九〇	二四 一〇	二四 一〇	七四 一〇
一二	二七 三四	七七 三四	二二 六六	二二 六六	七二 六六
一三	二八 九二	七八 九二	二一 〇八	二一 〇八	七一 〇八
一四	三〇 六二	八〇 六二	一九 三八	一九 三八	六九 三八
一五	三二 四六	八二 四六	一七 五四	一七 五四	六七 五四
一六	三四 四一	八四 四一	一五 五九	一五 五九	六五 五九

二二二 七六五	二二二 四三二	二二一 一〇九	一一 八七
九六〇六七五 三四三一九七	六五七五八四 九四一一五八	一 八 一四五四〇四 二六三三六一	七三五三 一八〇六
九一〇一七〇 三四三一九七	二二 一〇 六〇七〇八九 九四一一五八	二 〇 一九五九〇九 二六三三六一	七八五八 一八〇六
六八九八二九 一五七八一二	二二 八九 三九二九一〇 一五九八五一	二 九 八〇四〇九〇 八三七六四八	二一五一 九一〇三
六八九八二九 一五七八一二	七七 八九 三九二九一〇 一五九八五一	七 九 八〇四〇九〇 八三七六四八	二一五一 九一〇三
六三九三二四 一五七八一二	三四二四一五 一五九八五一	八 一 八五四五九五 八三七六四八	二六五六 九一〇三

積日	晨分	日出分	半晝分	日入分	昏分
百十日	千百十分 十秒	千百十分 十秒	千百十分 十秒	千百十分 十秒	千百十分 十秒
二八	六七 八七	一七 八七	八二 一三	八二 一三	三二 一三
二九	七一 四七	二一 四七	七八 五三	七八 五三	二八 五三
三〇	七五 二一	二五 二一	七四 七九	七四 七九	二四 七九
三一	七九 ○五	二九 ○五	七○ 九五	七○ 九五	二○ 九五
三二	八三 ○一	三三 ○一	六六 九九	六六 九九	一六 九九
三三	八七 ○八	三七 ○八	六二 九二	六二 九二	一二 九二
三四	九一 二八	四一 二八	五八 七二	五八 七二	○八 七二
三五	一八九五 五八	四五 五八	五四 四二	五四 四二	○四 四二
三六	一九○○ ○○	五○ ○○	五○ ○○	五○ ○○	八一○○ ○○

三七	三八	三九	四〇	四一	四二	四三	四四	四五	四六	四七
〇四五二	〇九一五	一九 一三八九	一八七三	二三六六	二八六九	三三八一	三九〇三	四四三三	四九七一	五五一九
五四五二	五九一五	二一 六三八九	六八七三	七三六六	七八六九	八三八一	八九〇三	九四三三	二一 九九七一	二二 〇五一九
四五四八	四〇八五	二八 三六一一	三一二七	二六三四	二一三一	一六一八	一〇九七	〇五六七	二八 〇〇二九	二七 九四八一
四五四八	四〇八五	七八 三六一一	三一二七	二六三四	二一三一	一六一八	一〇九七	〇五六七	七八 〇〇二九	七七 九四八一
八〇 九五四八	九〇八五	八〇 八六一一	八一二七	七六三四	七一三一	六六一八	六〇九七	五五六七	五〇二九	四四八一

積日（百十日）	晨分（千百十分十秒）	日出分（千百十分十秒）	半晝分（千百十分十秒）	日入分（千百十分十秒）	昏分（千百十分十秒）
四八	六〇七三	一〇七三	八九二七	八九二七	三九二七
四九	六六三五	一六三五	八三六五	八三六五	三三六五
五〇	七二〇三	二二〇三	七七九七	七七九七	二七九七
五一	七七七九	二七七九	七二二一	七二二一	二二二一
五二	八三六一	三三六一	六六三九	六六三九	一六三九
五三	八九四九	三九四九	六〇五一	六〇五一	一〇五一
五四	一九九五四三	四五四三	五四五七	五四五七	八〇〇四五七
五五	二〇〇一四二	五一四二	四八五八	四八五八	七九九八五八
五六	〇七四七	五七四七	四二五三	四二五三	九二五三

五七	五八	五九	六〇	六一	六二	六三	六四	六五	六六	六七
一三 五五	一九 六九	二〇二五 八六	三二 〇七	三八 三三	四四 六一	五〇 九一	五七 二四	六三 六一	六九 九九	七六 四〇
六三 五五	六九 六九	二二七五 八六	八二 〇七	八八 三三	二二九四 六一	二三〇〇 九一	〇七 二四	一三 六一	一九 九九	二六 四〇
三六 四五	三〇 三一	二七二四 一四	一七 九三	一一 六七	二七〇五 三九	二六九九 〇九	九二 七六	八六 三九	八〇 〇一	七三 六〇
三六 四五	三〇 三一	七七二四 一四	一七 九三	一一 六七	七七〇五 三九	七六九九 〇九	九二 七六	八六 三九	八〇 〇一	七三 六〇
八六 四五	八〇 三一	七九七四 一四	六七 九三	六一 六七	五五 三九	四九 〇九	四二 七六	三六 三九	三〇 〇一	二三 六〇

積日（百十日）	晨分（千百十分十秒）	日出分（千百十分十秒）	半晝分（千百十分十秒）	日入分（千百十分十秒）	昏分（千百十分十秒）
六八	八二八二	三二八二	六七一八	六七一八	六七一八
六九	八九二六	三九二六	六〇七四	六〇七四	一〇七四
七〇	二〇九五六九	四五六九	五四三一	五四三一	七九〇四三一
七一	二一〇二一六	五二一六	四七八四	四七八四	七八九七八四
七二	〇八六四	五八六四	四一三六	四一三六	九一三六
七三	一五一二	六五一二	三四八八	三四八八	八四八八
七四	二一六一	七一六一	二八三九	二八三九	七八三九
七五	二八一〇	七八一〇	二一九〇	二一九〇	七一九〇
七六	三四六〇	八四六〇	一五四〇	一五四〇	六五四〇

七七		七八		七九		八〇		八一		八二		八三		八四		八五		八六		八七	
				二一														二一		二二	
四	一	四	六	五	一	六	六	六	一	七	六	八	一	八	六	九	二	九	七	〇	二
一	〇	七	一	四	二	〇	四	七	五	三	六	〇	八	六	八	〇	〇	九	二	六	四
		二三		二四																	
九	一	九	六	〇	一	一	六	一	一	二	六	三	一	三	六	四	二	四	七	五	二
一	〇	七	一	四	二	〇	四	七	五	三	六	〇	八	六	八	〇	〇	九	二	六	四
		二六		二五																	
〇	九	〇	三	九	八	八	三	八	八	七	三	六	八	六	三	五	八	五	二	四	七
八	〇	二	九	五	八	九	六	二	五	六	四	九	二	三	二	九	〇	〇	八	三	六
		七六		七五																	
〇	九	〇	三	九	八	八	三	八	八	七	三	六	八	六	三	五	八	五	二	四	七
八	〇	二	九	五	八	九	六	二	五	六	四	九	二	三	二	九	〇	〇	八	三	六
				七八														七八		七七	
五	九	五	三	四	八	三	三	三	八	二	三	一	八	一	三	〇	八	〇	二	九	七
八	〇	二	九	五	八	九	六	二	五	六	四	九	二	三	二	九	〇	〇	八	三	六

積日 百十日	晨分 千百十分十秒	日出分 千百十分十秒	半晝分 千百十分十秒	日入分 千百十分十秒	昏分 千百十分十秒
八八	一二七五	六二七五	三七二五	三七二五	八七二五
八九	一九二六	六九二六	三○七四	三○七四	八○七四
九○	二五七八	七五七八	二四二二	二四二二	七四二二
九一	三二二九	八二二九	一七七一	一七七一	六七七一
九二	三八八一	八八八一	一一一九	一一一九	六一一九
九三	四五三四	二四九五三四	二五○四六六	七五○四六六	五四六六
九四	五一九一	二五○一九一	二四九八○九	七四九八○九	四八○九
九五	五八四五	○八四五	九一五五	九一五五	四一五五
九六	六四九九	一四九九	八五○一	八五○一	三五○一

九七	九八	九九	一〇〇	一〇一	一〇二	一〇三	一〇四	一〇五	一〇六	一〇七
七一 五三	七八 〇八	二二 八四 六四	九一 二一	二二 九七 七八	二三 〇四 三七	一〇 九七	一七 五六	二四 一六	三〇 七八	三七 四〇
二一 五三	二八 〇八	二五 三四 六四	四一 二一	四七 七八	五四 三七	六〇 九七	六七 五六	七四 一六	八〇 七八	八七 四〇
七八 四七	七一 九二	二四 六五 三六	五八 七九	五二 二二	四五 六三	三九 〇三	三二 四四	二五 八四	一九 二二	一二 六〇
七八 四七	七一 九二	七四 六五 三六	五八 七九	五二 二二	四五 六三	三九 〇三	三二 四四	二五 八四	一九 二二	一二 六〇
二八 四七	二一 九二	七七 一五 三六	〇八 七九	七七 〇二 二二	七六 九五 六三	八九 〇三	八二 四四	七五 八四	六九 二二	六二 六〇

積日 百十日	晨分 千百十分十秒	日出分 千百十分十秒	半晝分 千百十分十秒	日入分 千百十分十秒	昏分 千百十分
一○八	四四○三	二五九四○三	二四○五九七	七四○五九七	五[illegible]九七
一○九	五○六七	二六○○六七	二三九九三三	七三九九三三	四九三三
一一○	五七三一	○七三一	九二六九	九二六九	四二六九
一一一	六三九五	一三九五	八六○五	八六○五	三六○五
一一二	七○六○	二○六○	七九四○	七九四○	二九四○
一一三	七七二六	二七二六	七二七四	七二七四	二二七四
一一四	八三九一	三三九一	六六○九	六六○九	一六○九
一一五	九○五六	四○五六	五九四四	五九四四	○九四四
一一六	二三九七二二	四七二二	五二七八	五二七八	七六○二七八

一一七	一一八	一一九	一二〇	一二一	一二二	一二三	一二四	一二五	一二六	一二七
二四 八○ 七三	五一 一○	二四 一一 五七	七二 八三	四三 ○○	○三 ○七	六四 ○三	一五 六○	七五 ○六	二六 三三	七六 三九
八五 七三	五六 一○	二六 一六 五七	七七 八三	四八 ○○	○八 ○七	二六 六九 ○三	二七 一○ 六○	七○ ○六	二一 三三	七一 三九
一四 三六	四三 九九	二三 八三 五二	二二 二六	六一 ○九	○一 ○三	二三 四○ ○六	二二 八九 四九	三九 ○三	七八 七六	二八 七○
一四 三六	四三 九九	七三 八三 五二	二二 二六	六一 ○九	○一 ○三	七三 四○ ○六	七二 八九 四九	三九 ○三	七八 七六	二八 七○
七五 一九 三六	四八 九九	七五 八八 五二	二七 二六	六六 ○九	○六 ○三	四五 ○六	八四 四九	三四 ○三	七三 七六	二三 七○

積日	百十日	一二八	一二九	一三○	一三一	一三二	一三三	一三四	一三五	一三六
晨分	千百十分十秒	七六一九	八二六二	八九○○	二四九五三五	二五○一六五	○七九一	一四一○	二○二四	二六三二
日出分	千百十分十秒	二六一九	三二六二	三九○○	四五三五	五一六五	五七九一	六四一○	七○二四	七六三二
半晝分	千百十分十秒	七三八一	六七三八	六一○○	五四六五	四八三五	四二○九	三五九○	二九七六	二三六八
日入分	千百十分十秒	七三八一	六七三八	六一○○	五四六五	四八三五	四二○九	三五九○	二九七六	二三六八
昏分	千百十分十秒	二三八一	一七三八	一一○○	七五○四六五	七四九八三五	九二○九	八五九○	七九七六	七三六八

一三七	一三八	一三九	一四〇	一四一	一四二	一四三	一四四	一四五	一四六	一四七
三二 三三	三八 二六	二五 四四 二二	四九 九二	五五 六二	六一 二三	六六 七五	七二 一八	七七 五一	八二 七三	八七 八四
八二 二三	八八 二六	二七 九四 二二	二七 九九 九二	二八 ○五 六二	一一 二三	一六 七五	二二 一八	二七 五一	三二 七三	三七 八四
一七 六七	一一 七四	二三 ○五 八七	二三 ○○ ○八	二一 九四 三八	八八 七七	八三 二五	七七 八二	七二 四九	六七 二七	六二 一六
一七 六七	一一 七四	七二 ○五 八七	七二 ○○ ○八	七一 九四 三八	八八 七七	八三 二五	七七 八二	七二 四九	六七 二七	六二 一六
六七 六七	六一 七四	七四 五五 八七	五○ ○八	四四 三八	三八 七七	三三 二五	二七 八二	二二 四九	一七 二七	一二 一六

積日 百十日	晨分 千百	晨分 十分	晨分 十秒	日出分 千百	日出分 十分	日出分 十秒	半晝分 千百	半晝分 十分	半晝分 十秒	日入分 千百	日入分 十分	日入分 十秒	昏分 千百	昏分 十分	昏分 十秒
一四八		九二	八五		四二	八五		五七	一五		五七	一五		○七	一五
一四九	二五	九七	七四		四七	七四		五二	二六		五二	二六	七四	○二	二六
一五○	二六	○二	五二		五二	五二		四七	四八		四七	四八	七三	九七	四八
一五一		○七	一七		五七	一七		四二	八三		四二	八三		九二	八三
一五二		一一	六九		六一	六九		三八	三一		三八	三一		八八	三一
一五三		一六	○九		六六	○九		三三	九一		三三	九一		八三	九一
一五四		二○	三六		七○	三六		二九	六四		二九	六四		七九	六四
一五五		二四	五○		七四	五○		二五	五○		二五	五○		七五	五○
一五六		二八	五二		七八	五二		二一	四八		二一	四八		七一	四八

一五七	一五八	一五九	一六〇	一六一	一六二	一六三	一六四	一六五	一六六	一六七
三二 三九	三六 一二	二六 三九 七二	四三 一七	四六 四八	四九 六四	五二 六七	五五 五四	五八 二七	六〇 八五	六三 二八
八二 三九	八六 一二	二八 八九 七二	九三 一七	九六 四八	二八 九九 六四	二九 〇二 六七	〇五 五四	〇八 二七	一〇 八五	一三 二八
一七 六一	一三 八八	二一 一〇 二八	〇六 八三	〇三 五二	二一 〇〇 三六	二〇 九七 三三	九四 四六	九一 七三	八九 一五	八六 七二
一七 六一	一三 八八	七一 一〇 二八	〇六 八三	〇三 五二	七一 〇〇 三六	七〇 九七 三三	九四 四六	九一 七三	八九 一五	八六 七二
六七 六一	六三 八八	七三 六〇 二八	五六 八三	五三 五二	五〇 三六	四七 三三	四四 四六	四一 七三	三九 一五	三六 七二

積日 百十日	晨分 千百十分 十秒	日出分 千百十分 十秒	半晝分 千百十分 十秒	日入分 千百十分 十秒	昏分 千百十分 十秒
一六八	六五 五七	一五 五七	八四 四三	八四 四三	三四 四三
一六九	六七 六九	一七 六九	八二 三一	八二 三一	三二 三一
一七〇	六九 六八	一九 六八	八〇 三二	八〇 三二	三〇 三二
一七一	七一 五二	二一 五二	七八 四八	七八 四八	二八 四八
一七二	七三 一九	二三 一九	七六 八一	七六 八一	二六 八一
一七三	七四 七二	二四 七二	七五 二八	七五 二八	二五 二八
一七四	七六 一一	二六 一一	七三 八九	七三 八九	二三 八九
一七五	七七 三三	二七 三三	七二 六七	七二 六七	二二 六七
一七六	七八 四一	二八 四一	七一 五九	七一 五九	二一 五九

一七七	一七八	一七九	一八〇	一八一	一八二
七九 三二	八〇 一〇	二六 八〇 七一	八一 一八	八一 四九	八一 六六
二九 三二	三〇 一〇	二九 三〇 七一	三一 一八	三一 四九	三一 六六
七〇 六八	六九 九〇	二〇 六九 二九	六八 八二	六八 五一	六八 三四
七〇 六八	六九 九〇	七〇 六九 二九	六八 八二	六八 五一	六八 三四
二〇 六八	一九 九〇	七三 一九 二九	八 八二	一八 五一	一八 三四

考立成法

以半晝分轉減五千分。半日周。餘爲日出分。日出分減去二百五十分爲晨分。以晨分減日周一萬分餘爲昏分。昏分減去二百五十分爲日入分。

又捷法。晨分與昏分相並。成日周一萬。又日出分與日入分相並。亦成日周一萬。

終

歷算叢書輯要卷四十五

平立定三差詳說序

授時歷於日躔盈縮月離遲疾並云以算術垜積招差立算而今所傳九章諸書無此術也豈古有而今逸耶載考歷草並以盈縮日數離爲六段各以段日除其段之積度得數乃相減爲一差一差又相減爲二差二差則其數齊同乃緣此以生定差及平差立差定差者盈縮初日最大之差也於是以平差立差減之則爲每日之定差矣若其布立成法則直以立差六因之以爲每日平立合差之差此兩法者若不相蒙而其術巧會從未有能言其故者。余因李世德孝廉之疑而試爲思之其中原委亦自歷然爰命孫 瑴成 衍爲垜積之圖得書一卷

康熙四十三年歲次閼逢涒灘皋月梅文鼎勿菴識

曆算叢書輯要卷四十五

曆學駢枝五

平立定三差詳說

太陽行天有盈有縮立成以八十八日九十一刻就整爲限者。據盈曆言之此由測驗而得之也。葢自定氣冬至至定氣春分太陽行天一象限。依古法以九十一度三一奇爲象限。該歷九十一日三十一刻有奇。而今則不然每於冬至後八十八日九十一刻而太陽已到春分宿度故盈歷以此爲限也。

夫八十八日九十一刻而行天一象限。則於平行之外多行二度四十分奇也。是爲盈歷之大積差。若縮歷即其不及之數必行至九十三日奇而後滿一象限也。故縮歷之限多於盈歷日

數其積差極數亦與盈歷同

但此盈縮之差絶非平派或自多而漸少或由少而漸多何以能得其每日參差之數郭太史立爲平立定三差法以齊其不齊可得每日細差及積差其理則出於垜積招差之法也

定差者何曰所測盈縮初日最大之差也凡盈縮末日卽同平行其盈縮之最多必在初日今欲求逐日之差必先求初日最大之差以爲之準則故曰定差也

旣有此最大之差卽可以求逐日之差而逐日之差皆以漸而少法當用減故又有平差立差皆減法也

然何以謂之平差曰平者平方也其差之增有類平方故以名之也差何以能若平方曰初日以後其盈縮漸減以至於平以

常法論之數宜平派即用差分法足矣而合之測驗所得則又非平派也其近初日也所減甚少其近末日也所減驟多假如一日減平差一則二日宜減二而今則二日之平差增爲四又初日平差一二日平差四則三日宜爲七四日宜爲十而今則三日之平差增爲九四日增爲十六故非平方𠍾積之加法不足以列其衰序也

然則又何以爲立差曰立者立方也差何以又若立方曰以平差合之測驗猶爲未足故復設此以益之假如初日減平差一又帶減立差一至二日則平差四而所帶之立差非四也乃八也三限平差九而立差非九也乃二十七也蓋必如此而後與所測之盈縮相應

其分爲六段何也曰此求差之法也一二日間雖各有盈縮之差然差少則難辨積至半次其差始多而可見矣故各就其盈縮之日勻分之一年二十四定氣分四象限各有六氣故其分亦以六也

既勻分六段矣又以後段連前段何也曰此所謂招差也雖勻分六段其差積仍難細分故惟於初段用本數以其盈縮多而易見也如盈曆初段積盈七千分是最多而易見也若末段必帶前段以其盈縮少而難眞也如盈曆末段積差與第五段相減則其本段中只共盈七百四十九分數少難分故連前段論之借彼易見之差以顯難眞之數此立法之意也以太陽盈差爲例他倣此

然則各段平差不幾混乎曰無慮也凡前多後少之積差合總數而勻分之即得最中之率如第六段之平差即第四十四日

之盈加分（以八十八日九二折半得四十四日四六即最中之處其本段平差二百七十餘分與之相應下倣此）第五段之平差即第三十七日之盈加分第四段之平差即二十九日之盈加分第三段之平差即第二十二日之盈加分第二段之平差即第十四日八二之盈加分第一段之平差即第七日四一之盈加分其數各有歸着雖連前段原無牽混也

然則又何以有一差二差曰一差者差之較也二差者較之較也曷言乎差之較曰各段平差是盈縮於平行之數也其數初段多而末段少各段一差是相鄰兩限盈縮之較也其數初段少而末段反多然則二者若是其相反歟曰非相反也乃相成也蓋惟其盈縮於平行之數既以漸而減則其盈縮自相差之數必以漸而增其法於前限平差內減次限平差即知前限之

盈縮多於後限若干矣。而此一差之數原非平派。故初限次限之較最少。而次限三限之較漸多。三限四限之較又多。四限五限更多。至五限六限則多之極矣。其多之極者何也。盈縮之數近末限則驟減也。此一差之前少後多。正所以爲盈縮之前多後少也。

然則二差又何以有齊數。曰。不齊者物之情也。而不齊之中有所以不齊焉。得其所以不齊。斯可以齊其不齊矣。今各限之一差不齊。而前後兩一差相減。則仍有齊數爲二差。是其不齊者差之較。而其無不齊者較之較也。較之較既爲齊數。則較數之不齊。皆有倫而有脊矣。故遂可據之以求定差也。

泛平積即用第一段平差。何也。曰。今推定差初日之數也。前所推第一段平差。則第七日之數也。故總第一段言之。可曰平差。而自初日言之。但成泛積。泛者對定之辭。言必再有加減而後爲定率也。

	盈差率	盈差之較	較之較
初日	五百一十三分三三 即定差	三十七分〇七 即泛平積差	一分三八 即二差
七日 四一	四百七十六分二五 即平差	三十八分四五 即一差	一分三八
十四日 三二	四百三十七分八〇	三十九分八三	一分三八
二十二日 二三	三百九十七分九七	四十一分二一	一分三八
二十九日 一四	三百五十六分七六	四十二分五九	一分三八
三十七日 〇五	三百一十四分一七	四十三分九七	
四四日 四六	二百七十〇分二〇		

二差折半何也。曰以分平差立差之實也。蓋泛平積差既爲初日盈加分多於七日之較。則皆此七日中平差立差所積而成之者也。而平差之數大。立差之數小。泛平積之大數皆平差所成。而其中有六十九秒（即半二差）則立差所成。故分出此數以便各求其數也。

平差除一次。立差除兩次何也。曰此平立之分也。除一次者。段日本數爲法也。除兩次者。段日自乘爲法也。於是再以段日乘之。則本數者如平方之自乘。自乘者如立方之再乘矣。

平立合差何也。曰次限少於初限之差也。內有兩平差六立差之共數。故謂之合差。（如盈曆以二分四十六秒爲平差。三十一微爲立差。今倍平差得四分九十二秒。加入加分立差一秒八十六微。共得四分九十三秒八十六微。爲平立合差。是有兩平差六立差之數。蓋加分立差原是六個立差也。

定差內又減一平差。一立差。爲初日加分何也。曰此初日加分之積。少於定差之數也。既以定差爲初日加分矣而積又減此何也。曰。以定差爲初日加分者。乃初日最初之率也。積滿一日。則平差立差各有所減。而特其減甚微。故各祇一數如平方立方之起數以一也。是故此一平差一立差者。即初日平立合差也。

初日之平立合差。何獨少耶。曰准於平方立方之加法。正相應也。蓋平方羃積以自乘之積爲等。其數。一。四。九。十六。二十五。三十六。四九。六四。八一也。立方體積。以再乘之積爲等。其數。一。八。二十七。六十四。百二十五。二一六。三四三。五一二也。而平立合差之數亦如之。

是故初日之盈縮積，是於定差內減一平差一立差。如平方立方之根一者，積亦一也。

次日之盈縮積，是於二定差內減四平差八立差。如方根二者，平積必四，立積必八也。

三日之盈縮積，是於三定差內減九平差二十七立差。如方根三者，平積必九，立積二十七也。

四日之盈縮積，是於四定差內減十六平差六十四立差。如方根四者，平積必十六，立積必六十四也。

向後各限，並同此推。合而言之，卽皆逐日之平立合差也。然則以一平差一立差，較次日之四平差八立差，固爲小矣。而以四平差八立差，較三日之九平差二十七立差，不更小乎？何況以

三較四則爲九平差二十七立差與十六平差二十四立差其相差不更懸絶乎

問次日之平立合差只兩平差六立差而今又云四平差八立差三日以後之平立合差只遞增六立差（逐日遞增加分立差一秒八十六微是六個立差）而今所云者三日有平差九立差二十七其說之不同如此必有一誤矣曰差之積類於平方立方者是總計其所減之數而每加加分立差者是分論其逐日所減之數也欲明此理仍當求諸少廣（少廣者開方法也）

今夫平方以一四九十六二十五等爲序者其冪積也若分而言之以一三五七九爲序者其廉隅也（以相挨兩平冪相減即得廉隅如一與四相減得三四與九相減得五九與十六相減得七十六與二十五相減得九是也）廉隅即較也而遞增以

二數者較之較也一三五七九皆遞增以二

今夫立方以一八二七六四一二五為序者其體積也若分而言之以七十九三七六一為序者其廉隅也亦以相挨兩體積相減得之如一減八得七八減廿七得十九廿七減六十四得三十七六十四減一百二十五得六十一是也廉隅即較也而遞增以六者較之較也一增六得七七增二六得十九十九增三六得三十七三十七增四六得六十一

是故平立差之總積是初日以來所積之差也亦如平立方之冪積體積也平立差之加法是逐日遞增之較也亦如平立方之廉隅也

合初日以來之加分即盈縮積度與定差較則其差如平立方之冪積體積也平差之序一四九十六二十五立差之序一八二十七六四一二十五若以本日之加分與定差較則其差如平立方之廉隅也平差之序一三五七九立差之序七十

九。三十七。

六十一。

若以本日之平立合差與初日較。如平立方之廉積。平差之增二。四。六。八。立差之增。六。十八。三十六六七。若以相近兩日之平立合差自相較。如平立方之廉積相較。平差之遞增皆二。立差之遞增以六。而再增十二。為二六。再增十八為三六。再增二十四為四六也。

於定差內減平差立差各一。為初日加分。

又於初日加分內減去二平差六立差。是共減平差四。本日實減三。合初日所減之一。則四。立差八。本日實減七。合初日所減之一。則八。而為次日加分也。

又於次日平立合差內加入六立差。為平立合差。共二平差。十二立差。以減次日加分。是共減去平差九。本日實減平差五。合前兩日所減四。共九。立差二十七。本日實減立差十九。合前日所減之八。則二十七。而為三日加分也。

又於三日之平立合差內加六立差為平立合差。共二平差。十八立差。以減三日加分。是共減去平差十六。本日實減平差七。合前三日所減之九。則十六。立差六十四。本日實減立差三十七。合前三日所減之二十七。則六十四。而爲四日加分也。故曰合初日以來之加分與定差較。其差如平立方之幂積體積。而以本日之加分即本日實減數。與定差較。則如廉隅也。

若論布立成法。則不言定差。但以初日加分爲根。以平立合差減初日加分。爲次日加分。是於初日加分內減二平差六立差也。

又以六立差併入平立合差。以減次日加分。爲三日加分。是于次日加分內又減二平差十二立差。於初日加分內則爲減四平差十八立差也。

又如上法再增六立差。以減三日加分。爲四日加分。是于三日加分內又減二平差十八立差於初日加分內則為減六平差三十六立差也。故曰以平立合差與初日較。若平立方之廉積而以相近兩日自相較。如平立方之廉積相較也。平方二廉。故相加以二。立方六廉。故相加以六。此倍平差六因立差為平立合差之理也。平方之相加以二者始終不變。立方之相加以六者每限遞增。此向後立差遞增六數之理也。

法									
平差	一	一	一	一	一	一	一	一	一
立差 平差	一	二 二	三 二	四 二	五 二	六 二	七 二	八 二	九 二
立差 平差	定差	四	六 三	八 三	十 三	十二 三	十四 三	十六 三	十八 三
立差 平差		定差	九	十二 四	十五 四	十八 四	廿一 四	廿四 四	廿七 四
立差 平差			定差	十六	二十 五	廿四 五	廿八 五	三十二 五	三十六 五
立差 平差				定差	廿五	三十 六	三十五 六	四十 六	四十五 六
立差 平差					定差	三十六	四十二 七	四十八 七	五十四 七
立差 平差						定差	四十九	五十六 八	六十三 八
立差 平差							定差	六十四	七十二 九
立差								定差	八十一
									定差
實	一限	二限	三限	四限	五限	六限	七限	八限	九限

盈縮招差圖說

盈縮招差本爲各一象限之法。如盈曆則以八十八日九十一刻爲象限。縮曆則以九十三日七十一刻爲象限。今只作九限者舉此爲例也。其空格九行定差本數爲實也。其斜綫以上平差立差之數爲法也。斜綫以下空格之定差乃餘實也。

假如定差爲一萬。平差爲一百。立差爲單一。今求九限法以九限乘平差得九百。又以九限乘立差二次得八十一。并兩數九百八十一爲法。定差一萬爲實。法減實餘實九千○一十九。卽九限末位所書之定差也。於是再以九限爲法乘餘實得八萬一千一百七十一。爲九限積數。

本法以九限乘定差得九萬爲實。另置平差以九限乘二次得八千一百。置立差以九限乘三次得七百二十九并兩數得八千八百二十九爲法以減實九萬得八萬一千一百七十一爲九限積與前所得同。本法是先乘後減用法是先減後乘其理一也。

移左方之實
補右方之虛
即成方冪。

一 庚 庚
二 庚 甲 甲 庚
三 庚 乙 甲 甲 乙 庚
四 庚 丙 乙 甲 甲 乙 丙 庚
五 庚 丁 丙 乙 甲 甲 乙 丙 丁 庚
六 庚 戊 丁 丙 乙 甲 甲 乙 丙 丁 戊 庚
七 庚 己 戊 丁 丙 乙 甲 甲 乙 丙 丁 戊 己 庚

平差遞加圖　垜積招差　合平方自乘之積

初日減平差一庚也。次日又減平差二甲也。實減三并甲庚也。合廉隅矣。并初日共減四合平方冪矣。第三日又多減平差二乙也。實減五并二甲二乙一庚也。合廉隅矣。并前兩日共減九合平方冪矣。四日後倣此。

移置右方之甲乙丙丁戊己以合左方而列庚於首則成平方之積。如上圖

庚	庚	庚	庚	庚	庚	庚	庚						
甲	乙	丙	丁	戊	己	甲	庚	甲					
甲	乙	丙	丁	戊	乙	甲	庚	甲	乙				
甲	乙	丙	丁	丙	乙	甲	庚	甲	乙	丙			
甲	乙	丙	丁	丙	乙	甲	庚	甲	乙	丙	丁		
甲	乙	戊	丁	丙	乙	甲	庚	甲	乙	丙	丁	戊	
甲	己	戊	丁	丙	乙	甲	庚	甲	乙	丙	丁	戊	己

平差遞加如平方冪圖

	一	四	九	十六	二十五	三十六	四十九	六十四	八十一	一百
一	甲	乙	丙	丁	戊	己	庚	辛	壬	癸
三	乙	乙	丙	丁	戊	己	庚	辛	壬	癸
五	丙	丙	丙	丁	戊	己	庚	辛	壬	癸
七	丁	丁	丁	丁	戊	己	庚	辛	壬	癸
九	戊	戊	戊	戊	戊	己	庚	辛	壬	癸
十一	己	己	己	己	己	己	庚	辛	壬	癸
十三	庚	庚	庚	庚	庚	庚	庚	辛	壬	癸
十五	辛	辛	辛	辛	辛	辛	辛	辛	壬	癸
十七	壬	壬	壬	壬	壬	壬	壬	壬	壬	癸
十九	癸	癸	癸	癸	癸	癸	癸	癸	癸	癸

立差遞加圖　垜積立招差　合立方廉隅積

中心甲一。為初限所減立差。即垜積形之頂。加外圍六乙共七。為次限所減立差。平廉長廉各三。隅一也。并上層甲共八。成根二之體積。是為垜積形之第二層。又加外圍丙十二共十九。為三限所減立差三

平視之圖

平廉共十二。三長廉共六。隅一也。并上兩層共二十七。合根三

之體積是爲垜積形之第三層

又加外圍丁十八共三十七爲四限所減立差三平廉共二十七三長廉共九隅一也并上三層共六十四合根四體積是爲垜積形之第四層

又加外圍戊二十四共六十一爲五限所減立差三平廉共四十八三長廉十二隅一也并上三層共一百二十五合根五之體積是爲垜積之第五層

又加己三十共九十一爲六限立差其七十五爲三平廉其十五爲三長廉其一隅也并上層共二百一十六成體積是爲垜積之第六層

又加庚三十六共一百二十七爲七限立差其百〇八爲三平

廉其十八爲三長廉其一隅也并上層成體積三百四十三是爲垜積之第七層

又加辛四十二共一百六十九爲八限立差其百四十七爲三平廉其二十一爲三長廉其一隅也并上層共五百一十二如體積是爲垜積之第八層

此姑以八層爲式向後倣此推之。因從甲頂平視故類六角平面其實如六角錐也立方廉隅而圖以錐形六角者以表其垜積招差之理也。甲恒爲隅朱書者長廉餘則平廉立方之平廉長廉各三離居三方則成六角。六觚形以六抱一每層增六與立方加法同所異者六觚平面而立方必并其積故以堆垜象之。若算六角堆垜但取其底之一面自乘再乘見積與立方同。

以斜立面觀之。最上甲一。次乙二。次丙三。丁四。戊五。巳六。庚七。辛八。其底之數。各如其層之數。如堆只三層則以三丙爲底。四層則四丁爲底。每多一層。其各面之底必多一數。若辛下再加一層爲壬。必九數也。

側視一面之圖

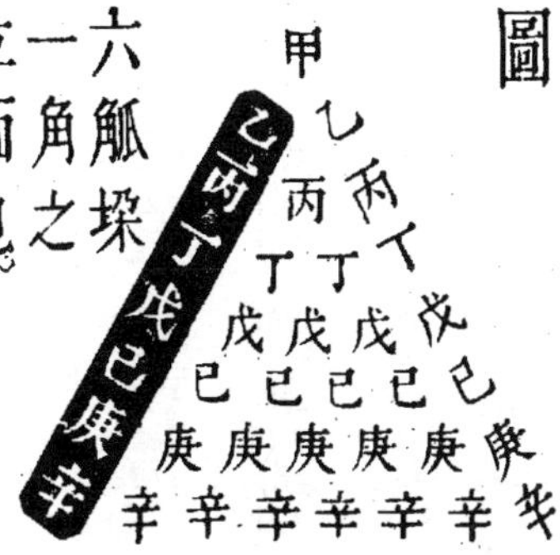

甲
乙 乙
丙 丙 丙
丁 丁 丁 丁
戊 戊 戊 戊 戊
巳 巳 巳 巳 巳 巳
庚 庚 庚 庚 庚 庚 庚
辛 辛 辛 辛 辛 辛 辛

此六觚垛積一角之斜立面也。可以見垛積之層數。

實計其每面六觚之數。則甲一。乙七。丙十九。丁三十七。戊六十一。巳九十一。庚一百二十七。辛一百六十九。前平視之圖。乙爲甲掩。故但見外圍之六。丙爲乙掩。故但見外圍十二。餘皆若是也。觀者當置身於高處。從甲頂俯視。即得其理。皆以外圍之數爲下層多於上層之數。

合計其堆垛之積。則甲一。乙八。丙二十七。丁六十四。戊一百二十五。已二百一十六。庚三百四十三。辛五百一十二。乙七并甲一成八。丙十九并乙七甲一成二十七。餘皆若是。其堆垜之積。皆如其層數之立方。以底之一面餘乘。又以層數乘之也。

問平差之根。是以段日除積差而得。則每日適得一平差。今所減平差甚多。殆非實數。曰。泛平積差是初日多於第七日之數。亦據盈曆言之。而平差之數既如段日。則於日數爲加倍。盈歷段日十四日奇。以此分積差爲每日平差。則平差共數亦十四奇。於七日爲加倍。今倍減平差。正合積差原數。豈患其多。

曰。若然。又何以能合平方。曰。以本日實減之數與定差較。但取其銷盡積差已足。如第七日實減十三平差。第八日實減十五平差。七日有奇。在其中半。積差必當減盡。

故其法若平方之廉隅。若合計初日以來減過平差與初日以來定差相較。則所減之積皆如平方自乘。觀圖自明。如七日共數得四十九。八日共數得六十四之類。

又如立差以段日自乘除泛立積差而得。故其數亦略如段日之自乘。而每日實減亦如立方之廉隅。聊足以銷去積差。本日尚有餘秒。後一日奇減盡。若合計初日以來共數。則亦如立方再乘之積矣。

平方立方冪積體積廉隅加法總圖

方根	平方冪積	平方廉隅積	加法	立方體積	立方廉隅積	加法
一	一			一		
二	四	三	二	八	七	六
三	九	五	二	二七	一九	一二
四	一六	七	二	六四	三七	一八
五	二五	九	二	一二五	六一	二四
六	三六	一一	二	二一六	九一	三〇
七	四九	一三	二	三四三	一二七	三六
八	六四	一五	二	五一二	一六九	四二
九	八一	一七	二	七二九	二一七	四八

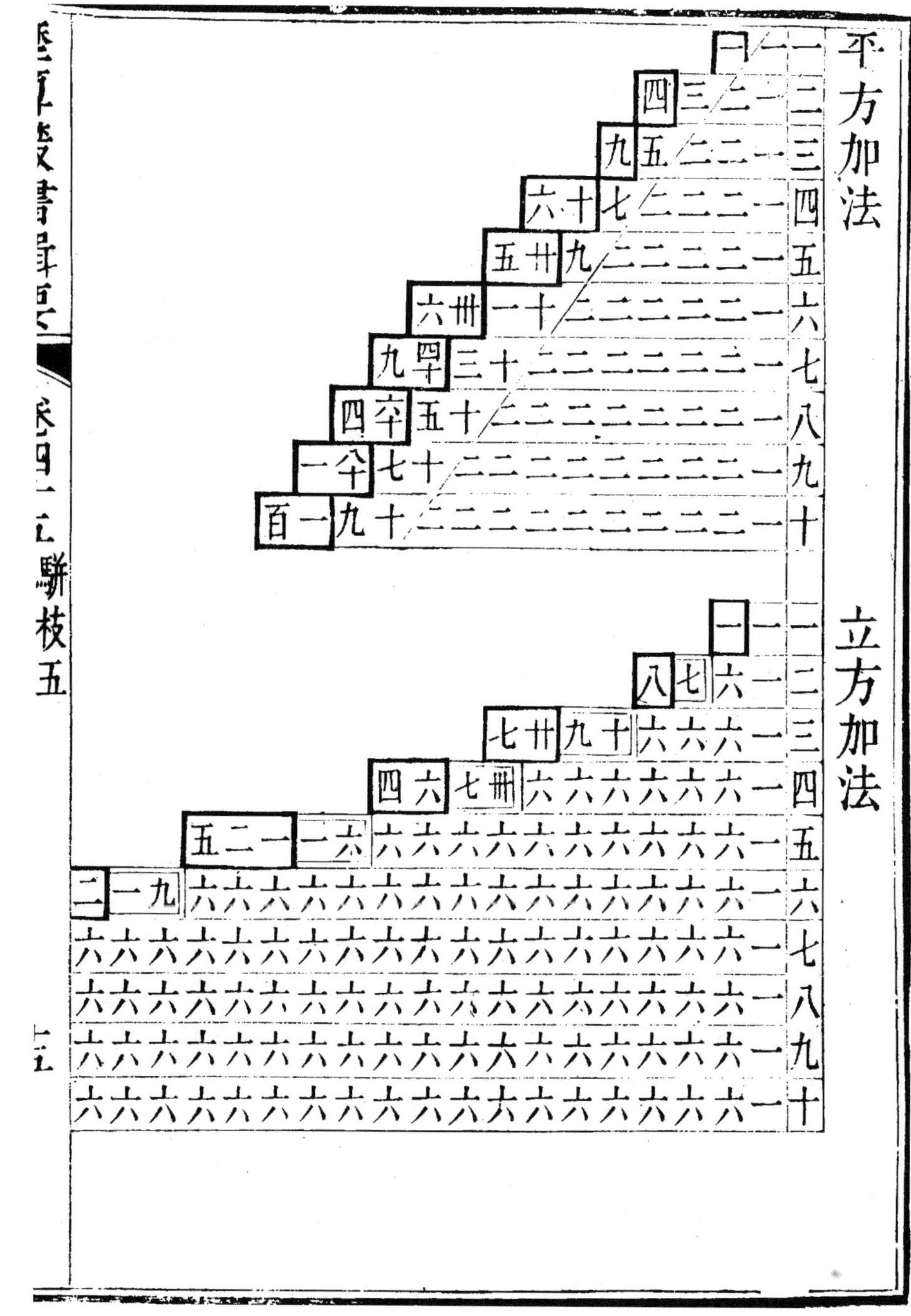

平方加法

一	一	一									
二	一	二	三	四							
三	一	二	二	五	九						
四	一	二	二	二	七	十六					
五	一	二	二	二	二	九	廿五				
六	一	二	二	二	二	二	十一	卅六			
七	一	二	二	二	二	二	二	十三	四十九		
八	一	二	二	二	二	二	二	二	十五	六十四	
九	一	二	二	二	二	二	二	二	二	十七	八十一
十	一	二	二	二	二	二	二	二	二	二	十九	一百

立方加法

一　一　一
二　一　六　七　八
三　一　六　六　六　十九　廿七
四　一　六　六　六　六　六　卅七　六十四
五　一　六　六　六　六　六　六　六　六　六　六　六十一　一百二十五
六　一　六　六　六　六　六　六　六　六　六　六　六　六　六　六　六　九十一　二
七　一　六　六　六　六　六　六　六　六　六　六　六　六　六　六　六　六　六　六
八　一　六　六　六　六　六　六　六　六　六　六　六　六　六　六　六　六　六　六
九　一　六　六　六　六　六　六　六　六　六　六　六　六　六　六　六　六　六　六
十　一　六　六　六　六　六　六　六　六　六　六　六　六　六　六　六　六　六　六

曆算叢書輯要卷四十五　駢枝五

平方

一	二	三	四	五	六	七	八	九	十	根方
一	三	五	七	九	十一	十三	十五	十七	十九	廉隅
一	四	九	十六	二十五	三十六	四十九	六十四	八十一	一百	方積

立方

一	二	三	四	五	六	七	八	九	十	根方
一	七	十九	三十七	六十一	九十一	一百二十七	一百六十九	二百一十七	二百七十一	廉隅
一	八	二十七	六十四	一百二十五	二百一十六	三百四十三	五百一十二	七百二十九	一千	方積

一六

六六六 一二七 三四三

六六六六六六六六六 一六九 五一二

六六六六六六六六六六六六六六六六六六 三二七 七二九

六六六六六六六六六六六六六六六六六六

六六六 六六六 六六六 二七二 一千

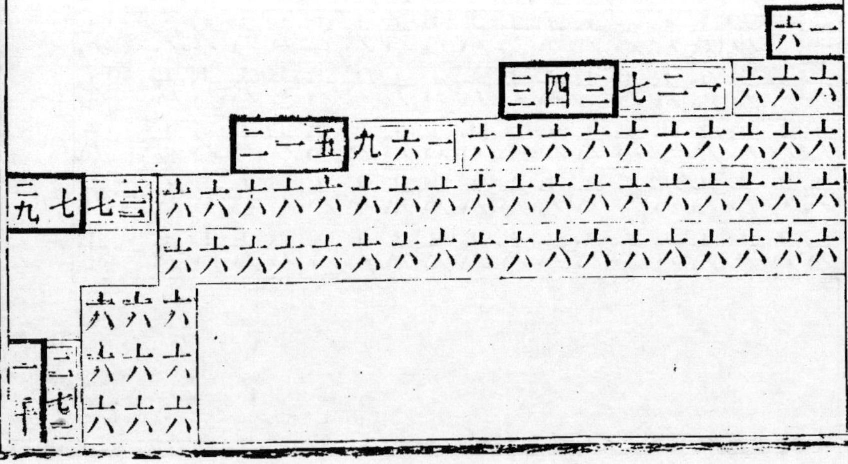

盈縮歷平差立差合冪積體積廉隅圖

盈縮限	初	一	二	三	四	五	六	七	八	九
初限以來平差共積	一	四	九	一六	二五	三六	四九	六四	八一	一○○
本限實減平差	一	三	五	七	九	一一	一三	一五	一七	一九
平差加法	二	二	二	二	二	二	二	二	二	二
初限以來立差共積	一	八	二七	六四	一二五	二一六	三四三	五一二	七二九	一○○○
本限實減立差	一	七	一九	三七	六一	九一	一二七	一六九	二一七	二七一
立差加法	六	一二	一八	二四	三○	三六	四二	四八	五四	六○

盈縮立成用平立合差之圖

盈縮限	平差共積	本限實減	加法	立差共積	本限實減	加法	定差一〇〇〇〇〇 平立合差減	加分
初	一〇〇〇	一〇〇〇		一	一	六	一〇〇一	九八九九九
一	四〇〇〇	三〇〇〇	二〇〇〇	八	七	十二	二〇〇六	九六九九三
二	九〇〇〇	五〇〇〇	二〇〇〇	二七	一九	十八	二〇一二	九四九八一
三	一六〇〇〇	七〇〇〇	二〇〇〇	六四	三七	二四	二〇一八	九二九六三
四	二五〇〇〇	九〇〇〇	二〇〇〇	一二五	六一	三十	二〇二四	九〇九三九
五	三六〇〇〇	一一〇〇〇	二〇〇〇	二一六	九一	三六	二〇三〇	八八九〇九
六	四九〇〇〇	一三〇〇〇	二〇〇〇	三四三	一二七	四二	二〇三六	八六八七三
七	六四〇〇〇	一五〇〇〇	二〇〇〇	五一二	一六九	四八	二〇四二	八四八三一
八	八一〇〇〇	一七〇〇〇	二〇〇〇	七二九	二一七	五四	二〇四八	八二七八三

九	
	一〇〇〇〇〇
	一九〇〇〇
	二〇〇〇
	一〇〇〇
	二七二
減	加分
二〇五四	八〇七二九

右圖以九限爲例。九限以後倣論。定差設十萬平差設一千立差設單一。如法以本日加法并之爲平立合差。如圖平差立差。各有加法。故當并用。以平立合差減先日加分。得本日加分。合計從前加分爲本日盈縮積。或以本日加分。加先日盈縮積。得本日盈縮積亦同。

又簡法

置定差內減平差立差各一。爲初日加分。又即爲第一日盈縮積。別置平差倍之。加入六立差。爲初日平立合差。以後每於平立合差內加入六立差。爲次日平立合差。餘同上。

用定差法

以日數乘立差得數。加入平差。再以日數乘之。得數。乃置定差。

以得數減之用。其餘爲實。復以日數乘之。得本日盈縮積。

置相近兩盈縮積相減。得加分。又置相近兩加分相減。得平立合差。亦同。

定差本法

置定差。以日數乘之。得數爲實。又以日數自乘。用乘平差。得數。以日數再自乘。用乘立差。得數。平立兩得數并之。爲法。法減實。得盈縮積。餘同上。

附月離定差距差說此定差非平立定三差之定差也

定差者。以定月離去極南北之度。距差者。以定月離正交赤道距二分之度也。

初末限度。月正交黃道度。距二至黃道之數也。其距二至滿象限數。則其定差十四度六十六分。而無距差。其月正交度若正當二至黃道。則其距差十四度六十六分。而無定差。是故距差者。以距二分之度而差。定差者。以距二至之度而差也。其定差若滿十四度六十六分。則其加減差滿二十四度。蓋此時月之正交適當二分之黃道。則其半交正當二至。其距二至黃道已滿象限九十一度餘也。若月之正交適當二至之黃道。則既無定差。亦更無加減矣。

若月正交在春分度。則其定差十四度六十六分。其減差二十四度。其定限度七十四度。

月正交在秋分度。則其定差十四度六十六分。其加差二十四度。其定限度一百二十二度。此加減差是月道半交去極度數。

月正交在二至度。無定差。亦無加減差。其定限度九十八度。九十八度。是赤道外六度有奇。乃月道出入黄道度并赤去極度之數。

求月離正赤道交宿度

月正交當冬至度。則其距差十四度六十六分。其加差亦十四度六十六分。

月正交當夏至度則其距差十四度六十六分其減差亦十四度六十六分

月正交當二分度則無距差亦無加減差

前所推正交初末限度數者是月道與黄道相交之處今以所求距差加減春秋二正赤道度便知月道與赤道相交之處也蓋春秋二正原是黄道赤道相交之處故月道之交於赤道亦必在此其差而前後不過十四度六十六分而止也

冬至後黄道是自赤道外而交於其内月道之正交是自黄道内而交於其外故月道之正交黄道若在冬至後初限則其正交於赤道也斜而出于春分日道之前故以差加也餘倣此

月正交黄道在二分度則其半交黄道在二至度其定差十四

度六十六分。則其加減差至六度有零。蓋此時月道之交于赤道。亦正在春秋分度也。故其半交亦正在二至度也。

若月正交黄道在二至度。則其半交在黄道二分度。其宗差無。則其于二十三度九十分。無所爲加減差。蓋此時月道之交于赤道。差于春秋分十四度餘。故其半交亦差于二至度十四度餘也。

周天六之一者。乃赤道每象九十一度差率之積也。以此除半交白道出入赤道度。爲定差。蓋白道半交正在距交一象之度也。

終